高等职业教育项目课程改革系列教材

电梯维修项目教程

主　编　孙文涛
副主编　闫莉丽
参　编　罗　飞

机　械　工　业　出　版　社

本书是根据《国家职业标准》和职业技能鉴定规范，并参考深圳市电梯职业技能标准编写而成的，详细讲述了高级电梯安装维修工必须掌握的电梯维修相关知识和技能要求。本书以实践操作为重点，理论讲解围绕实践操作进行。

本书有四个教学项目：曳引系统的修理、门系统的修理、导向系统的修理和超速保护系统的调整。

本书可作为高级技工学校、高职院校电梯安装维修类专业的教材，也可作为高级电梯安装维修工培训的实际操作技能训练指导教材，还可供电梯应用技术爱好者学习参考。

为方便教学，本书配有免费电子课件、模拟试卷及解答等，凡选用本书作为授课教材的学校，均可来电索取。咨询电话：010-88379758；电子邮箱：wangzongf@163.com。

图书在版编目（CIP）数据

电梯维修项目教程/孙文涛主编．—北京：机械工业出版社，2013.2（2022.7重印）
高等职业教育项目课程改革系列教材
ISBN 978-7-111-41196-3

Ⅰ.①电…　Ⅱ.①孙…　Ⅲ.①电梯-维修-高等职业教育-教材
Ⅳ.①TU857

中国版本图书馆CIP数据核字（2013）第011975号

机械工业出版社（北京市百万庄大街22号　邮政编码100037）
策划编辑：王宗锋　责任编辑：王宗锋　版式设计：霍永明
责任校对：张　媛　封面设计：鞠　杨　责任印制：常天培
固安县铭成印刷有限公司印刷
2022年7月第1版第4次印刷
184mm×260mm·13.75印张·340千字
标准书号：ISBN 978-7-111-41196-3
定价：45.00元

电话服务　　　　　　　　网络服务
客服电话：010-88361066　机　工　官　网：www.cmpbook.com
　　　　　010-88379833　机　工　官　博：weibo.com/cmp1952
　　　　　010-68326294　金　书　网：www.golden-book.com
封底无防伪标均为盗版　机工教育服务网：www.cmpedu.com

序

中国的职业教育正在经历课程改革的重要阶段。传统的学科型课程被彻底解构,以岗位实际工作能力培养为导向的课程正在逐步建构起来。在这一转型过程中,出现了两种看似很接近,人们也并不注意区分,而实际上却存在重大理论基础差别的课程模式,即任务驱动型课程和项目化课程。二者的表面很接近,是因为它们都强调以岗位实际工作内容为课程内容。国际上已就如何获得岗位实际工作内容取得了完全相同的基本认识,那就是以任务分析为方法。这可能是二者最为接近之处,也是人们容易混淆二者关系的关键所在。

然而极少有人意识到,岗位上实际存在两种任务,即概括的任务和具体的任务。例如,对商务专业而言,联系客户是概括的任务,而联系某个特定业务的特定客户则是具体的任务。工业类专业同样存在这一明显区分,如汽车专业判断发动机故障是概括的任务,而判断一辆特定汽车的发动机故障则是具体的任务。当然,许多有见识的课程专家还是敏锐地觉察到了这一区别,如我国的姜大源教授,他使用了写意的任务和写实的任务这两个概念。美国也有课程专家意识到了这一区别并为之困惑。他们提出的问题是:“我们强调教给学生任务,可现实中的任务是非常具体的,我们该教给学生哪件任务呢? 显然我们是没有时间教给他们所有具体任务的。”

意识到存在这两种类型的任务是职业教育课程研究的巨大进步,而对这一问题的有效处理,将大大推进以岗位实际工作能力培养为导向的课程模式在职业院校的实施,项目课程就是为解决这一矛盾而产生的课程理论。姜大源教授主张在课程设计中区分两个概念,即课程内容和教学载体。课程内容即要教给学生的知识、技能和态度,它们是形成职业能力的条件(不是职业能力本身),课程内容的获得要以概括的任务为分析对象。教学载体即学习课程内容的具体依托,它要解决的问题是如何在具体活动中实现知识、技能和态度向职业能力的转化,它的获得要以具体的任务为分析对象。实现课程内容和教学载体的有机统一,就是项目课程设计的关键环节。

这套教材设计的理论基础就是项目课程。教材是课程的重要构成要素。作为一门完整的课程,我们需要课程标准、授课方案、教学资源和评价方案等,但教材是其中非常重要的构成要素,它是连接课程理念与教学行为的重要桥梁,是综合体现各种课程要素的教学工具。一本好的教材既要能体现课程标准,又要能为寻找所需教学资源提供清晰索引,还要能有效地引导学生对教材进行学习和评价。可见,教材开发是一项非常复杂的工程,对项目课程的教材开发来说更是如此,因为它没有成熟的模式可循,即使在国外我们也几乎找不到成熟的项目课程教材。然而,除了这些困难外,项目教材的开发还担负着一项艰巨任务,那就是如何实现教材内容的突破,如何把现实中非常实用的工作知识有机地组织到教材中去。

这套教材在以上这些方面都进行了谨慎而又积极的尝试,其开发经历了一个较长过程(约4年时间)。首先,教材开发者们组织企业的专家,以专业为单位对相应职业岗位上的工作任务与职业能力进行了细致而有逻辑的分析,并以此为基础重新进行了课程设置,撰写了专业教学标准,以使课程结构与工作结构更好地吻合,最大限度地实现职业能力的培养。其次,教材开发者们以每门课程为单位,进行了课程标准与教学方案的开发,在这一环节中尤其突出了教学载体的选择和课程内容的重构。教学载体的选择要求具有典型性,符合课程目标要求,并体现该门课程的学习逻辑。课程内容则要求真正描绘出实施项目所需要的专业知识,尤其是现实中的工作知识。在取得以上课程开发基础研究的完整成果后,教材开发者们才着手进行了这套教材的编写。

经过模式定型、初稿、试用和定稿等一系列复杂阶段,这套教材终于得以诞生。它的诞生是目前我国项目课程改革中的重要事件。因为它很好地体现了项目课程思想,无论在结构还是内容方面都达到了高质量教材的要求;它所覆盖专业之广,涉及课程之多,在以往类似教材中少见,其系统性将极大地方便教师对项目课程的实施;对其开发遵循了以课程研究为先导的教材开发范式。对一个国家而言,一个专业、一门课程,其教材建设水平其实体现的是课程研究水平,而最终又要直接影响其教育和教学水平。

当然,这套教材也不是十全十美的,我想教材开发者们也会认同这一点。来美国之前我就抱有一个强烈愿望,希望看看美国的职业教育教材是什么样子。因此每到学校考察必首先关注其教材,然而往往也是失望而回。在美国确实有许多优秀教材,尤其是普通教育的教材,设计得非常严密,其考虑之精细令人赞叹,但职业教育教材却往往只是一些参考书。美国教授对传统职业教育教材也多有批评,有教授认为这种教材只是信息的堆砌,而非真正的教材。真正的教材应体现教与学的过程。如此看来,职业教育教材建设是全球所面临的共同任务。这套教材的开发者们一定会继续为圆满完成这一任务而努力,因此他们也一定会欢迎老师和同学对教材的不足之处不吝赐教。

徐国庆

2010年9月25日于美国俄亥俄州立大学

前　　言

为了帮助高级技工学校及高职院校学生、电梯安装维修从业人员顺利通过电梯安装维修工（高级）职业技能鉴定，根据《国家职业标准》和职业技能鉴定规范，并参考深圳市电梯职业技能标准，结合目前电梯安装维修工的文化素质、技术状况和企业对电梯安装维修技能的实际需求，特编写了本书。

本书侧重系统性，以实践操作为重点，理论讲解围绕实践操作进行。本书有四个教学项目：曳引系统的修理、门系统的修理、导向系统的修理和超速保护系统的调整。

本书由孙文涛任主编，闫莉丽任副主编，罗飞任参编。项目一由孙文涛编写，项目二、项目三由闫莉丽编写，项目四由罗飞编写。全书由孙文涛统稿。

本书收录了编者大量的教学成果，收集了很多现场图片，还参考了部分国内外相关资料，在此谨对有关作者表示衷心的感谢。

由于编者水平有限，书中难免有错误和不当之处，敬请广大读者批评指正。

编　者

目　录

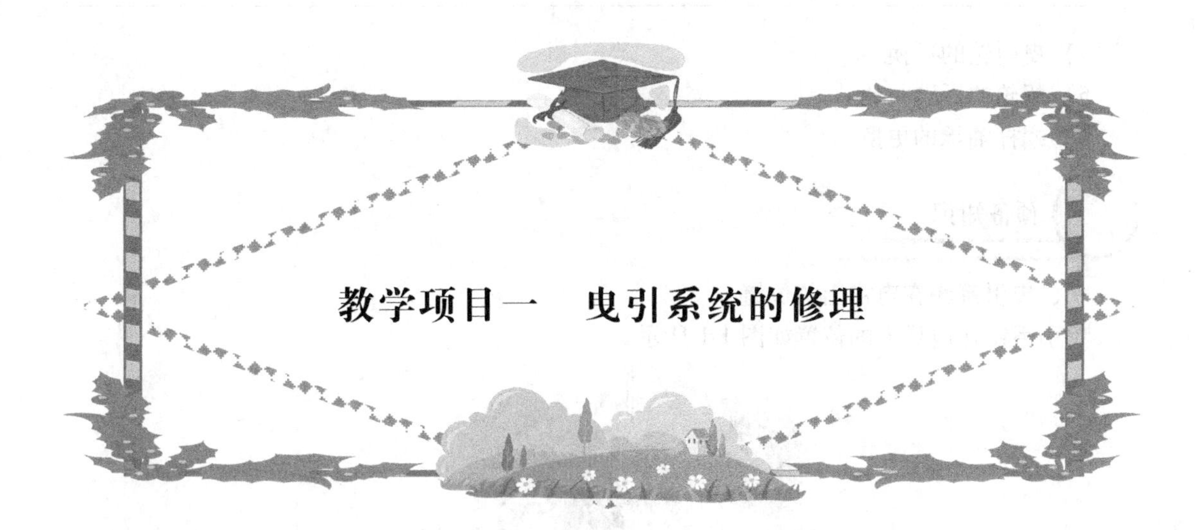

教学项目一　曳引系统的修理

项目描述

1）曳引系统的修理是电梯维修的重要内容之一。作为电梯维修工，对曳引系统进行大修是重要的修理工作之一。

2）通过本项目的学习，学员应能独立规范地完成曳引系统的修理工作并掌握曳引系统的基本结构和工作原理，能做到举一反三。

3）通过本项目的学习，学员应熟悉维修作业的基本工作方法和工作流程，养成良好的职业习惯。

项目准备

1. 资源要求

1）电梯实训室，配备实习曳引机10台。

2）各类检测仪器与仪表，通用维修工具10套。

3）多媒体教学设备。

2. 原材料准备

曳引机油、润滑脂、石墨粉、清洁剂、除锈剂、手套及纱布等材料。

3. 相关资料

日立、三菱、奥的斯电梯维修手册，电子版维修资料。

工作任务

按企业工作过程（即资讯-决策-计划-实施-检验-评价）要求完成所提供电梯曳引系统的修理工作。其中包括以下几方面：

1）电磁制动器的分解、装配及调整。

2）曳引电动机的拆卸、装配及同心度校正。

3）曳引机密封圈的更换。

4）曳引轮的更换。

5）蜗轮的拆装与调节。

6）蜗杆轴承的更换。

预备知识

一、曳引系统在电梯上的位置

曳引系统在电梯上的位置如图 1-1 所示。

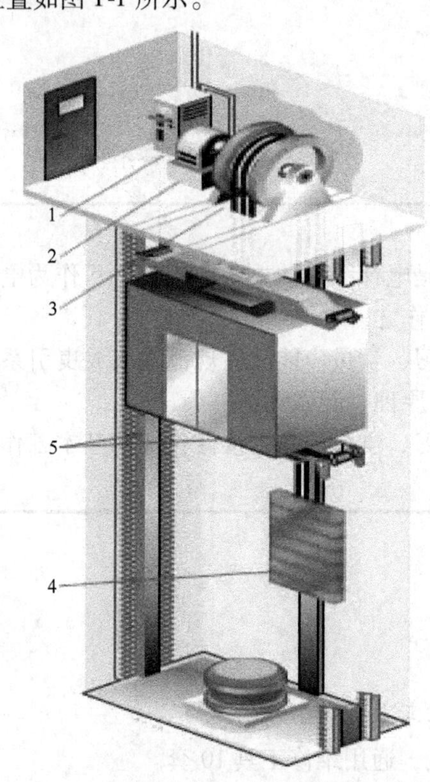

图 1-1　曳引系统在电梯上的位置

1—控制柜　2—曳引机　3—曳引钢丝绳　4—对重　5—轿厢

练习

电梯曳引机主要由______、______、______及________等组成，曳引机安装在井道的______，这种方式称为______。

二、曳引系统的组成与工作原理

一台电梯由 3000 多个零件组成，只有各种部件相互配合后才能完成电梯的全部功能。电梯由曳引系统、导向系统、轿厢和对重、厅门、平衡补偿装置、信号系统、控制系统、动力系统、超速保护系统和安全保护系统等组成。

就曳引系统而言，它的任务是输出和传递动力，主要由曳引机、曳引钢丝绳、导向轮及轿顶轮等部件组成。图 1-2 所示为曳引系统的工作示意图，图中清晰地显示了曳引系统的构成部件及其相互配合方式，从而便于电梯维修工进行故障查询。

电梯的曳引系统、门系统、导向系统及超速保护系统等都是总成系统。总成系统具有以下特性：

1）与周围环境分界清晰。

2）执行特定的功能。

3）拥有特定的结构。

1. 曳引机简介

电梯曳引机是一种安装在机房内的主要传动设备。它通常由曳引电动机、制动器、减速箱及曳引轮等组成。曳引机通过钢丝绳与曳引轮绳槽的摩擦来实现电梯轿厢的上下运行，因此，曳引机被誉为“电梯机械系统的核心”。

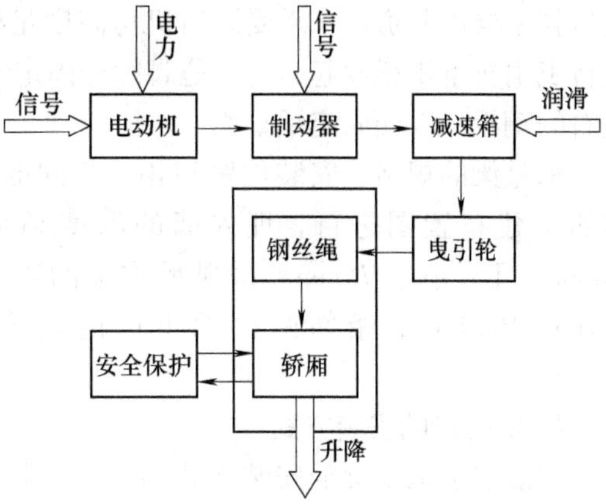

图 1-2　曳引系统工作示意图

2. 曳引机的安装位置

曳引机的安装主要有上置式和下置式两种。上置式即曳引机安装在井道顶部的机房中，这是最常见的安装方式；下置式即曳引机安装在井道底部。曳引机下置式不需要在楼顶加建机房，因此可以降低建筑物的高度，但曳引方式比较复杂，安装困难，且建筑物负重大，因此很少采用，曳引机下置式电梯如图 1-3 所示。无机房电梯的曳引机安装在井道顶部，这种安装方式也不需要在楼顶加建机房，建筑物的负重与曳引机上置式电梯一样，但是曳引方式比较复杂，目前大量使用在商场、酒店等场所，无机房电梯如图 1-4 所示。

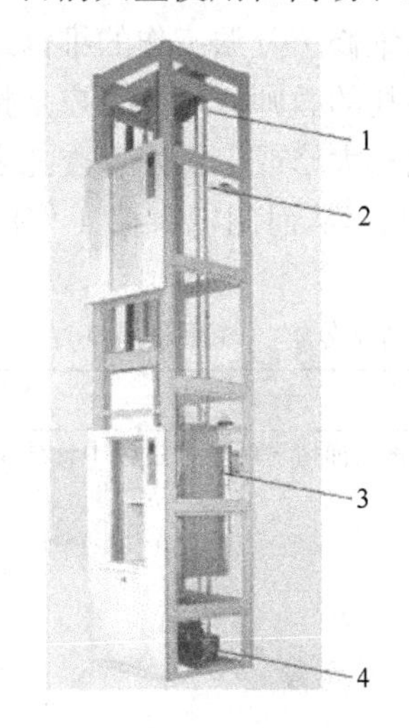

图 1-3　曳引机下置式电梯

1—反绳轮　2—曳引绳　3—对重　4—曳引机

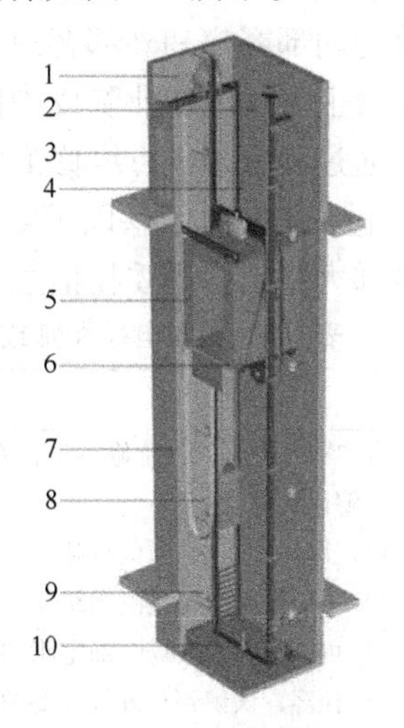

图 1-4　无机房电梯

1—曳引机　2—限速器　3—控制柜　4—检修装置　5—轿厢　6—井道照明　7—随行电缆　8—对重　9—对重防护栏　10—缓冲器

3. 承重梁安装方法

曳引机除自重外，还要承受轿厢和对重的重量。这样大的重量，机房楼板是无法直接承受的，因此必须在曳引机下面敷设承重梁。承重梁一般有三条，两端支承在井道壁上，这样重量就主要由井道壁来承受。当机房高度足够时，可用两个高出机房楼面500mm的混凝土座将曳引机承重梁架起，再用地脚螺栓固定。混凝土座与承重梁接合处必须预先焊好12mm左右的钢板，以便固定承重梁。

承重梁的规格、安装位置和相互之间的距离必须依照电梯的土建布置图进行。埋入墙的深度必须超过墙厚中心20mm，且不小于75mm。每根承重梁的不水平度应不大于0.5mm/1000mm，相邻两根承重梁的高度允差应不大于0.5mm。

4. 曳引机的安装方式

在确定了承重梁的安装方式后，曳引机有如下两种常见的安装方式。

1）曳引机直接安装在承重梁上。这种方法一般用于杂物梯、货梯及噪声限制不严的电梯。

图1-5　客梯曳引机的安装

2）曳引机通过机架安装在承重梁上。机架用型钢或钢筋混凝土制成，曳引机紧固在机架上面，机架和承重梁的中间垫以橡胶垫等吸振阻尼组件。这种方法有良好的减振性，且噪声低，常用在客梯上，如图1-5所示。

任务一　电磁制动器的分解、装配及调整

一、接收修理任务或接收客户委托

客户分为内部客户和外部客户。内部客户是指给电梯维修工分派工作的维修站主管，以及从象征意义上来说的职业院校中向一个团队提出修理委托的教师；外部客户是指签订维修保养合同，通过维修站进行维修的客户。维修站在接收电梯大修或电梯修理委托之前，需要向客户了解电梯的详细信息以及需要大修部件的工作状况，从而制定大修工作的目标和任务。接收电梯大修或修理委托信息见表1-1。

表1-1　接收电梯大修或修理委托信息表（电磁制动器分解、装配及调整）

工作流程	任务内容
接收电梯前与客户的沟通	客户将其电梯交给维修站进行修理时，在维修人员向客户了解电梯情况的谈话过程中，维修人员应让客户了解以下信息： 1）让客户看到电梯的故障。 2）可以准确解释检测结果。 3）可以在客户在场时确定附加的维修工作。 4）让客户认识到只进行必要的维修工作。 5）让客户事先知道所有工作内容，并了解维修结算金额。 接收修理委托任务一般在维修站或通过公开招标进行。 在维修站，直接接梯时间应为10～15min（计划）；如果采用竞标的方式，则需要数周的时间。 委托包括以下数据。 1. 常规委托数据 委托识别（用户名称、用户地址）、电梯识别（生产厂家、型号、控制方式、载重量、速度、层站）。 2. 工作说明 3. 标明电梯维修工的姓名和人员工号

（续）

<table>
<tr><th>工作流程</th><th>任务内容</th></tr>
<tr><td>接收电梯前与客户的沟通</td><td>
根据以上数据制定出下面的信息表。
<table>
<tr><td>用户名称</td><td>用户地址</td><td>生产厂家</td><td>电梯型号</td><td>维修人员姓名</td><td>维修人员工号</td></tr>
<tr><td></td><td></td><td></td><td></td><td></td><td></td></tr>
<tr><td>控制方式</td><td>载重量</td><td>速度</td><td>层站</td><td></td><td></td></tr>
<tr><td></td><td></td><td></td><td></td><td></td><td></td></tr>
<tr><td colspan="4" rowspan="2">工作说明</td><td></td><td></td></tr>
<tr><td></td><td></td></tr>
</table>
</td></tr>
<tr><td>接收修理委托的过程</td><td>
可按照以下方式与客户交流：向客户致以友好的问候并进行自我介绍；认真、积极、耐心地倾听客户意见；询问客户有哪些问题和要求。
客户委托或报修内容：电磁制动器的分解、装配及调整
<table>
<tr><th>向客户询问的内容</th><th>结果</th></tr>
<tr><td>制动器表面是否清洁？</td><td></td></tr>
<tr><td>制动弹簧是否有裂纹？</td><td></td></tr>
<tr><td>是否定时对制动器进行清洗调整？</td><td></td></tr>
<tr><td>电梯运行时制动器是否有异常响声？</td><td></td></tr>
</table>
1. 接收电梯维修任务过程中的现场检查
（1）检查制动器表面清洁状况。
（2）检查制动弹簧、制动闸瓦、制动铁心及销轴的工作状态。
（3）检查制动器动作时是否有异常响声。
2. 接收修理委托
（1）询问用户单位、地址。
（2）请客户提供电梯准运证、铭牌。
（3）根据铭牌识别电梯生产厂家、型号、控制方式、载重量及速度。
（4）向客户指出必须进行制动器的清洗与调整的原因。制动带、制动弹簧、制动铁心及销轴等是否需要更换，必须在修理过程中确定。
（5）询问客户是否还有其他要求。
（6）确定电梯交接日期。
（7）询问客户的电话号码，以便进行回访。
（8）与客户确认修理内容并签订维修合同。
客户在维修合同上签字表示规定合同双方权利和义务的“一般性交易条件”成为合同的要件。
通常情况下，与客户争论、未按规定执行维修工作会影响电梯经销商的服务形象，而且可能导致客户向经销商提出更换部件或赔偿要求。
</td></tr>
<tr><td>任务目标</td><td>
完成曳引机电磁制动器的分解、装配及调整。

</td></tr>
</table>

（续）

工作流程	任务内容
任务要求	（1）正确拆卸制动弹簧、制动闸瓦和制动铁心。 （2）检查电磁制动器的使用状况。 （3）判断制动弹簧、制动带及销轴等是否需要更换。 （4）正确装配、调整电磁制动器。
对完工电梯进行检验	应符合 GB 7588—2003《电梯制造与安装安全规范》及 GB/T 10060—2011《电梯安装验收规范》的相关规定。
对工作进行评估	先以小组为单位，共同分析、讨论装配工艺并完成试装；小组成员独力完成装配调试操作；各小组上交一份所有小组成员都签名的实习报告。

二、维修过程中与客户的交流

如果在维修过程中发现了新的故障，为确保电梯运行安全而必须排除时，则必须将此情况通知客户，并征得客户对维修工作的同意。如果未征得客户同意而单方面扩展维修工单，维修站将承受实施附加工作后收不到付款的风险。大多数情况下，可以通过电话通知客户。每次通话都要认真准备并做好记录。

1. 通话准备

1）记录需要通知给客户的信息。

2）准备资料。

3）准备答复客户可能提出的问题。

2. 进行通话

1）语言表达明确、友善并有礼貌，语速不宜太快。

2）通报姓名和公司名称。

3）以姓名招呼客户。

4）按顺序说明通知内容。

5）笔录客户说出的要点。

6）通话结束时再次总结结果。

7）感谢客户。

8）告诉客户如何联系到自己。

你可能需要获得以下的资讯，才能更好地完成工作任务

三、信息收集与分析

（一）脑图

头脑风暴法（Brain Storming，BS）是一种通过集思广益、发挥团体智慧，从各种不同角度找出问题所有原因或构成要素的会议方法。可以通过集体研讨（头脑风暴法）的形式总结所有的信息来源，收集有关电磁制动器分解、装配及调整的关键点。借助脑图（mind-map）记录团队成员提出的想法，以脑图为基础提出问题，如图 1-6 所示。

（二）信息收集方法

可以从专业书籍、杂志以及互联网上收集电梯电磁制动器相关的专业信息。通过表 1-2

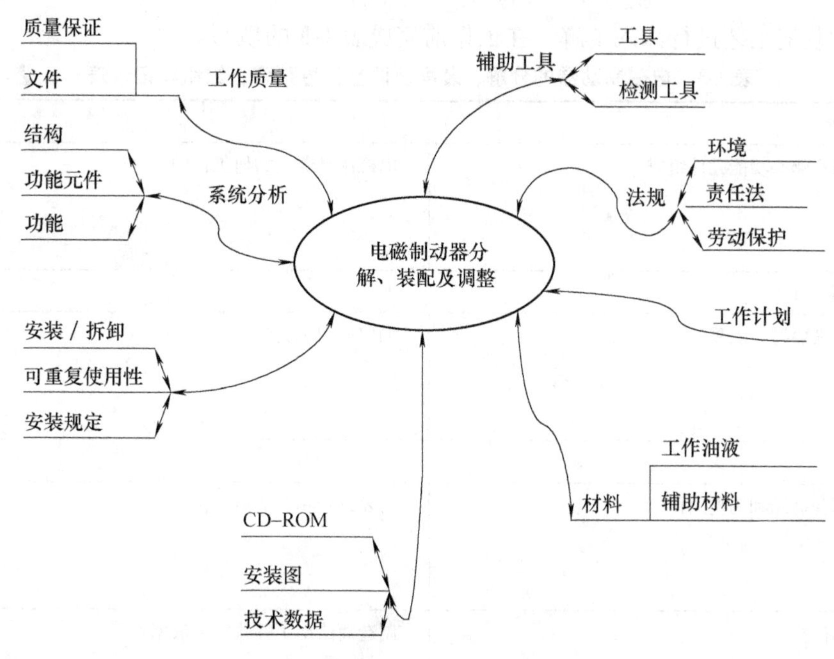

图 1-6　电磁制动器的分解、装配及调整脑图

所示的信息收集方法，可以迅速找到相关的专业知识、修理技术规范、装配及调整方法、工作流程图，以及验收标准等。

表 1-2　信息收集方法

信息来源	信息特点/信息内容	专业信息索引
专业书籍	专业书籍的特点是系统化，条理清晰且关联性强 利用术语索引出的关键词可以很快找到所需信息	术语索引：如“电磁制动器”
公司资料	电梯制造商、系统供应商和专业出版社出版的信息资料： 1）有关系统结构和功能的技术信息 2）各类维修说明、表格及台账 3）CD-ROM 形式的维修说明	维修说明，如“电梯维修手册”和“日常保养手册”
专业杂志	专业杂志提供电梯行业的最新发展情况。通过每年发布一次的目录或术语索引可以找到所需的专业文章是在哪一年度的哪一期中发表的	每年的术语索引
互联网查找	配件和系统供应商、工作润滑油和辅助材料的制造商在互联网上发布的各种免费信息	
法律法规	1. 环保法规 2. 事故预防规定 3. 国家标准、规范	环保法规 事故预防规定 标准、规范
企业内部规定	按照特种设备作业制定的工作指导	工作指导参见企业内部文件

（三）信息的整理、组织和记录

对收集的信息，要进行分析，了解概况，并理解文字的内容，标记出涉及维修工作或待维修部件的关键内容。将维修工作中需要使用的工具列出详细的清单，并对维修过程中的拆卸、安装和装配工艺进行深入了解。在工作前完成表1-3的填写。

表1-3 电磁制动器的分解、装配及调整信息整理、组织和记录表

1. 信息分析	
电磁制动器由哪些功能元件组成？	电磁制动器是如何工作的？
2. 工具、检测工具	
执行任务时需要哪些工具？	如何使用工具？
3. 维修	
需要进行哪些拆卸和调整工作？	需要进行哪些清洁工作？
如何清洁部件？	制造商给出了哪些安装数据？

（四）相关专业知识

1. 制动系统：电磁制动器

对电梯来说，电磁制动器是一个非常重要的安全装置，它安装在曳引机的高速轴（电动机轴与蜗杆轴）上，它的作用是使轿厢停靠准确。使电梯在停止时，不会因轿厢与对重的重量差而产生滑移。电磁制动器是电梯的重要安全装置之一。乘客的安全和电梯准确、舒适的平层很大程度上依赖于制动器的动作配合，所以维修保养时要格外注意。除安全钳以外，只有电磁制动器才能使工作中的电梯停止。电梯使用的电磁制动器多是直流块式电磁制动器，如图1-7所示。

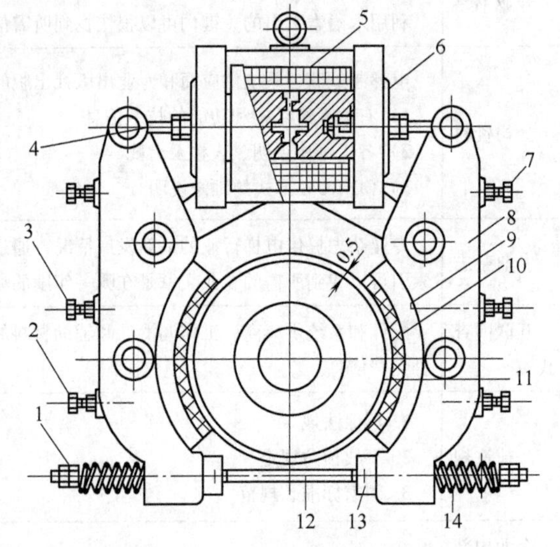

图1-7 电磁制动器

1—制动弹簧螺母 2、3、7—调节螺钉 4—销轴 5—线圈 6—铁心 8—制动臂 9—制动闸瓦 10—制动带 11—制动轮 12、13—制动杆 14—制动弹簧

当电动机停止时，电磁制动器的线圈不通电，两块铁心之间无吸引力，制动闸瓦在制动弹簧的压力下抱紧制动轮，使电梯静止。当电梯起动时，电动机通电，电磁制动器的线圈同时通入电流，使铁心迅速磁化吸合，从而带动制动臂克服弹簧压力使制动闸瓦张开，使电梯得以运行。当电梯停车时，电动机失电，电磁制动器的线圈同时失电，电磁力迅速消失，铁心在制动弹簧的作用下复位，制动闸瓦把制动轮抱紧，使电梯停

止。

2. 电磁制动器结构

（1）电磁铁　电磁铁的作用是松开制动闸瓦，因此又称为开闸器，如图1-8所示。

电磁铁的基本结构是线圈和一对铁心。线圈绕制在铜制的线圈套上，线圈铜线的直径、匝数及宽度等是根据所需的开闸力矩而设计的。

铁心用软磁材料制造，能迅速磁化和迅速退磁，常用含碳量很低的钢材制成。

电磁铁的作用是松开制动闸瓦，对交流电梯，可用整流器将交流电转化为直流电后为电磁铁供电。使用时，应合理整定电磁铁的吸合电流值，电流过小会造成吸合力不足，过大则会使吸合速度过快，且会导致线圈温升过高。对于线圈的温升，应控制在60℃以下，线圈的最高温度不应超过105℃。

（2）制动闸瓦　制动闸瓦与制动臂间用销钉相联，其特点是制动闸瓦可以绕绞点旋转。在制动器安装略有误差时，制动闸瓦仍能很好地与制动轮配合，如图1-9所示。

制动器打开时，制动闸瓦会发生自由旋转，因此在左右制动臂上各装有两颗调节螺钉，调节这两颗螺钉，就能限制制动闸瓦的自由转动。

另外，在制动器打开时，制动闸瓦与制动轮表面应有0.3～0.5mm的间隙，也可以通过制动臂上的定位螺钉加以调整。

（3）制动弹簧　制动弹簧的作用是压紧制动闸瓦，产生制动力矩。通过调节双头螺栓的螺母，可以调整弹簧的压缩量，从而获得所需的制动力。当制动力过大时，电梯平层时会产生冲击感；制动力过小则会使平层不准确。制动弹簧如图1-10所示。

图1-8　电磁铁

图1-9　制动闸瓦

图1-10　制动弹簧

制动弹簧应提供足够的制动力，能迫使轿厢在异常情况下迅速停止运行。在制动时不能过急，应保持制动平稳，实现平滑迅速制动，故制动力矩不能过大。若制动弹簧调节得过紧，制动力过大，则会造成电梯上平层低，下平层高。若制动弹簧调节得过松，制动力过小，则会造成电梯上平层高，下平层低，甚至出现滑车或反平层等现象。

3. 电梯维修站中的工具

（1）装配工具　为了按专业要求进行维修，必须为电梯维修工提供大量不同类型和尺寸的工具。图1-11中所示的工具属于通用工具。此外，还需要从工具室领取专用工具和特殊工具，如图1-12所示。这些工具通常可用于某一电梯品牌，有时仅用于特殊的电梯。

工具、小部件和辅助材料可以按规定整齐地摆放在维修工具车内，如图1-13所示。如使用一个工具盒，每类工具应占据一个空间。

工具使用后必须仔细清洁，然后放在规定的位置。工具整齐有序地摆放可以节省寻找工具的时间。

必须确保工具处于完好且安全的状态。若工具损坏（如手柄损坏、刀具断裂、扳手开口宽度变大、锉刀手柄或锤子未安装到位、錾子头部边缘磨损及台虎钳沟槽磨损等)，则可能导致电梯事故或造成设备损坏。此外，还会妨碍工作，且浪费较多时间。

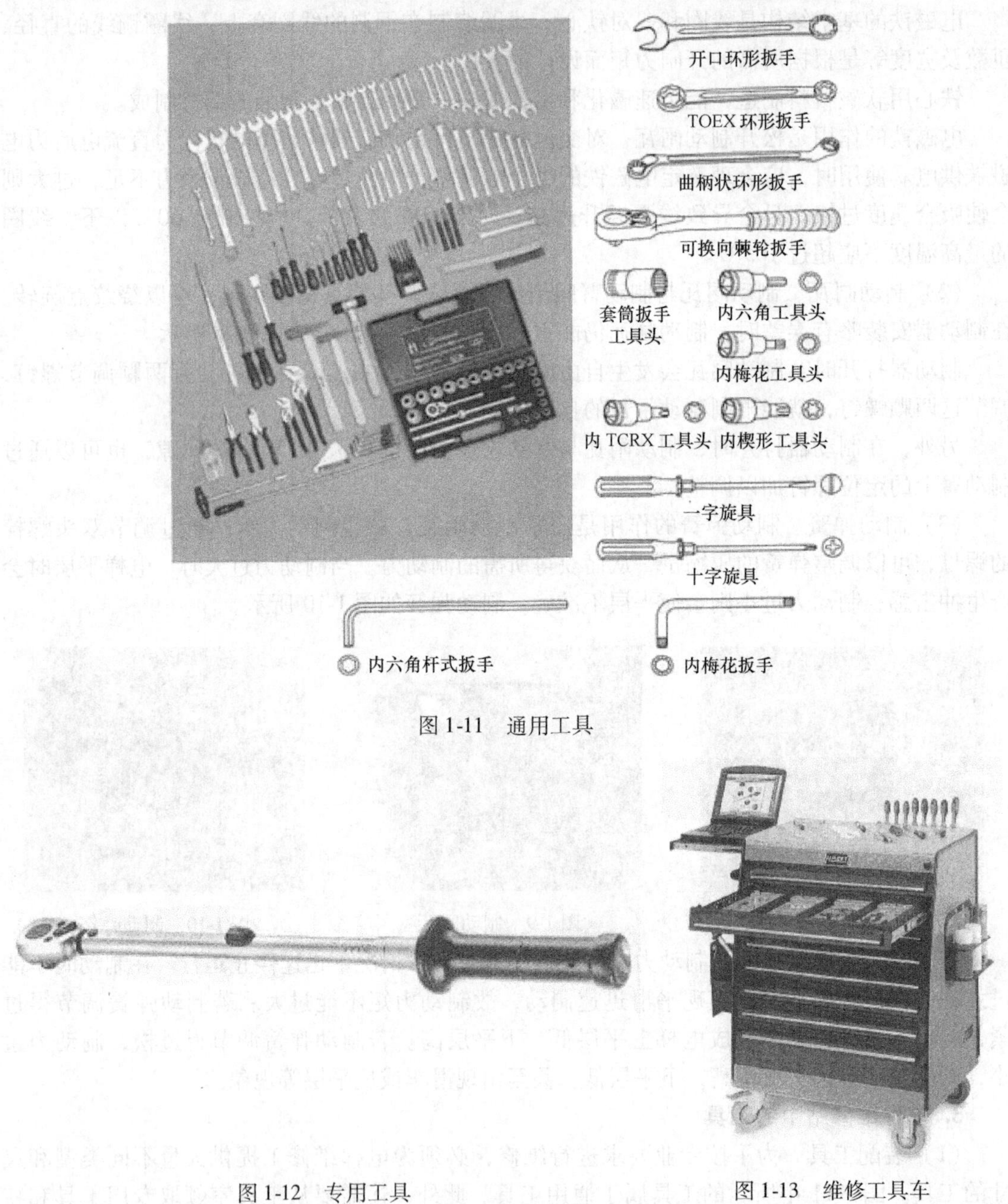

图 1-11　通用工具

图 1-12　专用工具

图 1-13　维修工具车

（2）力矩扳手　对于螺栓联接件，若拧紧过度，则会造成其过载且可能断裂；若拧紧程度过低，则可能会自动松开。因此，电梯制造商针对电梯中的许多螺栓联接规定了拧紧力矩（扭矩)，以确保正确均匀拧紧螺栓或螺母。

为了按规定力矩均匀拧紧螺栓，就需要一个力矩扳手。扭矩可利用旋钮来设定，达到设定值时可感觉到扳手松脱。

还等什么？赶快制订出工作计划并实施它

四、制订工作计划

在实际工作之前，应预先对目标和行动方案做出选择和具体安排，计划是预测与构想，即预先进行的行动安排，如组织方案、人员分工、技术方案、工具设备、维修工艺、预计完工时间及评价等方面。

（一）工作计划

电磁制动器的分解、装配及调整工作计划见表1-4。

表1-4　电磁制动器的分解、装配及调整工作计划表（权重0.1）

1. 小组成员有几人？组长是谁？				
2. 所维修的电梯是什么型号？	电梯型号			
	曳引机型号			
	制动器型号			
3. 准备根据什么资料操作？				
4. 完成该工作，需要准备哪些设备、工具？				
5. 要在6个学时内完成工作任务，同时要兼顾每个组员的学习要求，人员是如何分工的？	工作对象	人员安排	计划工时	质量检验员
	制动器			
6. 工作完成后，要对每个组员给予评价，评价方案是什么？				

（二）工作计划的解释和说明

制定工作计划之后，需要对计划内容、实施方案进行可行性研究，这就需要对计划进行解释和说明。电磁制动器的分解、装配及调整工作计划说明见表1-5。

表1-5　电磁制动器的分解、装配及调整工作计划说明表

工作计划要点	工作计划实施方式或方法	工作计划相关细节
1. 实施地点	（1）可根据协商结果按工作计划在电梯维修站内进行 （2）可在学校电梯实验室中以解释说明方式进行 （3）可由团队成员在教室中利用相应媒体以解释说明方式进行 **注意：**在后两项中必须做好解释说明的准备工作	
2. 内容准备	（1）根据计划选出重点 （2）压缩已选内容，仅保留主要内容 （3）解释说明内容的可视化显示 （4）时间计划：解释说明时间最多持续20min，接着通过10~15min提问来作为补充	（1）维修工单 （2）工作计划、工作流程图 （3）工作卡、投影仪 （4）时间计划：45min
3. 实施	（1）简要介绍 1）点明主题 2）简述内容 3）提出目标 （2）主要内容 1）合乎逻辑、通俗易懂地讲明实际情况，解释后果、风险和优点 2）征求可行的后续方案 3）总结要点	（1）扮演角色：客户→接受委托的电梯维修工 维修工单 （2）介绍信息收集和信息分析情况 介绍工作计划 在实物目标上或借助面向实际的图片实施

（三）修理工作流程

工作流程是指工作事项的活动流向顺序。工作流程包括实际工作过程中的工作环节、步骤和程序。工作流程用于组织系统中各项工作之间的逻辑关系，是一种动态关系。在一个修理工程项目的实施过程中，其管理工作、信息处理、设计工作、物资采购和施工都属于工作流程的一部分。全面了解工作流程要使用工作流程图。

工作流程图可以帮助管理者了解实际工作活动、消除工作过程中多余的工作环节及合并同类活动，使工作流程更为经济、合理和简便，从而提高工作效率。

工作流程图是通过适当的符号记录全部工作事项，用以描述工作活动的流向顺序。

工作流程图由一个开始点、一个结束点及若干中间环节组成。中间环节的每个分支也都要求有明确的分支判断条件，所以工作流程图对于工作标准化有着很大的帮助。

电磁制动器的分解、装配及调整工作流程如图 1-14 所示。

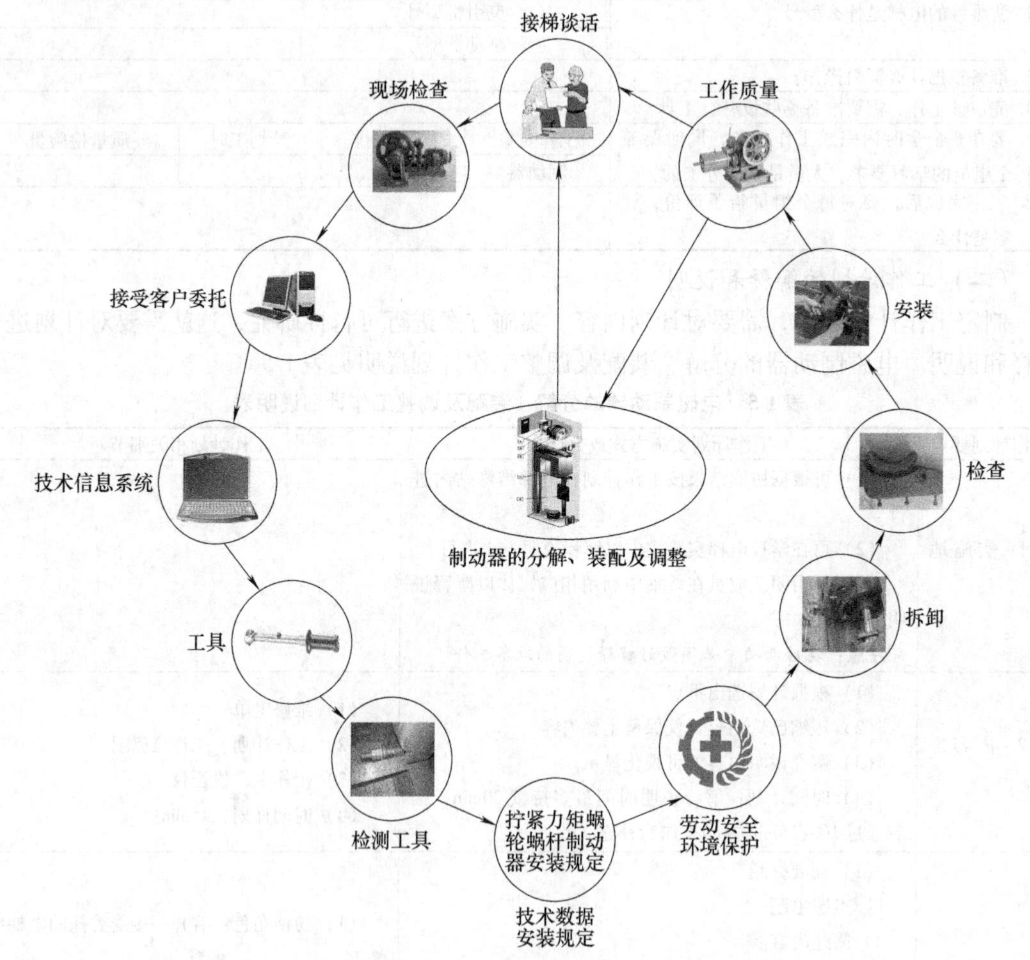

图 1-14　电磁制动器的分解、装配及调整工作流程图

五、工作任务实施

（一）拆卸和安装指引

电磁制动器的分解、装配及调整指引见表 1-6。表中规范了电磁制动器的修理程序，细化了每一步工序。使用者可以根据指引的内容进行修理工作，从而使电磁制动器处于良好的

工作状态。

表 1-6　电磁制动器的分解、装配及调整指引

1. 准备工作

1）电梯停至顶层，切断电梯主电源。

2）点动打开制动器抱闸，直至对重完全压缩在缓冲器上，轿厢不能运行为止。

3）如果轿厢内的负载小于平衡负载，则将轿厢停在最高层附近，然后拆卸制动器；如果轿厢内的负载大于平衡负载，则把轿厢停在最底层附近，然后拆卸制动器。

2. 拆卸、清洗

（1）制动弹簧的拆卸	（2）制动臂的拆卸	（3）转动部件的清洁、润滑
将制动器一侧的弹簧上紧至规定的极限。再将制动器另一侧的弹簧拆下，然后将制动臂调整到外侧。	拆卸制动臂，擦去原有的润滑脂，并在销轴处涂上相应的润滑脂，使销轴活动自如。销轴磨损量超过原直径的5%或圆度超过 0.5mm 时，应更换新的销轴。若发现杠杆系统或弹簧有裂纹，则应及时更换。	全部构件运转正常，无阻塞现象。对所有连接部位润滑一次，在活动部位滴入10#机油。**注意**：润滑油不能滴到制动轮和制动带上面。
（4）制动轮清洁、检查	（5）制动铁心清洗	（6）安装制动臂、制动弹簧
制动轮表面光滑，没有划伤的痕迹或者凹槽。制动轮调整螺母、锁紧螺母松紧适当。制动轮表面应无划痕和高温焦化颗粒，否则应打磨光滑。	电磁铁可动铁心在铜套内滑动灵活，必要时可用石墨粉或二硫化钼润滑（铅笔芯研成粉末可代用）。 电磁线圈接头应无松动情况，线圈外部必须有良好的绝缘保护层，防止短路。	重新装上制动臂，并将制动器弹簧上紧至规定的极限值。 重复上述步骤，拆下另一边制动臂，将其擦干净并润滑好。

3. 调整

（1）制动弹簧的调整	（2）制动铁心的调整	（3）制动闸瓦的调整
加强对主弹簧的检查和维护，确保制动力。检查时，先使制动闸瓦处于抱合状态，再用松闸扳手使制动闸瓦打开，凭手感可发现弹簧是否变软，也可用手锤敲击弹簧，凭响声检查弹簧是否失效和有无裂纹。	为了防止吸合时两铁心的底部发生撞击，吸合后其底部间应留有适当的间隙，但此间隙不应影响铁心的迅速吸合，不应出现制动器打开滞后的现象。	制动器动作必须灵活可靠，制动闸瓦应紧密地贴合在制动轮的工作表面上，制动闸瓦两端不应与制动瓦体脱离，制动带与制动轮的接触面积不小于二者接触面的 80%，可用圈点法（也称包围测量法或八点测量法）测量。松闸时，两侧的制动闸瓦应同时离开制动轮，无局部摩擦。

（续）

3. 调整

（1）制动弹簧的调整	（2）制动铁心的调整	（3）制动闸瓦的调整
制动力矩是由主弹簧产生的，因此需要调整主弹簧的压缩量。松开主弹簧压紧螺母，把调节螺母拧进，减小弹簧长度，增加弹力，可使制动力矩变大；把调节螺母拧出，增大弹簧长度，减小弹力，可使制动力矩变小。调整完毕后，应拧紧主弹簧压紧螺母，使两边主弹簧长度相等、调整量适当。 检查制动器弹簧： 1）确认弹簧两边压力是否相等。 2）确认弹簧压缩长度是否在规定的数值范围内。 3）检查螺杆的锁紧螺母和制动器弹簧的螺母是否紧固。  制动弹簧的检查	为使制动器有足够的开闸力，需调整两个铁心的间隙。用扳手松开调节螺母，调整调节螺母间隙适中后，拧紧压紧螺母。 粗调时，两个调节螺母都要朝里拧，使两个铁心完全闭合，测量螺栓杆的外露长度并使其相等。粗调时，一边先退出0.3mm作为基准，拧紧螺母。另一边松开调节螺母，使两边栓杆后退总和为0.5～1mm，即两个铁心的间隙为0.5～1mm。 检查松闸扳手的可靠性，检查两个铁心的间隙，测量可动铁心在制动器打开和闭合两个状态下的不同位置即可。  制动铁心的检查	制动闸瓦离开制动轮的间隙应均匀，四个角的平均间隙不超过0.7mm，一般调整为0.4～0.5mm。 用手动开闸装置打开制动闸瓦，此时，两个铁心闭合在一起，用塞尺检查制动闸瓦与制动轮间隙，其测量值应尽可能与调整值一致。 制动带应无油迹或油垢，防止制动时打滑距离过长。固定制动带的铆钉应埋入孔中，新铆制动带的铆钉头沉入深度不小于3mm，任何时候制动带的铆钉头都不应与制动轮接触，制动带磨损超过1mm或超过其厚度的1/4时，应更换新的制动带。  制动闸瓦的检查

为保证制动闸瓦上下两端与制动轮的间隙均匀，并在整个接触面上施加均匀的力，必须用垫片调整制动器底座，使制动闸瓦与制动轮中心线保持水平。检查时应注意地脚螺栓是否松动，垫片是否移位。

制动器使用日久，会使制动带磨损，特别是在使用初期，磨损速度很快，待制动带与制动轮磨合后，磨损才趋于缓和。因制动带磨损，主弹簧随之伸长，造成制动力矩逐渐减小。为调整方便，最好在制动器安装调整好后，将弹簧长度在双头螺杆上刻线作记号。当制动带磨损弹簧伸长后，可根据刻线将弹簧调回原来长度，以保证制动力矩不变。

4. 运行

1）合上电梯电源开关，使其慢车运行，制动器应动作灵活、可靠。

2）使电梯快车运行，切断电动机与制动器供电，轿厢应被可靠制停。

5. 注意事项

1）事故预防措施：遵守电梯维修工安全操作规程。在检查和测试制动器的操作功能时，必须切断电源。在检查和调整制动臂、制动弹簧或制动带的某一边时，必须和另一边分开进行调节，决不能同时检测制动器的两侧，否则，电梯可能移动，这会非常危险。

2）废弃处理：沾有机油的废弃物属于需要特别监控的废弃物，应将废弃物收集在合适的容器内。

3）辅助材料的准备：砂纸、润滑油液、润滑脂、垫片、棉纱、除锈剂、清洁剂及石墨粉等。

4）工具的准备：吊装设备、套装工具、木锤、铅锤、塞尺及角尺等。

5）质量保证：符合GB 7588—2003《电梯制造与安装安全规范》及GB/T 10060—2011《电梯安装验收规范》的相关规定。电梯在行程上部范围内空载上行及行程下部范围125%额定载荷下行，分别停层三次以上，轿厢应被可靠停止（下行不考核平层要求），在125%额定载荷以正常运行速度下行时，切断电动机与制动器供电，轿厢应被可靠制动。

（二）电磁制动器的分解、装配及调整实施记录表

实施记录表是对修理过程的记录，保证修理任务按工序正确执行。根据实施记录表可对修理的质量进行判断。电磁制动器的分解、装配及调整实施记录见表1-7。

表1-7　电磁制动器的分解、装配及调整实施记录表（权重0.3）

电磁制动器的分解、装配及调整			检查人/日期		
步骤	序号	检查项目	技术标准	完成情况	分值
准备工作	1	电梯停至顶层，切断电梯主电源，并确认电源已切断	合格□不合格□	工作是否完成____	★
	2	点动打开制动器，直至对重完全压缩在缓冲器上，轿厢不能运行为止	合格□不合格□		★
拆卸	3	把制动器一侧的弹簧上紧至规定的极限	合格□不合格□	工作是否完成____	★
	4	把制动器另一侧的弹簧拆下，然后把制动臂调整到外侧	合格□不合格□		★
清洁润滑	5	拆卸制动臂，擦去原有的润滑脂，并在销轴处涂上相应的润滑油，使销轴活动自如。销轴磨损量超过原直径的5%或圆度超过0.5mm时，应更换新的销轴。发现杠杆系统或弹簧出现裂纹，要及时更换	合格□不合格□	工作是否完成____	6
	6	全部构件运转正常，无阻塞现象。对所有连接部位润滑一次，在活动部位滴入10#机油，**注意：**润滑油不能滴到制动轮和制动带上面	合格□不合格□		6
	7	制动轮表面光滑，没有划伤的痕迹或者凹槽。制动轮调整螺母、锁紧螺母松紧适当。制动轮表面应无划痕和高温焦化颗粒，否则应打磨光滑	合格□不合格□		6
	8	电磁铁可动铁心在铜套内滑动灵活，必要时可用石墨粉或二硫化钼润滑（铅笔芯研成粉末可代用）	合格□不合格□		★
	9	电磁线圈接头应无松动情况，线圈外部必须有良好的绝缘保护层，防止短路	合格□不合格□		★
装配	10	重新装上制动臂，并将制动器弹簧上紧至规定的极限值	合格□不合格□	工作是否完成____	6
	11	重复上述步骤，拆下另一边制动臂，并将其擦干净并润滑好	合格□不合格□		6
调整	12	制动弹簧的调整		工作是否完成____	6
		1）确认弹簧两边压力是否相等	合格□不合格□		
		2）确认弹簧压缩长度是否在规定的数值范围内	合格□不合格□		6
		3）检查螺杆的锁紧螺母和制动器弹簧的螺母是否紧固	合格□不合格□		6
	13	制动铁心的调整		工作是否完成____	6
		两个铁心的间隙为0.5～1mm	合格□不合格□		
	14	制动闸瓦的调整		工作是否完成____	6
		1）制动器动作必须灵活可靠，制动闸瓦应紧密地贴合在制动轮的工作表面上，制动闸瓦两端不应与制动瓦体脱离，制动带与制动轮的接触面积不小于二者接触面的80%	合格□不合格□		

（续）

电磁制动器的分解、装配及调整			检查人/日期		
步骤	序号	检查项目	技术标准	完成情况	分值
调整	14	2）制动器动作灵活，制动时，两侧制动闸瓦应紧密、均匀地贴合在制动轮的工作面上；制动器打开时，两侧制动闸瓦应同步离开。制动闸瓦离开制动轮的间隙应均匀，其四角处间隙平均值两侧各不大于0.7mm	合格□不合格□	工作是否完成____	6
		3）在安装过程中要注意弹簧垫圈、平垫圈的安装位置，注意螺栓的安装方向，使用正确的联接螺栓	合格□不合格□		6
运行	15	合上电源开关，电梯慢车运行，制动器应动作灵活、可靠；电梯快车运行，切断电动机或制动器电源，轿厢应被可靠制停	合格□不合格□	工作是否完成____	6
评分依据：★项目为重要项目，一项不合格，检验结论为不合格。其他项目为一般项目，扣分不超过20分（包括20分），检验结论为合格；超过20分为不合格					

完成了，仔细验收，客观评价，及时反馈

六、工作验收、评价与反馈

（一）工作验收

维修工作结束后，电梯维修工应确认是否所有部件和功能都正常。维修站应会同客户对电梯进行检查，确认所委托电梯修理工作已全部完成，并达到客户的修理要求。电磁制动器的分解、装配及调整工作交接验收见表1-8 。

表1-8 电磁制动器的分解、装配及调整工作交接验收表（权重0.1）

1. 工作验收

验收步骤	验收内容
（1）是否按工作计划进行了所有工作？	（1）把工作计划中的所有项目检查一遍，确认所有项目都已经圆满完成，或者在解释说明范围内给出了详细的解释。
（2）哪些工作项目必须以现场直观检查的方式进行检查？	（2）检查以下工作项目 现场检查 / 结果 检查制动闸瓦与制动轮的间隙 检查制动弹簧、制动闸瓦、制动铁心、销轴的工作状态 检查制动器动作时是否有异常声响
（3）是否遵守规定的维修工时？	（3）电磁制动器分解、装配及调整的规定时间是30min。 合格□不合格□
（4）电磁制动器是否干净整洁？	（4）检查电磁制动器是否干净整洁，各种保护罩是否已经装好。 合格□不合格□

（续）

1. 工作验收	
验收步骤	验收内容
（5）哪些信息必须转告客户？	（5）指出制动带磨损的情况，需对电磁制动器进行整体分解、清洁润滑、调整及更换磨损的销轴。
（6）对质量改进的贡献？	（6）考虑一下，维修和工作计划准备，工具、检测工具、工作油液和辅助材料的供应情况，时间安排是否已经达到最佳程度。 提出改善建议并在下次修理时予以考虑。
2. 记录	
（1）是否记录了配件和材料的需求量？ （2）是否记录了工作开始和结束的时间？	
3. 大修后的咨询谈话	
客户接收电梯时期望维修人员对下述内容作出解释： （1）检查表。 （2）已经完成的工作项目。 （3）结算单。 （4）移交维修记录本。	在维修后谈话时，应向客户转告以下信息： （1）发现异常情况，如制动带磨损等。 （2）电梯日常使用中应注意的地方。 （3）多久需要进行制动器拆卸、装配、调整和清洗。
4. 对解释说明的反思	
（1）是否达到了预期目标？ （2）与相关人员的沟通效率是否很高？ （3）组织工作是否很好？	

（二）工作任务评价与总结

在修理过程中，各小组对维修质量进行自检。自检是及时了解维修设备是否符合质量标准要求，是否偏离了标准，以便及时调整维修工艺，使之符合规定要求。这是维修过程中一道最早的检验工序，是维修质量合格的保证。

在维修过程中，各小组对维修质量进行互检。互检就是维修人员之间相互进行检查。互检的目的是及时发现相互之间的不合格现象，便于及时采取补救措施，从而保证维修的品质。

最后，教师对各小组的维修质量进行检查，对存在的问题进行记录，并进行进一步指导。电磁制动器的分解、装配及调整的自检、互检记录见表1-9。

表1-9　电磁制动器的分解、装配及调整的自检、互检记录表（权重0.1）

自检、互检记录	备注
各小组学生按技术要求检测设备并记录 检测问题记录：________________________________ ____ ____。	自检

（续）

自检、互检记录	备注
各小组分别派代表按技术要求检测其他小组设备并记录 检测问题记录：____。	互检
教师检测问题记录：____。	教师检验

（三）小组总结报告

各小组总结本次任务中出现的主要问题和难点及其解决方案，报告见表1-10。

表1-10　小组总结报告（权重0.1）

维修任务简介：____。	
学习目标	
维修人员及分工	
维修工作开始时间和结束时间	
维修质量：____。	
预期目标	
实际成效	
维修中最有特色的部分	
维修总结：____。	
维修中最成功的是什么？	
维修中存在哪些不足？应作哪些调整？	
维修中所遇问题与思考？（提出自己的观点和看法）	

（四）填写评价表

维修工作结束后，维修人员填写工作任务评价表，并对本次维修工作进行打分，见表1-11。

表1-11　电磁制动器的分解、装配及调整评价表

×××学院评价表							
项目一　曳引系统的修理 任务一　电磁制动器的分解、装配及调整			班级：________ 小组：________ 姓名：________			指导教师：________ 日期：________	
评价项目	评价标准	评价依据	评价方式			权重	得分小计
			学生自评（15%）	小组互评（60%）	教师评价（25%）		
职业素养	（1）遵守企业规章制度、劳动纪律 （2）按时按质完成工作任务 （3）积极主动承担工作任务，勤学好问 （4）人身安全与设备安全	（1）出勤 （2）工作态度 （3）劳动纪律 （4）团队协作精神				0.3	

七、拓展知识——故障实例

思考题：在本次任务实施过程中，如果制动器表面沾有油渍或者制动器没按规定调整，会造成什么后果？

故障实例见表1-12。

表1-12　故障实例

例1　故障现象：某大厦一台电梯，速度为1.6m/s，在做制停试验时，制停距离超过5m。 电梯制停距离超标，在电梯冲顶或蹲底的情况下，容易造成人员伤害和设备的损坏。 在紧急制动时，电梯的滑行距离不应过大。电梯在行程上部范围内空载上行及行程下部范围125%额定载荷下行，分别停层三次以上，轿厢应被可靠地制停（下行不考核平层要求），在125%额定载荷以正常运行速度下行时，切断电动机与制动器供电，轿厢应被可靠制动。	
故障分析： 经过维修人员仔细检查后，发现制动轮和制动带表面有油迹，经分析观察是减速箱内的润滑油从蜗杆渗出，甩到了制动轮表面和制动带上。	排除方法： 更换蜗杆伸出端密封圈、制动带，清洗制动轮后，重新做制停试验后，电梯制停距离恢复正常值，不超过1750mm。
例2　故障现象：电梯运行更换新的制动带后，制动带、制动轮发热严重，并伴有很大的焦臭味。 正常情况下，制动器动作应灵活，制动时两侧制动闸瓦应紧密、均匀地贴合在制动轮的工作面上，抱闸打开时应同步离开，其四角处间隙平均值两侧各不大于0.7mm。	
故障分析： 经维修人员检查，制动带与制动轮间隙过小，造成摩擦发热等现象。	排除方法： 调整制动带与制动轮的间隙后，电梯运行正常。

练习

1. 电磁制动器主要由______、______、______组成。

2. 制动器动作必须灵活可靠，制动闸瓦应紧密地贴合在制动轮的工作表面上，制动闸瓦两端不应与制动瓦体脱离，制动带与制动轮的接触面积不小于______。

3. 制动器动作灵活，制动时两侧制动闸瓦应紧密、均匀地贴合在制动轮的工作面上，松闸时应同步离开，其四角处间隙平均值两侧各不大于______。

4. 制动臂销轴磨损量超过原直径的______或圆度超过______mm时，应更换新的销轴。

5. 制动电磁铁可动铁心与铜套间的润滑应采用______。

任务二　曳引电动机的拆卸、装配及同心度校正

一、接收修理任务或接收客户委托

本次工作任务为曳引电动机的拆卸、装配及同心度校正，包括电动机的拆卸、电磁制动器的拆卸、同心度的调校及电磁制动器的调整等工作。在接收本项工作任务之前，需要向客户了解电梯的详细信息，以及需要大修部件的工作状况，从而制定大修工作目标和任务。接收电梯大修或修理委托信息见表1-13。

表1-13　接收电梯大修或修理委托信息表（曳引电动机的拆卸、装配及同心度校正）

<table>
<tr><th>工作流程</th><th>任务内容</th></tr>
<tr><td>接收电梯前与客户的沟通</td><td>见表1-1中对应的部分。</td></tr>
<tr><td>接收修理委托的过程</td><td>可按照以下方式与客户交流：向客户致以友好的问候并进行自我介绍；认真、积极、耐心地倾听客户意见；询问客户有哪些问题和要求。
客户委托或报修内容：电动机的拆卸、装配及同心度校正
<table>
<tr><th>向客户询问的内容</th><th>结果</th></tr>
<tr><td>曳引机运行时是否有异常响声？</td><td></td></tr>
<tr><td>电动机运行时是否平稳？</td><td></td></tr>
<tr><td>曳引机轴承处是否有异常响声？</td><td></td></tr>
<tr><td>联轴器螺栓是否紧固？</td><td></td></tr>
</table>
1. 接收电梯维修任务过程中的现场检查
（1）检查曳引机的运行情况。
（2）检查曳引电动机的运行情况。
2. 接收修理委托
（1）询问用户单位、地址。
（2）请客户提供电梯准运证、铭牌。
（3）根据铭牌识别电梯生产厂家、型号、控制方式、载重量及速度。
（4）向客户解释故障产生的原因和工作范围，指出必须进行同心度校正。
（5）询问客户是否还有其他要求。
（6）确定电梯交接日期。
（7）询问客户的电话号码，以便进行回访。
（8）与客户确认修理内容并签订维修合同。
客户在维修合同上签字表示规定合同双方权利和义务的“一般性交易条件”成为合同的要件。通常情况下，与客户争论、未按规定执行维修工作会影响电梯经销商的服务形象，而且可能导致客户向经销商提出更换部件或赔偿要求。</td></tr>
</table>

（续）

工作流程	任务内容
任务目标	完成电动机的拆卸、装配及同心度校正。
任务要求	（1）正确拆卸电动机、制动器。 （2）检查电动机、联轴器各部件。 （3）判断电动机轴是否变形或损坏。 （4）正确安装电动机，调整同心度。
对完工电梯进行检验	应符合 GB 7588—2003《电梯制造与安装安全规范》及 GB/T 10060—2011《电梯安装验收规范》的相关规定。
对工作进行评估	先以小组为单位，共同分析、讨论装配工艺并完成试装；小组成员独力完成装配调试操作；各小组上交一份所有小组成员都签名的实习报告。

你可能需要获得以下的资讯，才能更好地完成工作任务

二、信息收集与分析

（一）信息的整理、组织和记录

对于收集的信息，要进行分析、了解概况，并理解文字的内容，标记出涉及维修工作或待维修部件的关键内容。将维修工作中需要使用的工具列出详细的清单，并对维修过程中的拆卸、安装和调整工艺进行深入了解。在工作前完成表 1-14。

表 1-14　曳引电动机的拆卸、装配及同心度校正信息整理、组织、记录表

1. 信息分析	
什么是同心度？什么是同轴度？	如何调整曳引电动机的同心度？
2. 工具、检测工具	
执行任务时需要哪些工具？	如何使用工具？
3. 维修	
需要进行哪些拆卸和调整工作？	需要进行哪些清洁工作？
如何清洁部件？	制造商给出了哪些安装数据？

（二）相关专业知识

1. 同心度

当电动机轴与蜗杆轴按规定的技术标准装配，并达到同心度技术要求时，电动机轴与蜗杆轴承受的仅仅是转动力，运转时也会很平滑。然而当二者不同心时，电动机轴就要承受来自于减速箱输入端的径向力，这个径向力长期作用将会使电动机轴弯曲，而且弯曲的方向随着电动机轴的转动不断变化。电动机轴每转动一周，径向力的方向变化360°。如果同心度的误差较大，那么，该径向力就会使电动机轴温度升高，其金属结构不断被破坏，最后该径向力将会超出电动机轴所能承受的径向力，导致电动机轴折断。

同心度的误差越大，电动机轴折断的时间越短。在电动机轴折断的同时，蜗杆减速箱输入端同样也会承受来自电动机方面的径向力，如果这个径向力同时超出了二者所能承受的最大径向负荷，其结果也会导致蜗轮蜗杆减速箱输入端产生变形甚至断裂。因此，在装配时保证电动机轴与蜗杆轴的同心度至关重要。

2. 曳引机蜗杆轴与电动机轴同心度的调整方法

曳引机解体大修、重新安装后，出现运行振动、电动机摇摆，不能正常使用时，需要对蜗杆轴与电动机轴同心度进行调整。具体方法如下：拆开联轴器固定螺栓，必要时拆除抱闸装置，使制动轮（联轴器）裸露，便于测试，将百分表吸附固定在曳引机底座上。

（1）横向调整

1）旋转电动机轴，使其在90°、270°（上、下）位置上，用百分表测量，调整电动机垫片，使误差在0.05mm以内。

2）旋转电动机轴，使其在0°、180°（水平）位置上，用百分表测量，调整电动机垫片，使误差在0.05mm以内。

3）旋转电动机轴，使其在45°、225°（上、下）位置上，用百分表测量，调整电动机垫片，使误差在0.05mm以内。

4）旋转电动机轴，使其在135°、315°（上、下）位置上，用百分表测量，调整电动机垫片，使误差在0.05mm以内。

（2）纵向调整　将百分表置于制动轮纵端面上，按横向调整的步骤调整一遍。重复横向调整和纵向调整，使误差尽可能小，不符合要求时，应再进行横向调整和纵向调整。

（3）调整注意事项　调整前，应吊起轿厢或对重，动作安全钳将轿厢完全夹持在导轨上，把钢丝绳从轮槽中取出，在曳引机空载的情况下进行测量。

每次调整电动机时，只调整与该方向有关的垫片，尽可能不动影响其他项目的垫片。

测试时，应紧固电动机固定螺栓，减少人为误差。电动机轴与蜗杆轴的同心度直接影响曳引机的运行状态，是引起曳引系统振动、影响电梯运行舒适感的重要因素，也是保证电梯安全运行的必要条件。具体要求：刚性连接为0.02mm，弹性连接为0.1mm。

3. 测量设备和检测方法

百分表是将被测尺寸引起的测微螺杆微小直线移动，经过齿轮传动放大，变为指针在刻度盘上的转动，从而读出被测尺寸的大小。百分表的构造主要由三个部件组成：表体部分、传动系统和读数装置，如图1-15所示。

百分表是将测微螺杆的行程通过一个齿轮传动装置传递到指针上的长度测量仪。测微螺杆纵向移动1mm，指针转动360°。

百分表有一个刻度盘，可以转动刻度盘使其零刻度位于当前指针位置之下。刻度盘分为100个分度，因此，指针从一条刻度线到另一条刻度线的行程相当于测微螺杆移动1/100mm。

除了大刻度盘外，百分表还有一个小刻度盘，在小刻度盘上指示大指针转动的圈数，即毫米整数。

每次测量时，百分表都需要一个夹持装置。测量位置不同，百分表的夹持方式也不同。

（1）外部测量　进行外部测量时，将百分表夹在测量支架中。

（2）内部测量　进行内部测量时，使用一个装有百分表的自对中内部测量仪。

百分表的使用见表1-15。

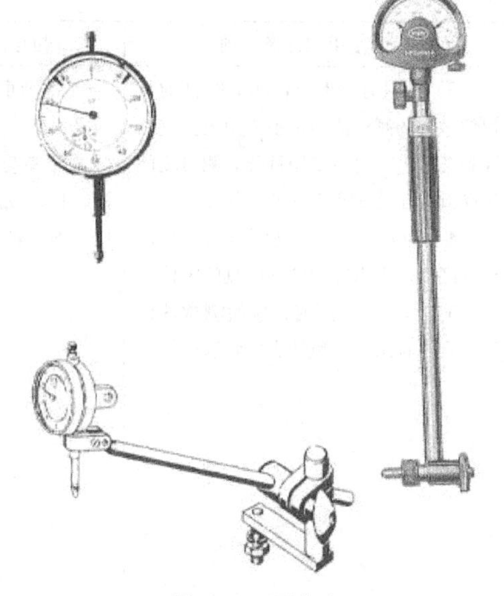

图1-15　百分表

表1-15　百分表的使用

1. 百分表的使用与注意事项	2. 端面跳动和径向跳动检测	3. 内外径测量
表头 百分表的读数方法为：先读小刻度盘上指针转过的刻度线（即毫米整数），再读大刻度盘上指针转过的刻度线（即小数部分），并乘以0.01，然后两者相加，即得到所测量的数值。 注意事项： （1）使用前，应检查测微螺杆的灵活性。即轻轻推动测微螺杆时，测微螺杆在套筒内的移动要灵活，没有轧卡现象，每次手松开后，指针能回到原来的刻度位置。 （2）使用时，必须把百分表固定在可靠的夹持架上。一定不能随便夹在不稳固的地方，否则容易造成测量结果不准确，或摔坏百分表。	表架 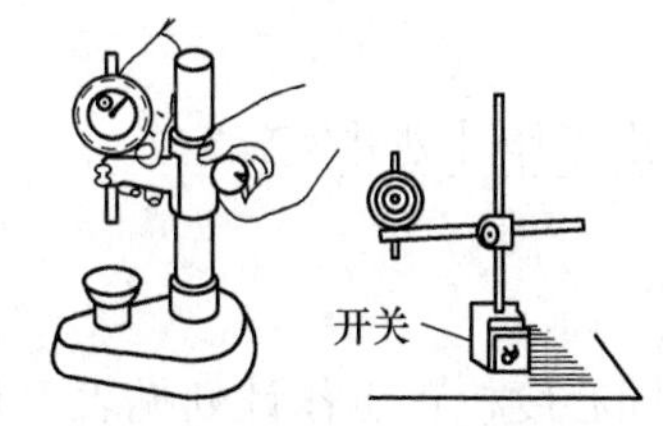 确定电动机轴或蜗杆轴端面的径向跳动量时，将百分表放置在试样的任何一点上，然后转动百分表，使其刻度盘的零刻度线位于指针位置下。通过转动试样可以确定径向跳动和端面跳动的偏差。 进行端面跳动和径向跳动检测时，将拆卸下来的试样夹紧在顶尖之间，对于轴来说则支撑在棱柱内。 电梯维修时，主要对以下部件的端面进行跳动检测： （1）蜗杆轴。 （2）电动机轴。 （3）制动轮。	内部测量 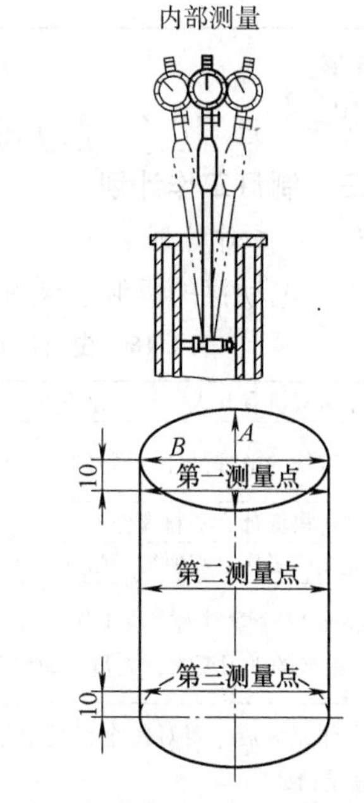 测量内圆时规定了三个测量平面，测量前用测微螺杆把内部测量仪调节到制造商规定的内径直径。 通过把内部测量仪移动到各个测量平面内可直接读取各个偏差值。在气缸内转动内部测量仪即可得出气缸孔的圆度尺寸。

（续）

1. 百分表的使用与注意事项	2. 端面跳动和径向跳动检测	3. 内外径测量
（3）测量时，不要使测微螺杆的行程超过它的测量范围，不要使表头突然撞到工件上，也不要用百分表测量表面粗糙或有显著凹凸不平的工作面。 （4）为方便读数，在测量前一般都让刻度盘上大指针指到刻度盘的零位。 （5）百分表不用时，应使测微螺杆处于自由状态，以免使表内弹簧失效。	测量平面时，百分表的测微螺杆要与平面垂直；测量圆柱形工件时，测微螺杆要与工件的中心线垂直，否则，将造成测微螺杆活动不灵或测量结果不准确。	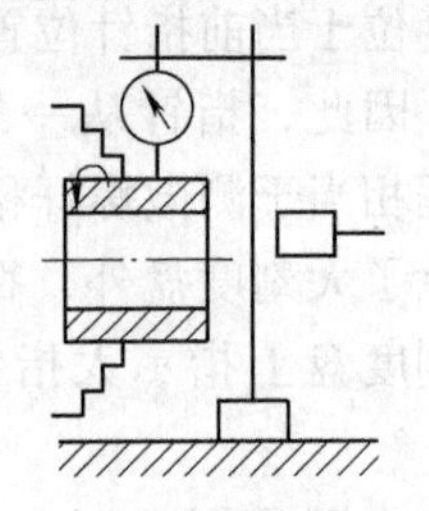 外径测量 将百分表固定，并将触头接触到待测量物体外径的表面。测量外圆时规定了两个测量平面。 测量时，先用标准件或量块校正百分表，转动刻度盘，使其零刻度线对准指针，然后再测量工件，从表中可读出工件尺寸相对标准件或量块的偏差，从而确定工件尺寸。 利用百分表还可在机床或其他专用设施上检测工件的跳动误差。

还等什么？赶快制订出工作计划并实施它

三、制订工作计划

（一）工作计划

曳引电动机的拆卸、装配及同心度校正工作计划见表1-16。

表1-16　曳引电动机的拆卸、装配及同心度校正工作计划表（权重0.1）

1. 小组成员有几人、组长是谁？				
2. 所维修的电梯是什么型号？	电梯型号			
	曳引机型号			
3. 准备根据什么资料操作？				
4. 完成该工作，需要准备哪些设备、工具？				
5. 要在12个学时内完成工作任务，同时要兼顾每个组员的学习要求，人员是如何分工的？	工作对象	人员安排	计划工时	质量检验员
	电动机			
	联轴器			
6. 工作完成后，要对每个组员给予评价，评价方案是什么？				

（二）修理工作流程

曳引电动机的拆卸、装配及同心度校正工作流程如图1-16所示。

四、工作任务实施

（一）拆卸和安装指引

曳引电动机的拆卸、装配及同心度校正指引见表1-17。表中规范了电动机的拆卸、装配及同心度校正的修理程序，细化了每一步工序。使用者可以根据指引的内容进行修理工作，

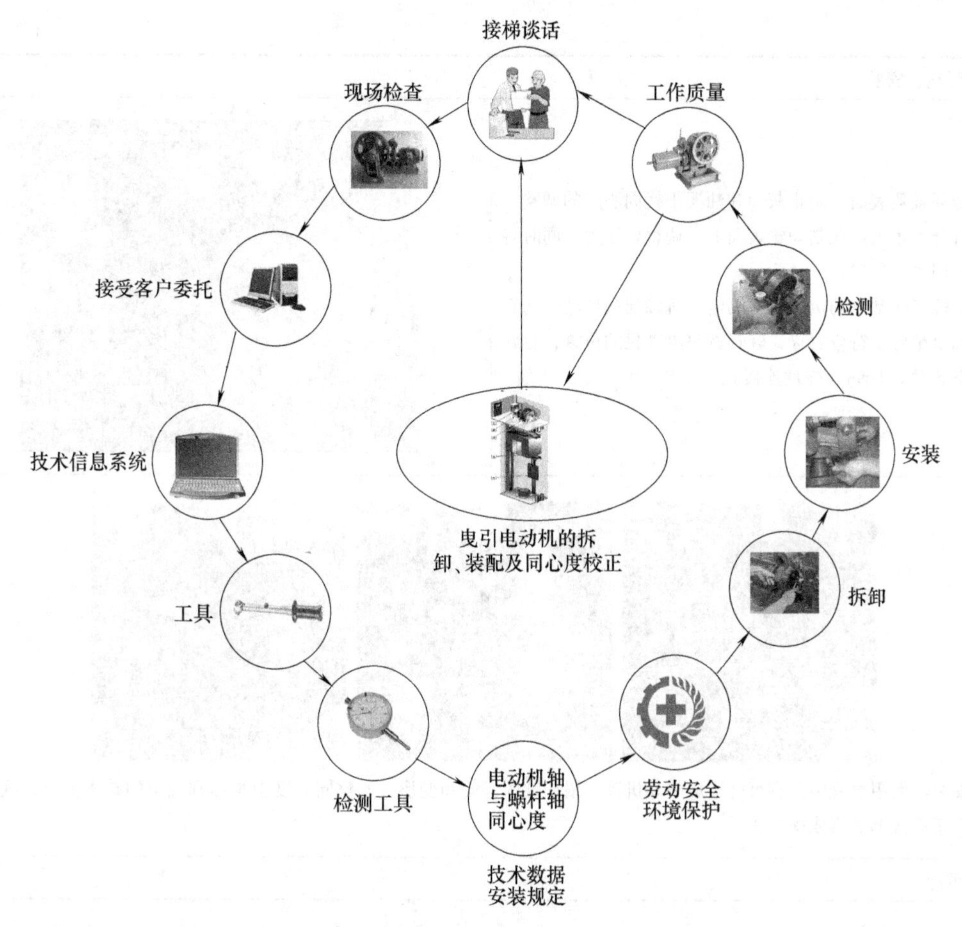

图1-16　曳引电动机的拆卸、装配及同心度校正工作流程图

从而使曳引机处于良好的工作状态。

表1-17　曳引电动机的拆卸、装配及同心度校正指引

1. 准备工作

1）电梯停至顶层，切断电梯主电源。

2）将电梯轿厢用起吊葫芦吊起，使用撑木将对重撑起，提拉安全钳拉杆，使安全钳钳块动作，然后稍微松一下起吊葫芦，使轿厢重量主要由安全钳承受。

3）起吊轿厢时要注意安全，必须保护好称量装置。

4）当曳引钢丝绳松掉后，将钢丝绳卸下，并做好排列顺序标记。

5）将曳引机减速箱齿轮油放入干净的桶内，拆下电动机、编码器接线及抱闸接线。

2. 拆卸、更换

（1）拆卸制动器	（2）松开联轴器	（3）拆卸电动机	（4）更换电动机
拆卸制动器，擦去原有的润滑脂，并在销轴处涂上相应的润滑油。	在电动机上绑好钢丝绳，并连接好起吊葫芦，使钢丝绳处于松弛状态。 用套筒扳手松开联轴器的联接螺栓。	从电动机架中拆下电动机。 **注意：**拆电动机时，应保持电动机平衡，防止转子从电动机外壳中滑出。	将电动机安装在电动机架上，拧紧联轴器的联接螺栓。

（续）

3. 调整、安装

清洁联轴器表面，防止灰尘和油泥干扰同心度的调整。

将百分表表头压在制动轮表面上，调整好压力，同时将表针调回零点位置。

用手轻轻转动电动机轴，检测电动机轴与蜗杆轴的同心度。如果精度不符合要求，轻轻调整电动机的位置，直到偏差不超过0.1mm（弹性连接）。

在安装、使用过程中，有可能造成电动机轴、蜗杆轴的弯曲和变形，调整同心度很难达到规定的技术要求，这时就需要重新更换电动机或蜗杆。

4. 运行

1）复位钢丝绳。
2）将齿轮油倒回曳引机，用棉纱清除溅出的齿轮油。
3）合上电梯电源开关，使其慢车下行，检查曳引机运行是否异常，取出对重支撑木。
4）电梯在中间层运行时，检查电动机、减速箱蜗轮蜗杆的运行情况。

5. 注意事项

1）检查曳引机联轴器与电动机轴、联轴器与蜗杆之间的平键：在不打开制动器的状态下，将盘车手轮装在电动机尾轴上，然后左右轻微转动，检查联轴器与电动机轴的平键是否松动；用松闸扳手打开制动器，然后左右轻微晃动盘车手轮，检查联轴器与蜗杆的平键是否松动。

如果存在上述问题，应分别更换平键。

2）事故预防措施：遵守电梯安装维修工安全操作规程。
3）废弃处理：沾有机油的废弃物属于需要特别监控的废弃物，应将废弃物收集在合适的容器内。
4）辅助材料的准备：砂纸、润滑油液、除锈剂、清洁剂、垫片及棉纱等。
5）工具的准备：吊装设备、套装工具、木锤及百分表等。
6）质量保证：应符合GB 7588—2003《电梯制造与安装安全规范》及GB/T 10060—2011《电梯安装验收规范》的相关规定。

（二）曳引电动机的拆卸、装配及同心度校正实施记录

实施记录表是对修理过程的记录，保证修理任务按工序正确执行。根据实施记录表可对修理的质量进行判断。曳引电动机的拆卸、装配及同心度校正实施记录见表1-18。

表1-18　曳引电动机的拆卸、装配及同心度校正实施记录表（权重0.3）

曳引电动机的拆卸、装配及同心度校正			检查人/日期		
步骤	序号	检查项目	技术标准	完成情况	分值
准备工作	1	电梯停至顶层，切断电梯主电源	合格□不合格□	工作是否完成____	★
	2	将电梯轿厢用起吊葫芦吊起，使用撑木将对重撑起，提拉安全钳拉杆，使安全钳钳块动作，然后稍微松一下起吊葫芦，使轿厢重量主要由安全钳承受	合格□不合格□		★
	3	起吊轿厢时要注意安全，必须保护好称量装置	合格□不合格□		6
	4	当曳引钢丝绳松掉后，将钢丝绳卸下，并做好排列顺序标记	合格□不合格□		6
	5	将曳引机减速箱齿轮油放入干净的桶内，拆下电动机、编码器接线及抱闸接线	合格□不合格□		6
拆卸	6	拆卸制动器，擦去原有的润滑脂，并在销轴处涂上相应的润滑油	合格□不合格□	工作是否完成____	6
	7	在电动机上绑好钢丝绳，并连接好起吊葫芦，使钢丝绳处于松弛状态	合格□不合格□		★
	8	用套筒扳手松开联轴器的固定螺栓	合格□不合格□		6
	9	从电动机架中取出电动机	合格□不合格□		★
清洁	10	联轴器调整螺母、锁紧螺母松紧适当。联轴器表面应无划痕、凹槽和高温焦化颗粒，否则应打磨光滑	合格□不合格□	工作是否完成____	6
装配	11	将电动机安装在电动机架上	合格□不合格□	工作是否完成____	6
	12	拧紧联轴器的联接螺栓	合格□不合格□		6
调整	13	用手轻轻转动电动机，检测电动机轴与蜗杆轴的同心度。如果精度不符合要求，轻轻调整电动机的位置，直到偏差不超过0.1mm（弹性连接）	合格□不合格□	工作是否完成____	★
	14	在安装过程中要注意弹簧垫圈、平垫圈的安装位置，注意螺栓的安装方向，使用正确的联接螺栓	合格□不合格□		6
运行	15	复位钢丝绳	合格□不合格□	工作是否完成____	★
	16	将齿轮油倒回曳引机，用棉纱清除溅出的齿轮油	合格□不合格□		6
	17	合上电梯电源开关，慢车下行，检查曳引机运行是否异常，取出对重支撑木	合格□不合格□		6
	18	电梯在中间层运行时，检查电动机、减速箱蜗轮蜗杆的运行情况	合格□不合格□		6

评分依据：★项目为重要项目，一项不合格，检验结论为不合格。其他项目为一般项目，扣分不超过20分（包括20分），检验结论为合格；超过20分，为不合格

完成了，仔细验收，客观评价，及时反馈

五、工作验收、评价与反馈

（一）工作验收

维修工作结束后，电梯维修工应确认是否所有部件和功能都正常。维修站应会同客户对电梯进行检查，确认所委托电梯修理工作已全部完成，并达到客户的修理要求。曳引电动机的拆卸、装配及同心度校正工作交接验收见表1-19。

表1-19 曳引电动机的拆卸、装配及同心度校正工作验收表（权重0.1）

<table>
<tr><td colspan="2">1. 工作验收</td></tr>
<tr><td>验收步骤</td><td>验收内容</td></tr>
<tr><td>（1）是否按工作计划进行了所有工作？</td><td>（1）把工作计划中的所有项目检查一遍，确认所有项目都已经圆满完成，或者在解释说明范围内给出了详细的解释。</td></tr>
<tr><td>（2）哪些工作项目必须以现场直观检查的方式进行检查？</td><td>（2）检查以下工作项目
<table><tr><td>现场检查</td><td>结果</td></tr><tr><td>电动机安装位置是否正确</td><td></td></tr><tr><td>联轴器螺栓是否紧固</td><td></td></tr><tr><td>是否按照规范调整电动机轴与蜗杆轴的同心度</td><td></td></tr></table></td></tr>
<tr><td>（3）是否遵守规定的维修工时？</td><td>（3）拆卸电动机和调整同心度的规定时间是60min。
合格□不合格□</td></tr>
<tr><td>（4）电动机、联轴器是否干净整洁？</td><td>（4）检查电动机、联轴器表面是否干净整洁，各种保护罩是否已经装好。
合格□不合格□</td></tr>
<tr><td>（5）哪些信息必须转告客户？</td><td>（5）指出由于不同心会造成电梯舒适感变差。</td></tr>
<tr><td>（6）对质量改进的贡献？</td><td>（6）考虑一下，维修和工作计划准备，工具、检测工具、工作油液和辅助材料的供应情况，时间安排是否已经达到最佳程度。
提出改善建议并在下次修理时予以考虑。</td></tr>
<tr><td colspan="2">2. 记录</td></tr>
<tr><td colspan="2">（1）是否记录了配件和材料的需求量？
（2）是否记录了工作开始和结束的时间？</td></tr>
<tr><td colspan="2">3. 大修后的咨询谈话</td></tr>
<tr><td>客户接收电梯时期望维修人员对下述内容作出解释：
（1）检查表。
（2）已经完成的工作项目。
（3）结算单。
（4）移交维修记录本。</td><td>在维修后谈话时，应向客户转告以下信息：
（1）发现异常情况，如电动机轴损伤、变形等。
（2）电梯日常使用中应注意之处。
（3）在什么情况下需要进行曳引机同心度的校正。</td></tr>
<tr><td colspan="2">4. 对解释说明的反思</td></tr>
<tr><td colspan="2">（1）是否达到了预期目标？
（2）与相关人员的沟通效率是否很高？
（3）组织工作是否很好？</td></tr>
</table>

（二）工作任务评价与总结

曳引电动机的拆卸、装配及同心度校正的自检、互检记录见表1-20。

表1-20　曳引电动机的拆卸、装配及同心度校正的自检、互检记录表（权重0.1）

自检、互检记录	备注
各小组学生按技术要求检测设备并记录 检测问题记录：________________ ________________ ________________。	自检
各小组分别派代表按技术要求检测其他小组设备并记录 检测问题记录：________________ ________________ ________________。	互检
教师检测问题记录：________________ ________________ ________________。	教师检验

（三）小组总结报告

各小组总结本次任务中出现的主要问题和难点及其解决方案，报告见表1-21。

表1-21　小组总结报告（权重0.1）

维修任务简介：________________ ________________ ________________。	
学习目标	
维修人员及分工	
维修工作开始时间和结束时间	
维修质量：________________ ________________ ________________。	
预期目标	
实际成效	
维修中最有特色的部分	
维修总结：________________ ________________ ________________。	
维修中最成功的是什么？	
维修中存在哪些不足？应作哪些调整？	
维修中所遇问题与思考？（提出自己的观点和看法）	

（四）填写评价表

维修工作结束后，维修人员填写工作任务评价表，并对本次维修工作进行打分，见表1-22。

表1-22　曳引电动机的拆卸、装配及同心度校正评价表

<table>
<tr><td colspan="8">×××学院评价表</td></tr>
<tr><td colspan="3">项目一　曳引系统的修理
任务二　曳引电动机的拆卸、装配及同心度校正</td><td colspan="2">班级：______
小组：______
姓名：______</td><td colspan="3">指导教师：______
日期：______</td></tr>
<tr><td rowspan="2">评价项目</td><td rowspan="2">评价标准</td><td rowspan="2">评价依据</td><td colspan="3">评价方式</td><td rowspan="2">权重</td><td rowspan="2">得分小计</td></tr>
<tr><td>学生自评（15%）</td><td>小组互评（60%）</td><td>教师评价（25%）</td></tr>
<tr><td>职业素养</td><td>（1）遵守企业规章制度、劳动纪律
（2）按时按质完成工作任务
（3）积极主动承担工作任务，勤学好问
（4）人身安全与设备安全</td><td>（1）出勤
（2）工作态度
（3）劳动纪律
（4）团队协作精神</td><td></td><td></td><td></td><td>0.3</td><td></td></tr>
</table>

六、知识拓展

（一）电动机相关知识

电动机相关知识见表1-23。

表1-23　电动机相关知识

<table>
<tr><td colspan="2">1. 交流电动机在电梯上的应用</td></tr>
<tr><td colspan="2">交流电动机在电梯曳引机上得到了广泛的应用，交流双速电梯主要采用笼型异步电动机，无机房及超高速电梯广泛采用永磁式同步电动机。</td></tr>
<tr><td>2. 笼型异步电动机</td><td>3. 永磁式同步电动机</td></tr>
<tr><td>
YYTD系列电梯电动机
YYTD系列电梯电动机是引进日本“日立”技术制造的三相交流电动机。本系列电梯电动机具有起动转矩高、机械特性硬、噪声低、振动小及运行安全可靠等特点。其外壳防护等级为IP00，冷却方式为强迫通风冷却。
</td><td>
电梯性能随着计算机控制技术和变频技术的发展有很大的提高，但是异步变频电动机存在低频、低压、低速时的转矩不够平稳，低速运行不理想的缺点。用永磁式同步调速电动机替代交流异步电动机，用同步电动机替代异步电动机可以解决低速段的缺点和起动及运行中的抖动问题，可使电梯运行更平稳、更舒适，同时减小电动机的体积和噪声。
由于交流永磁式电动机的转子是用永磁体直接产生磁场，因此永磁式同步电动机具有结构简单、运行可靠、体积小、重量轻、效率高、形状和尺寸灵活多样等特点。
交流永磁式同步调速电梯电动机结构简单、运行可靠，是由于永磁式电动机的转子不需要励磁，因而省去了线圈或鼠笼，简化了结构，减少了故障，使维修方便简单，维修复杂系数大大降低。</td></tr>
</table>

（续）

2. 笼型异步电动机	3. 永磁式同步电动机
该电动机的额定电压为380V，额定频率为50Hz，除适用于交流双速及交流电压调速电梯外，还可用于负载变化大、起动频繁的其他调速机械设备。 型号含义： 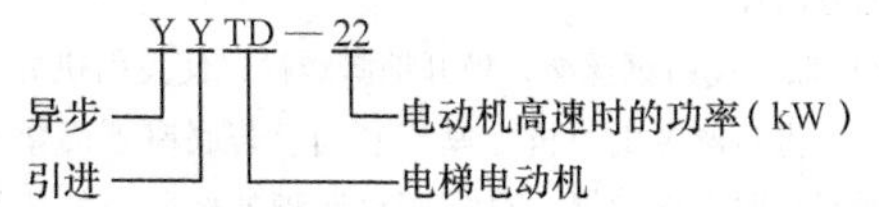 使用条件：海拔不超过1000m；环境温度不超过40℃；接法为丫联结；工作制为4极60min（短时工作制），16极30min（短时工作制）。 定子绕组采用双绕组（4极和16极）。电动机具有良好的电气和机械性能，防潮性及热稳定性好，并具有防止电动机过热保护开关。 转子为双笼结构，导条为铜条，转子铁心采用热套工艺，使转子固定在转轴上，转子经调校平衡，保证运转平稳，振动小。 接线盒内有较大的空间，便于接线，出线方向与电动机轴线垂直向下，从电动机轴观察，接线盒在机座的左侧，按用户的需要，也可在机座的右侧。 轴承采用电动机专用的全封闭轴承或单列向心（环轴承）轴承。 电动机的绝缘等级：5.5kW、7.5kW为B级绝缘；11kW、15kW、18.5kW和22kW为F级绝缘。 电动机的安装形式为IMB5，若用户需要可制成IMB3、IMB35。	无机房电梯使用的小体积永磁式同步电动机具有功率因数高、抗干扰能力强、损耗小、体积小和重量轻的特点。其调速范围宽，可达1:1000，甚至于更高，调速精度极高，可大大提高电梯的品质。 永磁式同步电梯电动机在额定转速内保持恒转矩，这对于提高电梯的运行稳定性至关重要。它可以做到给定曲线与运行曲线重合，特别是电动机在低频、低压、低速时，可提供足够的转矩，避免电梯在低速起动过程中的抖动，改善了电梯起动、制动过程中的舒适感。 永磁式同步电动机满载起动运行时，电流不超过额定电流的1.5倍，配置变频器无需提高功率，降低了变频器的成本。 采用永磁式同步电动机的电梯可节约能源40%，每台每年节约电费近万元。 PM（永磁）电动机拖动的无齿轮曳引机应用于OTIS4000系列高速电梯。 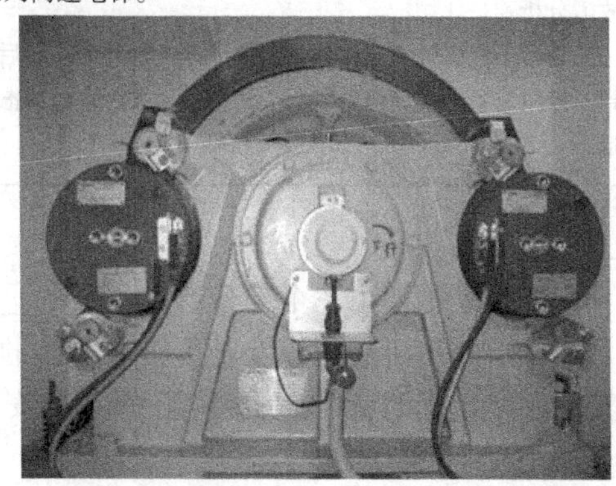
4. 电梯电动机的故障及可能原因	5. 电梯电动机的维修
（1）振动 1）曳引机联轴器松动或不同心。 2）曳引机底座固定螺钉松动。 3）电动机轴承磨损严重或轴承润滑油不够。 4）转子本身的故障以致转动时不平衡。 （2）电动机温升超过极限的原因 轴承的温升为40℃，最高温度不超过105℃。若温度升高，润滑油将变稀流失，轴承就容易磨损。引起电动机温升超过极限的可能原因有以下几种： 1）电动机相间短路、匝间短路或对地短路。 2）电梯的持续过载。 3）频繁的起动和停止。 4）电源电压过高。 5）电动机的通风孔被灰尘堵塞，以致风量不够，冷却达不到要求。 6）机房温度过高。 7）电磁制动器工作失常，制动正在运转的电动机上，致使电动机电流过大。 8）主接触器的一相接触不良，致使三相电流不平衡。 9）起动电流过大（由于起动电阻或起动指令等原因引起）。	电梯电动机发生故障的机会较少，但是若发生故障，则需花费很长的时间修理，修理费用也会很高，而且电梯长时间不能使用，很不方便，所以保养和检查时要多留意。 检查工作非常重要，通过检查可以及时发现隐患，发现隐患后，应及时采取措施修理，避免故障扩大。检查电动机的方法有耳听、眼观、手摸，再经过综合判断后，才能够了解到真实的情况。 （1）要经常训练自己的耳朵，熟悉各种不同型号电动机运转时的声音，以便能够区别故障声音。 （2）要学会利用铁棒、螺钉旋具等金属工具检查轴承的摩擦声音，以便判断轴承是否磨损。 （3）如果轴承的磨损不均匀，将造成转子和定子的气隙也不均匀，当电动机旋转时就会产生电磁噪声，要训练耳朵熟悉此类噪声。 （4）如果灰尘进入轴承太多，也会产生不规则的噪声。 （5）如果各种不正常的轴承噪声还不致引起发热或振动，则允许电动机继续运行。 （6）滚珠轴承或滚柱轴承内的润滑油应占空间的2/3，润滑油太少会使轴承使用寿命缩短，产生电磁噪声。

（二）维修实例

维修实例见表 1-24。

表 1-24 维修实例

例1 故障现象：曳引机水平方向振动超标，且振动频率与电动机转速相吻合。	
故障分析： （1）曳引机底座安装面不平，造成底座变形，破坏了曳引机的安装精度。	排除方法： （1）取下曳引钢丝绳，松开地脚螺栓，使曳引机处于自由状态，重新调整曳引机底座安装面。若底座下面垫有橡胶板则不必取下钢丝绳，只需调整地脚处橡胶板的压缩量即可。
（2）电动机轴与蜗杆轴同心度超差，多发生于弹性联轴器、座式电动机结构的曳引机。	（2）重新检查调整电动机轴与蜗杆轴的同心度。
例2 故障现象：电动机发出有节奏的敲鼓声，频率与电动机转速相吻合。	
故障分析： 一般是由于曳引机底座安装倾斜使电动机轴向前或向后窜到了极限位置，电动机轴表面与滑动轴承端面发生摩擦所致。	排除方法： 调整底座使曳引机处于水平位置或采取强制措施使电动机轴不向前后窜动。

练习

1. 百分表主要由三个部分组成：______、______和______。

2. 曳引电动机的同心度直接影响电梯的运行状态，是引起曳引系统振动、影响电梯运行舒适感的重要因素，也是保证曳引机安全运行的必要条件。具体要求：刚性连接为______，弹性连接为______。

3. 超高速电梯曳引电动机一般采用______电动机。

4. 曳引电动机温升超过极限的原因有______、______、______、______、______、______、______、______及______。

任务三 曳引机密封圈的更换

一、接收修理任务或接收客户委托

本次工作任务为曳引机密封圈的更换，包括电动机的拆卸、联轴器的拆卸、密封圈的拆卸、密封圈的更换、同心度的校正及制动器的调整等工作。在接收本项工作任务之前，需要向客户了解电梯的详细信息，以及需要大修部件的工作状况，从而制定大修工作目标和任务。接收电梯大修或修理委托信息见表 1-25。

表 1-25 接收电梯大修或修理委托信息表（曳引机密封圈的更换）

工作流程	任务内容
接收电梯前与客户的沟通	见表 1-1 中对应的部分。

（续）

<table>
<tr><th>工作流程</th><th>任务内容</th></tr>
<tr><td>接收修理委托的过程</td><td>
可按照以下方式与客户交流：向客户致以友好的问候并进行自我介绍；认真、积极、耐心地倾听客户意见；询问客户有哪些问题和要求。
客户委托或报修内容：曳引机密封圈的更换
<table>
<tr><th>向客户询问的内容</th><th>结果</th></tr>
<tr><td>曳引机运行时是否有异常声音？</td><td></td></tr>
<tr><td>是否按规定定期更换曳引机油液？</td><td></td></tr>
<tr><td>是否按规定定期给轴承加润滑油？</td><td></td></tr>
<tr><td>曳引机减速箱箱体有无漏油？</td><td></td></tr>
</table>
1. 接收电梯维修任务过程中的现场检查
（1）检查减速箱蜗杆前端盖的漏油情况。
（2）检查减速箱蜗杆后端盖的漏油情况。
（3）检查减速箱箱体的漏油情况。
2. 接收修理委托
（1）询问用户单位、地址。
（2）请客户提供电梯准运证、铭牌。
（3）根据铭牌识别电梯生产厂家、型号、控制方式、载重量及速度。
（4）向客户指出必须更换曳引机减速箱密封圈，曳引机运行过程中减速箱的渗漏油情况必须在修理过程中确定。
（5）询问客户是否还有其他要求。
（6）确定电梯交接日期。
（7）询问客户的电话号码，以便进行回访。
（8）与客户确认修理内容并签订维修合同。
客户在维修合同上签字表示规定合同双方权利和义务的“一般性交易条件”成为合同的要件。
通常情况下，与客户争论、未按规定执行维修工作会影响电梯经销商的服务形象，而且可能导致客户向经销商提出更换部件或赔偿要求。
</td></tr>
<tr><td>任务目标</td><td>完成曳引机密封圈的更换。</td></tr>
<tr><td>任务要求</td><td>
（1）正确拆卸电动机、制动器及密封圈。
（2）检查曳引机密封装置的各部件。
（3）判断密封圈是否需要更换。
（4）正确安装密封圈、制动器和电动机。
</td></tr>
</table>

（续）

工作流程	任务内容
对完工电梯进行检验	符合 GB 7588—2003《电梯制造与安装安全规范》及 GB/T 10060—2011《电梯安装验收规范》的相关规定。
对工作进行评估	先以小组为单位，共同分析、讨论装配工艺并完成试装；小组成员独力完成装配调试操作；各小组上交一份所有小组成员都签名的实习报告。

你可能需要获得以下的资讯，才能更好地完成工作任务

二、信息收集与分析

（一）信息的整理、组织和记录

对于收集的信息，要进行分析、了解概况，并理解文字的内容，标记出涉及维修工作或待维修部件的关键内容。将维修工作中需要使用的工具列出详细的清单，并对维修过程中的拆卸、安装和调整工艺进行深入了解。在工作前完成表 1-26 的填写。

表 1-26　曳引机密封圈的更换信息整理、组织、记录表

1. 信息分析	
密封圈的结构特点？	什么情况下使用密封圈？
2. 工具、检测工具	
执行任务时需要哪些工具？	如何使用工具？
3. 维修	
需要进行哪些拆卸和调整工作？	需要进行哪些清洁工作？
如何清洁部件？	制造商给出了哪些安装数据？

（二）相关专业知识

1. 盘根

采用油浸盘根（麻或石棉）作为密封材料，选用一定规格的密封材料并切出一定的长度（一般选 10mm × 10mm 或 12mm × 12mm 规格的盘根），经油浸透后，切口应为 45°，且切口应位于蜗杆中线的上方，装入后用轴承盖压紧。通过调节轴承盖的压紧力来达到调节其密封的效果。

这种密封装置虽然易调节、装拆方便，但密封效果差，通常密封处仍会有油漏出来。

2. 橡胶圈

这种结构多采用 T 形骨架式橡胶圈作为密封材料。

这种密封形式的密封效果好，密封处一般不易出现渗漏现象，结构也简单。但橡胶圈一旦磨损或老化，就必须更换，而且拆卸更换很麻烦，橡胶圈如图1-17所示。

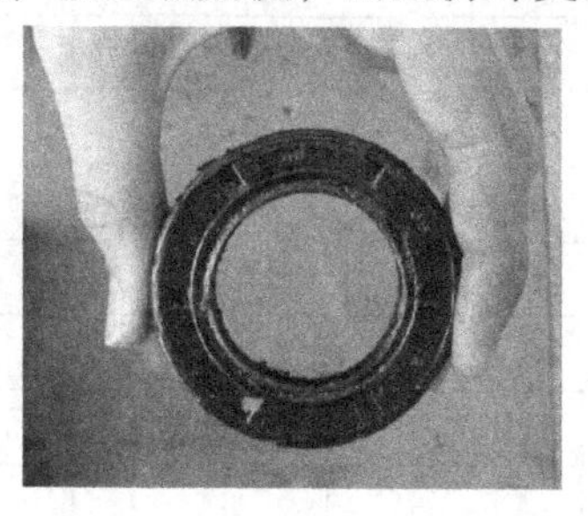

a) 外形

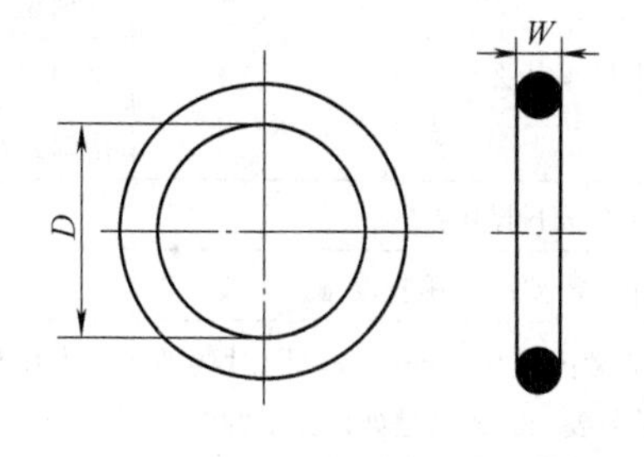

b) 结构

图1-17　橡胶圈

在减速箱中，采用O形密封圈作为防漏油装置，通常能起到较好的效果，但由于制作密封圈的材料一般为橡胶合成材料，随着其使用年限的增加，密封圈防漏油的效果就会有所下降，所以，一般在密封圈使用1~2年以后，就应予以更换。

由于O形密封圈制造费用低且使用方便，因而被广泛地应用在各种动、静密封场合。大部分国家对O形密封圈都制定了系列产品标准。

3. 密封圈的技术参数及型号

1）密封圈的技术参数见表1-27。

表1-27　密封圈的技术参数

性能参数	静态密封	动态密封
工作压力	无挡圈时，最高可达20MPa 有挡圈时，最高可达40MPa 用特殊挡圈时，最高可达200MPa	无挡圈时，最高可达5MPa 有挡圈时，较高压力
动作速度	最大往复速度可达0.5m/s，最大旋转速度可达2.0m/s	
温度	一般场合：-30~+110℃；特殊橡胶：-60~+250℃；旋转场合：-30~+80℃	

2）三菱电梯曳引机密封圈的型号见表1-28。

表1-28　三菱电梯曳引机密封圈的型号

密封圈型号（蜗杆前端）	密封圈型号（曳引轮侧）
X30RC—01	X30RE—02
X30RB—02	X30PA—06
X30RC—01	X30PA—07
X30RD—02	X30PA—09
包复骨架式密封圈 B50×80×12	/
包复骨架式密封圈 B45×70×12	/

还等什么？赶快制订出工作计划并实施它

三、制订工作计划

（一）工作计划

曳引机密封圈的更换工作计划见表1-29。

表 1-29　曳引机密封圈的更换工作计划表（权重 0.1）

1. 小组成员有几人？组长是谁？				
2. 所维修的电梯是什么型号？	电梯型号			
	曳引机型号			
	密封圈型号			
3. 准备根据什么资料操作？				
4. 完成该工作，需要准备哪些设备、工具？				
5. 要在 6 个学时内完成工作任务，同时要兼顾每个组员的学习要求，人员是如何分工的？	工作对象	人员安排	计划工时	质量检验员
	密封圈			
6. 工作完成后，要对每个组员给予评价，评价方案是什么？				

（二）修理工作流程

曳引机密封圈的更换工作流程如图 1-18 所示。

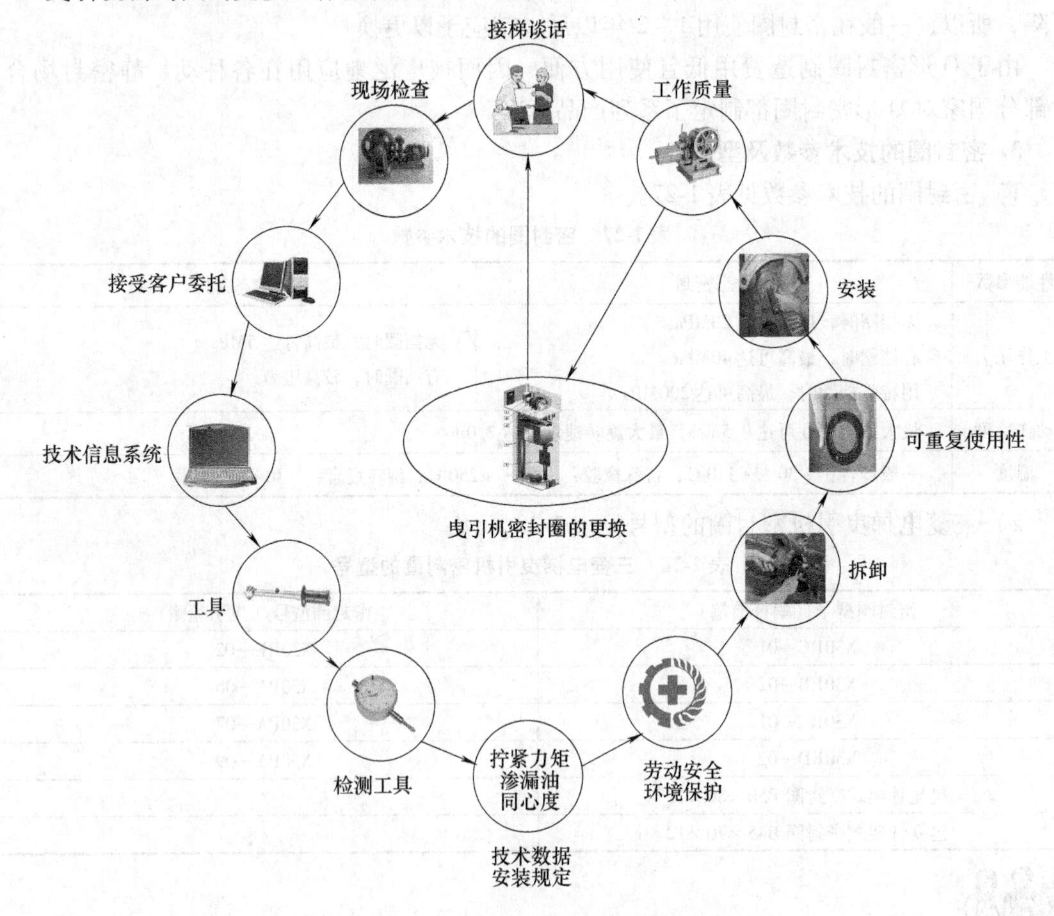

图 1-18　曳引机密封圈的更换工作流程图

四、工作任务实施

（一）拆卸和安装指引

曳引机密封圈的更换指引见表 1-30。表中规范了曳引机密封圈的更换程序，细化了每一步工序。使用者可以根据指引的内容进行修理工作，从而使曳引机处于良好的工作状态。

表 1-30　曳引机密封圈的更换指引

1. 准备工作

1）电梯停至顶层，切断电梯主电源

2）将电梯轿厢用起吊葫芦吊起，使用撑木将对重撑起，提拉安全钳拉杆，使安全钳钳块动作，然后稍微松一下起吊葫芦，使轿厢重量主要由安全钳承受。

3）起吊轿厢时要注意安全，必须保护好称量装置。

4）当曳引钢丝绳松掉后，将钢丝绳卸下，并做好排列顺序标记。

5）将曳引机减速箱齿轮油放入干净的桶内，拆下电动机、编码器接线及制动器接线。

2. 拆卸、更换

（1）拆卸制动弹簧	（2）松开联轴器螺栓	（3）取出电动机
记下制动器两边弹簧的长度，收紧一侧的制动弹簧。缓慢放松制动弹簧，检查联轴器是否转动，确认联轴器停止转动后，松开另一侧的弹簧，松开制动器。 	在电动机上绑好钢丝绳，并连接好起吊葫芦，使钢丝绳处于松弛状态。用套筒扳手松开联轴器的固定螺栓。 	从电动机架中取出电动机（**注意：**取出电动机时应保持电动机平衡，防止转子从电动机外壳中滑出）。 将减速箱齿轮油放出。松开减速箱后端盖固定螺栓。 
（4）拆卸联轴器	**（5）拆卸蜗杆轴键销**	**（6）拆卸前压盖**
取出联轴器。 	拆除蜗杆轴键销，用砂纸轻微打磨键销边上的毛刺。 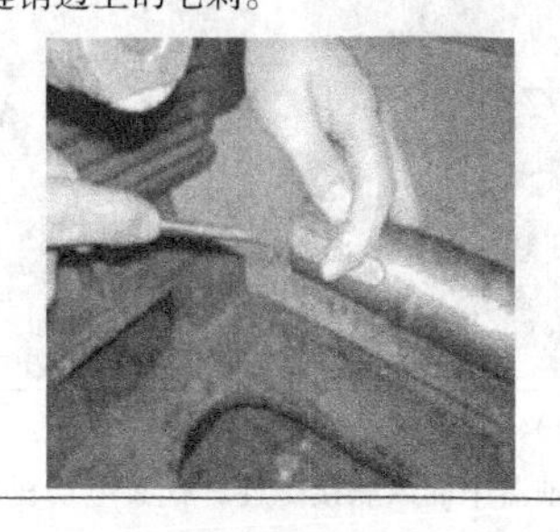	拆除蜗杆前端盖压盖。 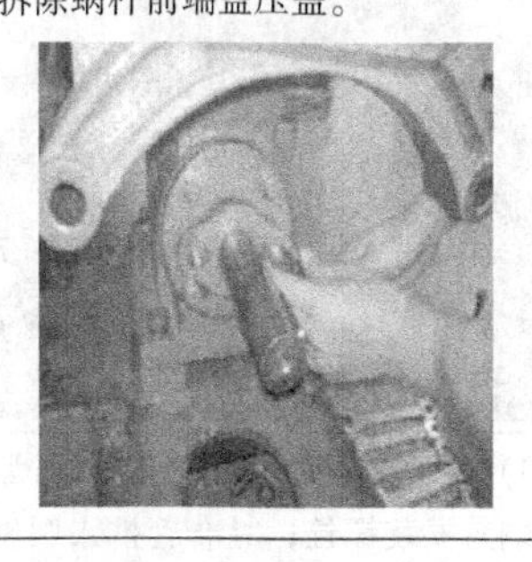

（7）取出端盖

取出端盖，清洁端盖，除去表面锈迹，用砂纸轻微打磨端盖

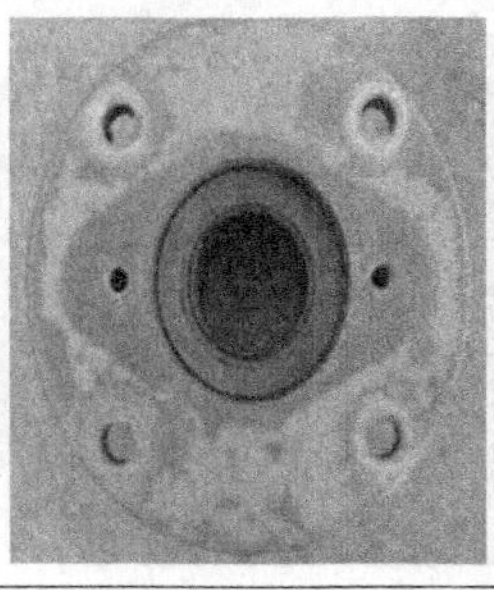

（续）

2. 拆卸、更换

（8）更换密封圈

更换密封圈时，应用铁板垫在密封圈上，用木锤均匀地敲击密封圈四周，直至密封圈和端盖完全嵌合。

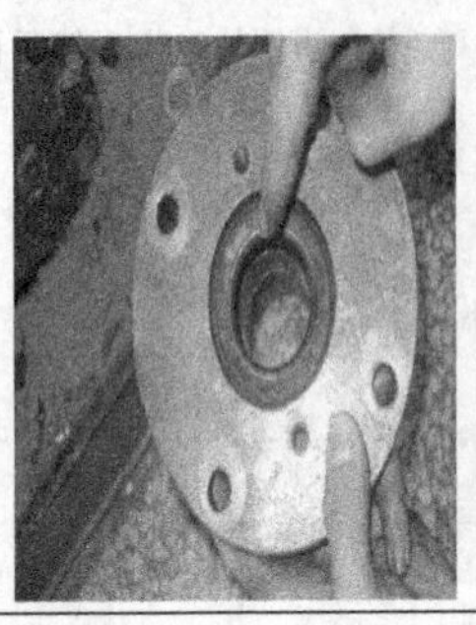 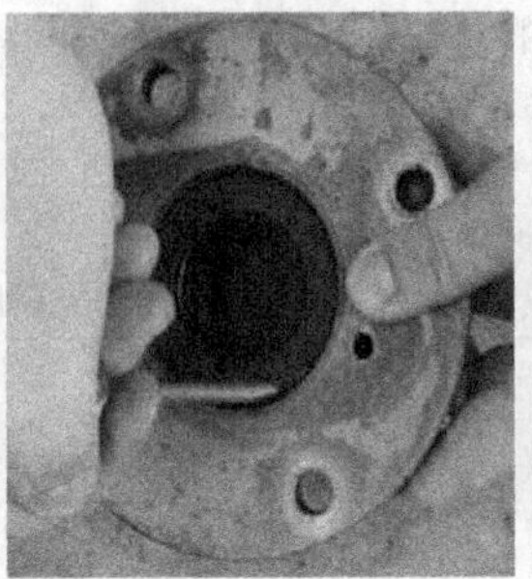 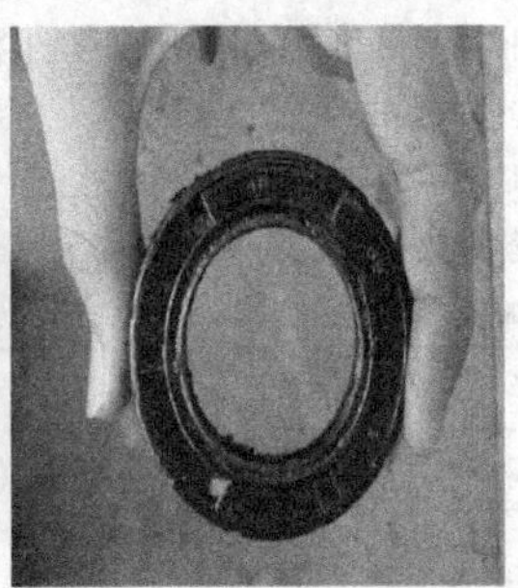

3. 装配、复位

1）用0号砂纸在蜗杆和密封圈接触部位轻轻打磨，将端盖安装回原来位置。

2）压紧前端盖压盖，装好键销。

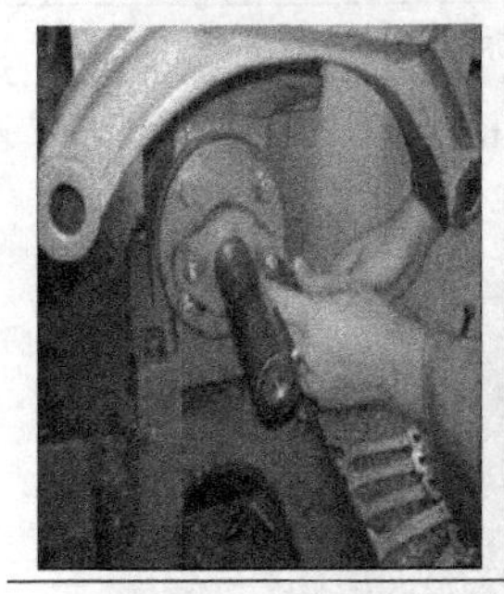  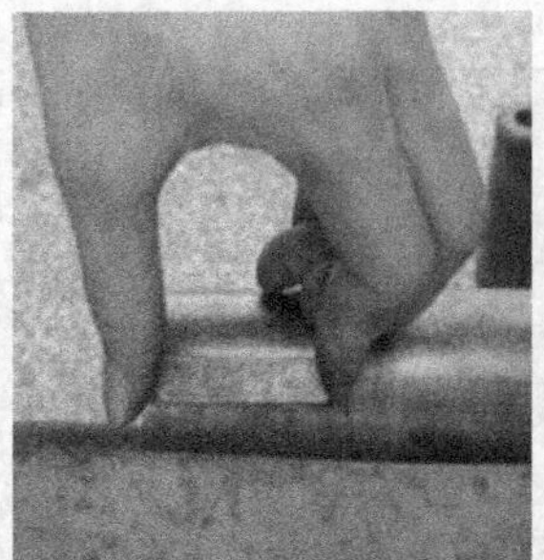 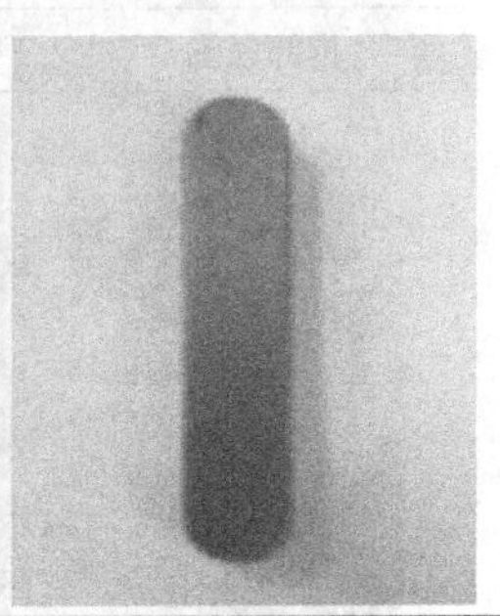

3）将联轴器安装到蜗杆上，拧紧后端盖安装螺栓，对准后推入联轴器，接触面上绝对不能有油污或细小的杂物

4）将电动机安装到电动机架上。在联轴器中插入联接螺栓，拧紧电动机与电动机架之间的固定螺栓，最后拧紧联轴器螺栓。

5）在安装过程中，要注意弹簧垫圈、平垫圈的安装位置，注意螺栓的安装方向，要使用正确的联接螺栓。

（续）

3. 装配、复位
6）将制动器安装回原来位置，调节制动弹簧至原来记录的刻度。

4. 运行
1）重新连接电动机电源线、接地线及编码器、制动器接线。 2）将齿轮油倒回曳引机，用棉纱清除溅出的齿轮油。 3）合上电梯电源开关，使其慢车下行，检查减速箱是否异常，取出对重支撑木。 4）电梯在中间层运行时，检查制动器是否异常，根据各种调试大纲调整制动弹簧力矩。
5. 注意事项
1）检查曳引机联轴器与电动机轴、联轴器与蜗杆之间的平键：在不打开制动器的状态下，将盘车手轮装在电动机尾轴上，然后左右轻微转动，检查联轴器与电动机轴的平键是否松动；用松闸扳手打开制动器，然后左右轻微晃动盘车手轮，检查联轴器与蜗杆的平键是否松动。 如果存在上述问题，应分别更换平键。 2）事故预防措施：遵守电梯安装维修工安全操作规程。 3）废弃处理：沾有机油的废弃物属于需要特别监控的废弃物，应将废弃物收集在合适的容器内。 4）辅助材料的准备：砂纸、润滑油液、除锈剂、清洁剂、垫片及棉纱等。 5）工具的准备：吊装设备、套装工具、木锤及百分表等。 6）质量保证：应符合 GB 7588—2003《电梯制造与安装安全规范》及 GB/T 10058—2009《电梯技术条件》的规定。符合国家标准 GB/T 10058—2009《电梯技术条件》中有关电梯驱动主机项目条款 3.5.4 规定“驱动主机减速箱箱体分割面、观察窗（孔）盖等处应紧密连接，不允许渗、漏油。电梯正常工作时，减速箱轴伸出端每小时渗漏油面积不应超过 GB/T 24478—2009 中 4.2.3.8 的规定”。

（二）曳引机密封圈的更换实施记录

实施记录表是对修理过程的记录，保证修理任务按工序正确执行。根据实施记录表可对修理的质量进行判断。曳引机密封圈的更换实施记录见表 1-31。

表 1-31　曳引机密封圈的更换实施记录表（权重 0.3）

曳引机密封圈的更换			检查人/日期		
步骤	序号	检查项目	技术标准	完成情况	分值
准备工作	1	电梯停至顶层，切断电梯主电源	合格□不合格□	工作是否完成____	★
	2	将电梯轿厢用起吊葫芦吊起，使用撑木将对重撑起，提拉安全钳拉杆，使安全钳钳块动作，然后稍微松一下起吊葫芦，使轿厢重量主要由安全钳承受	合格□不合格□		★

（续）

曳引机密封圈的更换			检查人/日期		
步骤	序号	检查项目	技术标准	完成情况	分值
准备工作	3	起吊轿厢时要注意安全，必须保护好称量装置	合格□不合格□	工作是否完成____	★
	4	当曳引钢丝绳松掉后，将钢丝绳卸下，并做好排列顺序标记	合格□不合格□		6
	5	将曳引机减速箱齿轮油放入干净的桶内，拆下电动机、编码器接线及抱闸接线	合格□不合格□		★
拆卸	6	记下制动器两边弹簧的长度，收紧一侧的制动弹簧。缓慢放松制动弹簧，检查联轴器是否转动，确认联轴器停止转动后，松开另一侧的弹簧，松开制动器	合格□不合格□	工作是否完成____	6
	7	在电动机上绑好钢丝绳，并连接好起吊葫芦，使钢丝绳处于松弛状态	合格□不合格□		★
	8	用套筒扳手松开联轴器的固定螺栓	合格□不合格□		6
	9	从电动机架中取出电动机	合格□不合格□		6
	10	拆下联轴器，取出联轴器	合格□不合格□		6
	11	拆除蜗杆轴键销，用砂纸轻微打磨键销上的毛刺	合格□不合格□		6
	12	拆除蜗杆前端盖，取出端盖	合格□不合格□		6
更换	13	更换密封圈时应用铁板垫在密封圈上，用木锤均匀地敲击密封圈四周，直至密封圈和端盖完全嵌合	合格□不合格□	工作是否完成____	6
装配调整	14	用0号砂纸在蜗杆和密封圈接触部位轻轻打磨，将端盖安装回原来位置	合格□不合格□	工作是否完成____	6
	15	压紧前端盖压盖，装好蜗杆轴键销	合格□不合格□		6
	16	将联轴器安装到蜗杆上，拧紧后端盖安装螺栓，对准后推入联轴器，接触面上绝对不能有油污或细小的杂物	合格□不合格□		6
	17	将电动机安装到电动机架上。在联轴器中插入联接螺栓，拧紧电动机与电动机架之间的固定螺栓，最后拧紧联轴器螺栓	合格□不合格□		6
	18	在安装过程中，要注意弹簧垫圈、平垫圈的安装位置，注意螺栓的安装方向，使用正确的联接螺栓	合格□不合格□		★
运行	19	复位钢丝绳	合格□不合格□	工作是否完成____	★
	20	将齿轮油倒回曳引机，用棉纱清除溅出的齿轮油	合格□不合格□		6
	21	合上电梯电源开关，慢车下行，检查制动器是否异常，取出对重支撑木	合格□不合格□		★
	22	电梯在中间层运行时，检查电动机、减速箱蜗轮蜗杆的运行情况	合格□不合格□		6

评分依据：★项目为重要项目，一项不合格，检验结论为不合格。其他项目为一般项目，扣分不超过20分（包括20分），检验结论为合格；超过20分为不合格

完成了，仔细验收，客观评价，及时反馈

五、工作验收、评价与反馈

（一）工作验收

维修工作结束后，电梯维修工应确认所有部件和功能是否都正常。维修站应会同客户对电梯进行检查，确认所委托电梯修理工作已全部完成，并达到客户的修理要求。曳引机密封圈的更换工作交接验收见表1-32。

表1-32　曳引机密封圈的更换工作验收表（权重0.1）

<table>
<tr><td colspan="2">1. 工作验收</td></tr>
<tr><th>验收步骤</th><th>验收内容</th></tr>
<tr><td>（1）是否按工作计划进行了所有工作？</td><td>（1）把工作计划中的所有项目检查一遍，确认所有项目都已经圆满完成，或者在解释说明范围内给出了详细的解释。</td></tr>
<tr><td>（2）哪些工作项目必须以现场直观检查的方式进行检查？</td><td>（2）检查以下工作项目<table><tr><th>现场检查</th><th>结果</th></tr><tr><td>减速箱内润滑油金属粉的含量</td><td></td></tr><tr><td>密封圈安装位置是否正确</td><td></td></tr><tr><td>减速箱前端盖是否渗漏油</td><td></td></tr><tr><td>减速箱前端盖漏油是否在标准规定的范围内</td><td></td></tr></table></td></tr>
<tr><td>（3）是否遵守规定的维修工时？</td><td>（3）曳引机密封圈更换的规定时间是60min。
合格□不合格□</td></tr>
<tr><td>（4）曳引机是否干净整洁？</td><td>（4）检查曳引机是否干净整洁，各种保护罩是否已经装好。
合格□不合格□</td></tr>
<tr><td>（5）哪些信息必须转告客户？</td><td>（5）指出需要更换齿轮油或下次维修保养时必须排除的其他已经确认的故障。</td></tr>
<tr><td>（6）对质量改进的贡献？</td><td>（6）考虑一下，维修和工作计划准备，工具、检测工具、工作油液和辅助材料的供应情况，时间安排是否已经达到最佳程度。
提出改善建议并在下次修理时予以考虑。</td></tr>
<tr><td colspan="2">2. 记录</td></tr>
<tr><td colspan="2">（1）是否记录了配件和材料的需求量？
（2）是否记录了工作开始和结束的时间？</td></tr>
</table>

（续）

3. 大修后的咨询谈话	
客户接收电梯时期望维修人员对下述内容作出解释： （1）检查表。 （2）已经完成的工作项目。 （3）结算单。 （4）移交维修记录本。	在维修后谈话时，应向客户转告以下信息： （1）发现异常情况，如轴承的磨损、漏油及油漆剥落等。 （2）电梯日常使用中应注意之处。 （3）多长时间需要更换减速箱润滑油或密封圈。
4. 对解释说明的反思	
（1）是否达到了预期目标？ （2）与相关人员的沟通效率是否很高？ （3）组织工作是否很好？	

（二）工作任务评价与总结

曳引机密封圈更换的自检、互检记录见表1-33。

表1-33　曳引机密封圈更换的自检、互检记录表（权重0.1）

自检、互检记录	备注
各小组学生按技术要求检测设备并记录 检测问题记录：________________________________ ____ ______________________________________。	自检
各小组分别派代表按技术要求检测其他小组设备并记录 检测问题记录：________________________________ ____ ______________________________________。	互检
教师检测问题记录：________________________________ ____ ______________________________________。	教师检验

（三）小组总结报告

各小组总结本次任务中出现的主要问题和难点及其解决方案，报告见表1-34。

表1-34　小组总结报告（权重0.1）

维修任务简介：________________________________ ____ ______________________________________。

（续）

学习目标	
维修人员及分工	
维修工作开始时间和结束时间	

维修质量：____
____
____。

预期目标	
实际成效	
维修中最有特色的部分	

维修总结：____
____
____。

维修中最成功的是什么？	
维修中存在哪些不足？应作哪些调整？	
维修中所遇问题与思考？（提出自己的观点和看法）	

（四）填写评价表

维修工作结束后，维修人员填写工作任务评价表，并对本次维修工作进行打分，见表1-35。

表1-35　曳引机密封圈的更换评价表

×××学院评价表							
项目一　曳引系统的修理 任务三　曳引机密封圈的更换		班级：________ 小组：________ 姓名：________			指导教师：________ 日期：________		
评价项目	评价标准	评价依据	评价方式			权重	得分小计
			学生自评（15%）	小组互评（60%）	教师评价（25%）		
职业素养	（1）遵守企业规章制度、劳动纪律 （2）按时按质完成工作任务 （3）积极主动承担工作任务，勤学好问 （4）人身安全与设备安全	（1）出勤 （2）工作态度 （3）劳动纪律 （4）团队协作精神				0.3	

六、拓展知识

（一）电梯曳引机的润滑及相关知识

1. 曳引机减速箱的润滑

在减速箱内注入适量的润滑油，对蜗轮、蜗杆以及轴承进行润滑。经过润滑后，不但能减小表面摩擦力、减少磨损、提高传动效率、延长机件的使用寿命，而且能起到冷却、缓冲、减振和防锈等作用。

润滑油的性能主要由其粘度情况决定，这是因为粘度反映了润滑油的内部摩擦力。当粘度过大时，油不易进入运动部件的缝隙中；而当粘度过小时，则容易被挤出。所以在选用曳引机减速箱用油时，必须了解其粘度，一般是以100℃时的运动粘度和相对粘度为选用依据。

减速箱的润滑油应经常检查，重点是油质和油量。

曳引机减速箱齿轮油应使用专用齿轮油：51#油（或壳牌320#）用于蜗轮、蜗杆曳引机（国产曳引机可用国产220#中复合齿轮油），57#油（或壳牌220#）用于斜齿轮曳引机。

2. 曳引机轴承的润滑

轴承润滑脂选择的好坏直接关系着设备的稳定运行，为了使轴承处于最佳状态，选择轴承润滑脂必须从以下几方面进行考虑。

（1）防锈性能　用于轴承内的油脂必须具有防锈性能，防锈剂应不溶于水。油脂应具有良好的附着力，并可以在钢材表面形成一层油膜。

（2）机械稳定性　油脂在机械加工时会变软，从而导致泄漏。曳引机正常运行时，油脂会由轴承座甩到轴承内，如果油脂的机械稳定性不够，则在曳引机运转过程中，会使油脂的内部结构产生机械性崩解，造成油脂被破坏，从而失去润滑的作用。

油脂的分类主要根据温度和工作条件区分。油脂的稠度和润滑能力是受到工作温度影响的，在某一温度下工作的轴承，必须选择在同样温度下有正确稠度和良好润滑效果的油脂。油脂大致可区分为低温用、中温用和高温用的油脂。同时，有一类油脂称为一硫化钼润滑脂，这类油脂耐挤压并添加了二硫化钼，加强了润滑油膜的强度。

3. 环境保护

根据回收利用和废弃物处理法规，曳引机油属于需特别监控的废弃物。曳引机油是一种对水资源有害的液体，属于对水资源危害较高的物质。

曳引机油不得排入地表水域、下水道或地下，泄漏的液体要用泥土或其他合适的材料进行围堵，溅出的曳引机油必须立即用通用吸附剂清除。

曳引机油是易燃物品，因此必须远离火源。

4. 劳动安全

曳引机油可使工作人员因滑倒而受伤。

曳引机油会造成皮肤脱脂和刺激皮肤，因此工作人员要防止曳引机油接触皮肤，必要时应戴上防护手套，使用护肤用品，沾上曳引机油的衣服和鞋子要立即换掉。

受到曳引机油危害后的急救措施如下。

1）接触皮肤后：用水和肥皂清洗皮肤接触曳引机油的部位。

2）接触眼睛后：用水彻底冲洗至少10min，然后立即去找眼科医生治疗。

3）吞食后：不要催吐，立即找医生诊治。

5. 废弃处理

废机油和密封圈是属于需要特别监控的废弃物，因此必须将它们收集起来。废机油的废弃处理有以下特点：把已知来源的废机油暂时存储在企业的废机油收集装置中，并经常检查；废机油的交付者在移交时要向收购者讲明废机油中存在的其他物质；收购者在接收废机油时必须取样检查，废机油使用者应将废机油进行再生处理。

（二）电梯曳引机润滑的检查及相关知识

1. 曳引机减速箱齿轮油的检查

减速箱里注入的油量少时，会使蜗轮或蜗杆浸入油太少，造成润滑不良；油量多时，则会产生搅油能量的损失，将引起发热、产生气泡等现象，并会促使油质快速变质而不能再用。所以，减速箱注入的油量是关系到润滑是否正常的重要因素。

合理的注油量为：当蜗杆在蜗轮下面时，注入减速箱内的油应保持在蜗杆中线以上，啮合面以下；当蜗杆在蜗轮上面时，蜗轮浸入油的深度应在两个齿高为宜。减速箱上有油镜或油针，可以用来检查注油量。对于油针，应使油面位于两条刻度线之间；对于油镜，油面位于中线为宜。曳引机油针如图1-19所示。

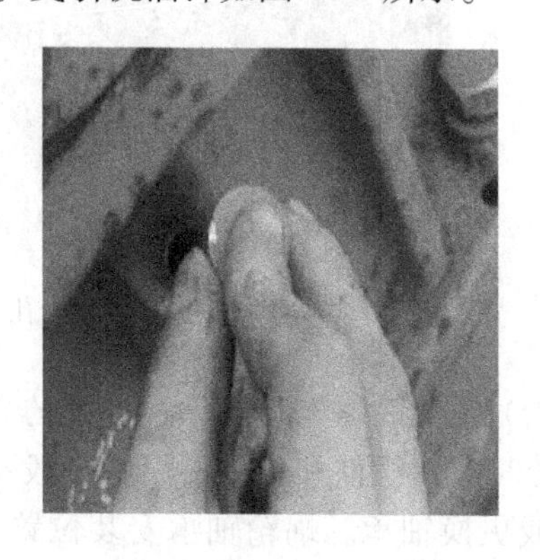

图1-19　曳引机油针

检查减速箱油面的高度，必须在停止运转时观测，因为减速箱运转时会把油喷洒在齿轮和油箱的内壁，使油面高度降低，从而造成测量的不准确。

在每次例行检查时，要把减速箱的外表面用棉纱擦干净。

2. 曳引机减速箱轴承润滑油的检查

不要把不相容的油脂混用，两种不相容的油脂混用，通常会使其稠度变软，最后可能会因油脂容易流失而造成轴承的损坏。如果不知道轴承原先使用的是哪一种润滑脂，则必须彻底清除轴承内外的旧油脂，方可添加新油脂。

如果选择油脂错误，则会缩短轴承的使用寿命。选择一种油脂，其粘度在工作温度下提供足够的润滑效果是很重要的。粘度主要受到温度的影响，它随着温度的上升而下降，当温度下降时它则上升。因此，必须知道油脂在工作温度时的粘度。机械制造厂家通常都会指定使用某种油脂，另外，大部分的标准润滑脂适用的范围都很广。

以下是选择润滑脂的几个重要因素：机械种类、轴承种类与大小、工作温度、工作负荷情况、速度范围、工作情况（如振动的方向是水平或垂直）、冷却情况、密封效果和外围环境等。

3. 电梯曳引机润滑油的更换

由于曳引机润滑油会逐渐变质，所以必须定期更换曳引机润滑油。

油变色，说明油质发生变化或混入水分和杂物，应立即更换。如果油中含有大量从齿轮啮合面上剥落下来的金属粉，则应立即换油；少量的金属粉末则视为正常情况，是齿轮的正常磨损。

更换减速箱润滑油，为每半年一次。换油时，先把旧油倒出，再倒入少许新油，把减速箱清洗干净。在加油口放置过滤网，经过滤网过滤再注入，以保持油的清洁度，更换的油应作废油处理。然后加新油至规定的油面高度，同时观察齿轮齿面的磨损情况，以及旧油中金属屑的含量。曳引机注油孔如图 1-20 所示，曳引机放油孔如图 1-21 所示。

图 1-20　曳引机注油孔

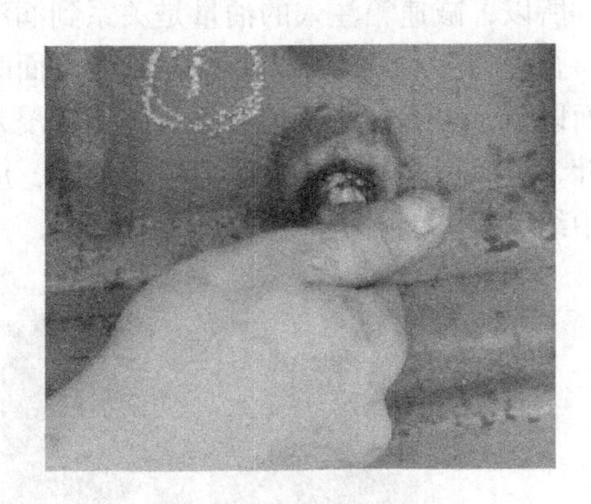

图 1-21　曳引机放油孔

滚动轴承用轴承润滑脂（钙基或锂基润滑脂）润滑，必须填满轴承空腔的 2/3，每月挤加一次，每年清洗更换一次。减速器在正常运转时，其机件和轴承的温度一般不超过 60℃。轴承处有明显不均匀磨切和撞击声时，应检修或更换轴承。蜗轮轴承安装位置如图 1-22 所示，蜗轮轴承注油孔如图 1-23 所示。

图 1-22　蜗轮轴承安装位置

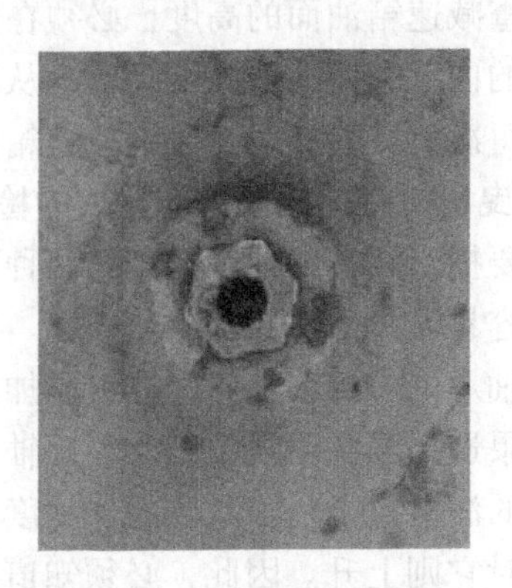

图 1-23　蜗轮轴承注油孔

更换蜗杆轴承润滑油，为每年一次，用油枪把旧油挤出，直至新油流出为止。

4. 轴承润滑油中金属屑含量的分类及换油的规定

轴承润滑油更换规定见表1-36。

表1-36　轴承润滑油更换规定

级别	润滑油中金属屑的含量	换油规定
A	金属屑含量很多，很容易看到	将旧油挤出，添加新油，一个星期以后再检查金属屑含量。如果金属屑含量没有减少，则要更换轴承；如果金属含量减少，则降为B级规定 如果旧油中含有片状的金属或者噪声很大，应立即更换轴承
B	金属屑含量较A级少，但其数量多得难于计算其数	将旧油挤出，更换新油，一个月以后再检查金属屑含量。如果含量增加，则升为A级规定；如果含量减少，则降为C级 如果旧油中含有片状的金属或者噪声很大，应立即更换轴承
C	金属屑含量很少，因而容易计算其数	将旧油挤出，更换新油，两个月以后再检查金属屑的含量，如果含量增加，则升为B级；如果含量减少，则降为D级
D	经仔细检查才能发现1～2粒金属微粒	将旧油挤出，更换新油，三个月以后再检查，如果金属含量比1～2粒多，则升为C级；如果含量减少，则降为E级
E	没有金属微粒	按保养换油的规定期限换油（一年一次）

（三）维修实例——减速箱箱体密封毛毡的更换

客户报修：减速箱蜗轮侧有漏油现象。

减速箱箱体密封毛毡的更换见表1-37。

表1-37　减速箱箱体密封毛毡的更换

1. 现场直接观察	2. 检查项目
1）观察轴承、箱盖及箱体等部位有无漏油。 2）观察蜗杆伸出端是否渗漏油。	1）检查曳引机箱体是否渗漏油。 2）检查蜗轮轴承部位是否渗漏油。
3. 信息收集：蜗轮轴密封毛毡	
蜗轮轴不是直接安装在减速箱外壳上，而是分别安装在轴承支架和轴承座上，轴承支架安装在曳引机机座上，轴承座安装在箱体上。蜗轮的轮筒上安装了挡油盘，并用毛毡密封，因此蜗轮端很少有漏油发生。 根据国家标准GB/T 10058—2009《电梯技术条件》中有关电梯驱动主机项目条款3.5.4规定“驱动主机减速箱箱体分割面、观察窗（孔）盖等处应紧密连接，不允许渗漏油。电梯正常工作时，减速箱轴伸出端每小时渗漏油面积不应超过GB/T 24478—2009中4.2.3.8的规定”。 减速箱箱体和蜗轮端不允许渗漏油，若发现漏油现象，则需要及时更换密封毛毡。	
4. 原因：减速箱蜗轮轴承处漏油	
5. 修理：更换减速箱密封毛毡 对于采用蜗杆下置式的曳引机，减速箱蜗轮侧密封毛毡更换起来非常方便。	

（续）

(1) 准备工作

1）电梯停至顶层，切断电梯主电源。

2）手动盘车，电梯向上运行至对重完全压缩缓冲器为止，电梯不能继续向上运行。

3）用松闸装置打开抱闸，确认电梯无法运行。

(2) 拆卸密封毛毡

1）拆除减速箱上盖的螺栓，取下上盖。

2）松开蜗轮轴承座固定螺栓，拆除蜗轮轴承盖。

(3) 更换密封毛毡

1）拆除减速箱蜗轮侧的密封毛毡。

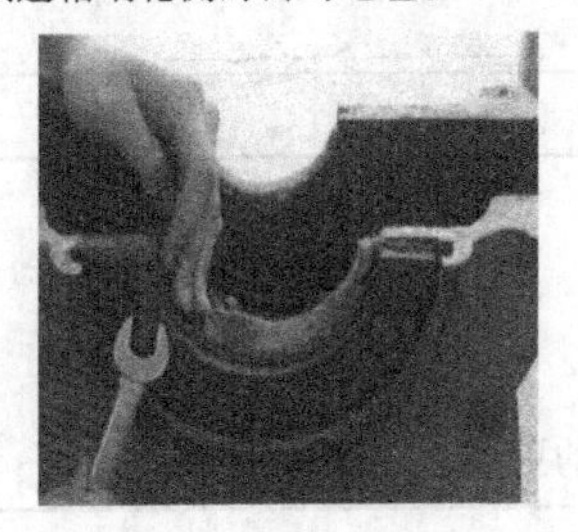

2）更换减速箱蜗轮侧的密封毛毡。

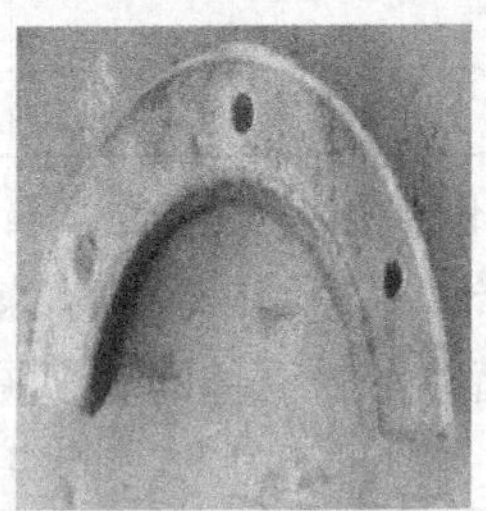

(4) 复位

1）装上减速箱上盖，蜗轮轴承座盖。

2）手动盘车，将电梯盘至顶层平层。

3）合上电梯电源开关，慢车下行，检查箱体漏油情况。

6. 注意事项

1）事故预防措施：遵守电梯安装维修工安全操作规程。

2）废弃处理：沾有机油的废弃物属于需要特别监控的废弃物，应将废弃物收集在合适的容器内。

3）辅助材料的准备：砂纸、润滑油液、垫片及棉纱等。

4）工具的准备：吊装设备、套装工具及木锤等。

5）质量保证：应符合 GB 7588—2003《电梯制造与安装安全规范》及 GB/T 10060—2011《电梯安装验收规范》的相关规定，手动盘车应无异常响声，蜗轮密封处无渗漏油。

练习

1. 橡胶圈一般安装在曳引机________。

2. 电梯曳引机的减速箱有________、________及________三个部位需要密封。

3. 滚动轴承用轴承润滑脂（钙基或锂基润滑脂）润滑，必须填满轴承空腔的________，每月挤加一次，每年清洗更换一次。

任务四　曳引轮的更换

一、接收修理任务或接收客户委托

本次工作任务为曳引轮的更换，包括减速箱的拆卸、曳引轮的吊装、曳引轮的更换及曳引轮的调整等工作。在接收本项工作任务之前，需要向客户了解电梯的详细信息，以及需要大修部件的工作状况，从而制定大修工作目标和任务。接收电梯大修或修理委托信息见表1-38。

表1-38　接收电梯大修或修理委托信息表（曳引轮的更换）

<table>
<tr><th>工作流程</th><th>任务内容</th></tr>
<tr><td>接收电梯前与
客户的沟通</td><td>见表1-1中对应的部分</td></tr>
<tr><td>接收修理委托的过程</td><td>可按照以下方式与客户交流：向客户致以友好的问候并进行自我介绍；认真、积极、耐心地倾听客户意见；询问客户有哪些问题和要求。
客户委托或报修内容：曳引轮的更换
<table>
<tr><th>向客户询问的内容</th><th>结果</th></tr>
<tr><td>电梯运行时是否有异常振动？</td><td></td></tr>
<tr><td>电梯曳引轮是否磨损？</td><td></td></tr>
<tr><td>电梯曳引轮磨损是否均匀？</td><td></td></tr>
<tr><td>曳引钢丝绳是否能继续使用？</td><td></td></tr>
</table>
1. 接收电梯维修任务过程中的现场检查
（1）检查曳引轮的磨损情况。
（2）检查曳引钢丝绳的磨损情况。
（3）检查曳引轮的垂直度。
2. 接收修理委托
（1）询问用户单位、地址。
（2）请客户提供电梯准运证、铭牌。
（3）根据铭牌识别电梯生产厂家、型号、控制方式、载重量及速度。
（4）向客户解释故障产生的原因和工作范围，指出必须进行曳引轮的更换。
（5）询问客户是否还有其他要求。
（6）确定电梯交接日期。
（7）询问客户的电话号码，以便进行回访。
（8）与客户确认修理内容并签订维修合同。
客户在维修合同上签字表示规定合同双方权利和义务的“一般性交易条件”成为合同的要件。
通常情况下，与客户争论、未按规定执行维修工作会影响电梯经销商的服务形象，而且可能导致客户向经销商提出更换部件或赔偿要求。</td></tr>
</table>

（续）

工作流程	任务内容
任务目标	完成曳引轮的更换。
任务要求	（1）正确拆卸电动机、制动器及曳引轮。 （2）检查蜗轮蜗杆、曳引轮等部件的磨损程度。 （3）判断曳引轮是否需要更换。 （4）正确安装曳引轮、电动机及制动器。
对完工电梯进行检验	符合 GB 7588—2003《电梯制造与安装安全规范》及 GB/T 10060—2011《电梯安装验收规范》的相关规定。
对工作进行评估	先以小组为单位，共同分析、讨论装配工艺并完成试装；小组成员独力完成装配调试操作；各小组上交一份所有小组成员都签名的实习报告。

你可能需要获得以下的资讯，才能更好地完成工作任务

二、信息收集与分析

（一）信息的整理、组织和记录

对于收集的信息，要进行分析、了解概况，并理解文字的内容，标记出涉及维修工作或待维修部件的关键内容。将维修工作中需要使用的工具列出详细的清单，并对维修过程中的拆卸、安装和调整工艺进行深入了解。在工作前完成表 1-39 的填写。

表 1-39　曳引轮更换信息整理、组织、记录表

1. 信息分析	
曳引轮起什么作用？	更换曳引轮有哪些技术要求？ 曳引轮传递动力属于哪种摩擦方式？
2. 工具、检测工具	
执行工作任务时需要哪些工具？	执行工作任务时需要哪些检测工具？
3. 维修	
需要进行哪些拆卸和安装工作？	必须遵守哪些安装规定？

（续）

4. 安全措施	
进行曳引系统方面的工作时必须遵守哪些安全措施？	修理工作结束后必须采取哪些安全措施？

（二）相关专业知识

1. 曳引轮

曳引轮的作用力是传递动力。它被紧固在蜗轮主轴套筒上，轮缘上有绳槽，随着电动机作正反转，利用钢丝绳与绳槽的摩擦力带动悬挂在绳槽上的曳引钢丝绳，使轿厢上下运行。

曳引轮是靠钢丝绳与绳槽的静摩擦力来传递动力的，其摩擦力的大小取决于绳槽的形状。

曳引轮的结构要素是直径和绳槽的形状。曳引轮如图 1-24 所示。

图 1-24　曳引轮

（1）曳引轮的结构　常见的曳引轮绳槽有半圆槽、带切口的半圆槽和楔形槽三种，如图 1-25 所示。

在三种槽形中，楔形槽所产生的摩擦力是最大的。由于钢丝绳与绳槽的接触面积很小，钢丝绳与绳槽的磨损速度很快，从而影响曳引轮的使用寿命。同时，在槽形磨损后，钢丝绳中心下移时摩擦力就会很快下降，因此这种槽形应用较少。

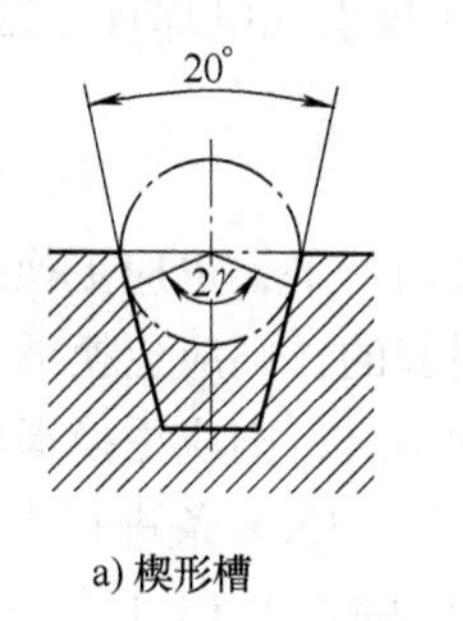

a) 楔形槽

b) 半圆槽

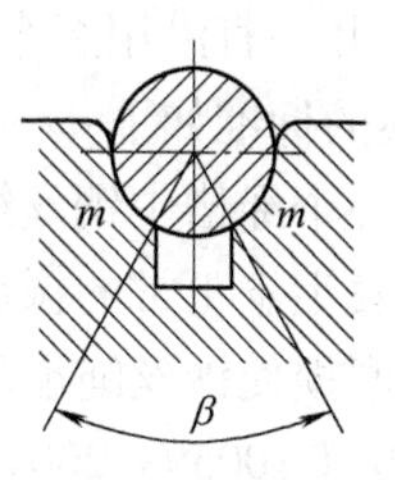

c) 带切口的半圆槽

图 1-25　曳引轮槽形

半圆槽所产生的摩擦力较小，不能用于半绕式曳引的电梯中，只能在全绕式曳引的电梯中才能应用。因为全绕式钢丝绳与曳引轮的包角大，弥补了摩擦力的不足。

带切口的半圆槽所产生的摩擦力要比半圆槽大很多。这种槽形的特点是：当槽形磨损，钢丝绳的中心下移时，中心角 β 的值基本保持不变，从而摩擦力也基本保持不变。由于这种特性，使得带切口的半圆槽在电梯中应用最广泛。

（2）曳引轮的主参数及性能　曳引轮的直径关系到电梯的运行速度和钢丝绳的使用寿命。

直径和运行速度的关系为

$$v = \frac{\pi D n}{60 i_1 i_2}$$

式中，D 为曳引轮直径（m）；n 为电动机转速（r/min）；i_1 为减速箱速比；i_2 为曳引比（钢丝绳绕法）。

例 1-1　曳引轮直径为 610mm，电动机转速为 1000r/min，减速箱速比为 61，曳引比为 1∶1，计算电梯的运行速度。

解：

$$v = \frac{\pi D n}{60 i_1 i_2} = \frac{3.14 \times 0.61 \times 1000}{60 \times 61 \times 1} \text{m/s} \approx 0.5 \text{m/s}$$

（3）直径与钢丝绳使用寿命的关系　实践证明，钢丝绳弯曲的曲率半径对钢丝绳的使用寿命有较大的影响。曲率半径过小，会大大缩短曳引钢丝绳的使用寿命，使其很快遭到破坏。

曳引轮直径与钢丝绳直径之间的关系为

$$\frac{D}{d_0} \geqslant 40$$

式中，D 为曳引轮直径（mm）；d_0 为曳引钢丝绳直径（mm）。

2. 曳引轮的技术要求

曳引式电梯是靠摩擦传动来工作的，钢丝绳悬挂在曳引轮上，一端与轿厢连接，另一端与对重连接。曳引轮转动时，靠钢丝绳和曳引轮之间的摩擦力带动轿厢运行。曳引式电梯的特点是：轿厢和对重做相反的运动，一升一降，钢丝绳不用缠绕，长度、根数不受限制，这样电梯的提升高度和载重量都得到了提高。

当电梯失控轿厢冲顶时，只要对重被底坑中的缓冲器所阻挡，钢丝绳与曳引轮绳槽间就会发生打滑而避免发生撞击楼板和断绳的重大事故。由于曳引式电梯具有这些优点，因此得到了很大的发展，并一直沿用至今。

曳引轮的更换的标准如下：

1）即使只有一个绳槽中钢丝绳的外露部分和绳轮表面持平，也应更换这个绳轮。

2）如果轿厢发生不正常的振动是由于绳轮的磨损引起的，则应更换绳轮。

3）如果绳轮磨损使钢丝绳滑动，从而造成平层精度不良，则应更换绳轮。

4）按国标 GB/T 10059—2009《电梯实验方法》的 4.1.13.1 条进行曳引检查不符合要求，应更换绳轮。（GB/T 10059—2009《电梯实验方法》的 4.1.13.1 条内容：在最底层平

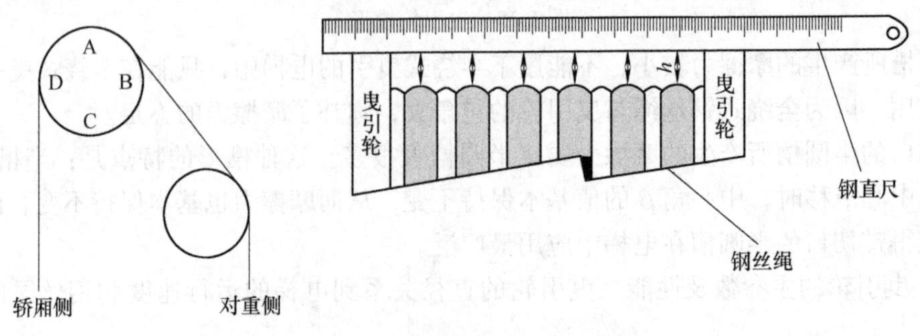

图 1-26　曳引轮磨损状况的测量

层位置，轿厢装载至125%额定载重量后，观察轿厢是否保持静止。）

3. 曳引轮的测量

1）曳引轮轮槽的均匀磨损并不一定会引起电梯垂直方向的振动。

2）如果曳引轮轮槽的磨损是不均匀的（即某一个轮槽或几个轮槽磨损特别厉害），钢丝绳在曳引轮上有跳动现象，可通过更换曳引轮来进行试验，从而排除垂直方向的振动。

3）检查曳引轮绳槽的磨损状况。

① 检查要求：观察钢丝绳在曳引轮上是否有跳动现象，同时在“A”、“B”、“C”、“D”4点分别测量曳引轮的磨损状况（即H值），测量方法如图1-26所示。

② 曳引轮垂直度的调整：电梯在空载和满载两种工况下，曳引轮的垂直度不应超过2mm。一般情况下，曳引轮往减速箱的方向调整0.5mm；当挂上轿厢和对重或承受额定载重时，曳引轮会向相反的方向偏转。用垫片调整曳引机底盘与曳引机承重梁之间的间隙，使曳引轮的垂直度达到标准要求。

图1-27　曳引轮垂直度的测量

曳引轮垂直度的测量如图1-27所示。

还等什么？赶快制订出工作计划并实施它

三、制订工作计划

（一）工作计划

曳引轮的更换工作计划见表1-40。

表1-40　曳引轮的更换工作计划表（权重0.1）

<table>
<tr><td>1. 小组成员有几人？组长是谁？</td><td colspan="4"></td></tr>
<tr><td rowspan="3">2. 所维修的电梯是什么型号？</td><td colspan="2">电梯型号</td><td colspan="2"></td></tr>
<tr><td colspan="2">曳引机型号</td><td colspan="2"></td></tr>
<tr><td colspan="2">曳引轮型号</td><td colspan="2"></td></tr>
<tr><td>3. 准备根据什么资料操作？</td><td colspan="4"></td></tr>
<tr><td>4. 完成该工作，需要准备哪些设备、工具？</td><td colspan="4"></td></tr>
<tr><td rowspan="2">5. 要在8个学时内完成工作任务，同时要兼顾每个组员的学习要求，人员是如何分工的？</td><td>工作对象</td><td>人员安排</td><td>计划工时</td><td>质量检验员</td></tr>
<tr><td>曳引轮</td><td></td><td></td><td></td></tr>
<tr><td>6. 工作完成后，要对每个组员给予评价，评价方案是什么？</td><td colspan="4"></td></tr>
</table>

（二）修理工作流程

曳引轮的更换工作流程如图1-28所示。

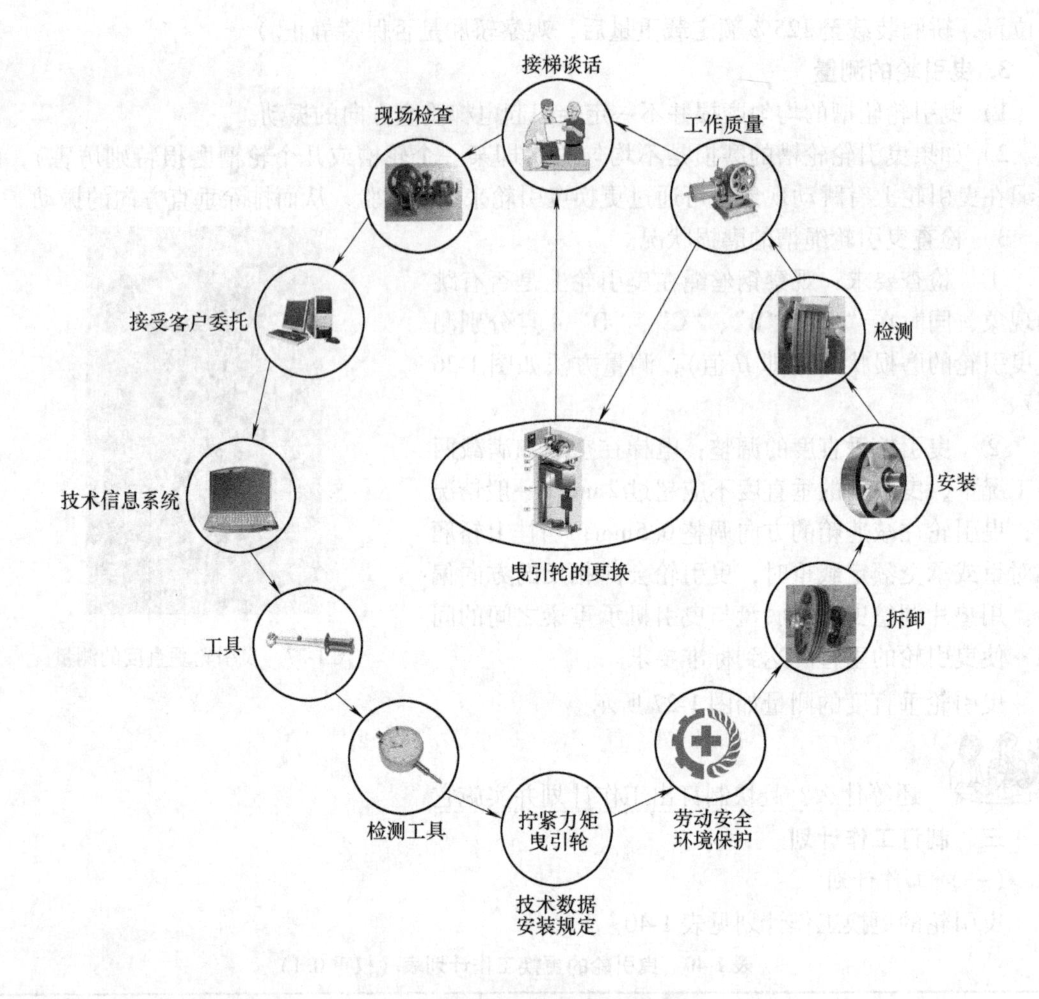

图 1-28 曳引轮的更换工作流程图

四、工作任务实施

(一) 拆卸和安装指引

曳引轮的更换指引见表 1-41。表中规范了曳引轮的更换修理程序，细化了每一步工序。使用者可以根据指引的内容进行修理工作，从而使曳引机处于良好的工作状态。

表 1-41 曳引轮的更换指引

1. 准备工作
1）电梯停至顶层，切断电梯主电源。 2）将电梯轿厢用起吊葫芦吊起，使用撑木将对重撑起，提拉安全钳拉杆使安全钳钳块动作，然后稍微松一下起吊葫芦，使轿厢重量主要由安全钳承受。 3）起吊轿厢时要注意安全，必须保护好称量装置。 4）当曳引钢丝绳松掉后，将钢丝绳卸下，并做好排列顺序标记。 5）将曳引机减速箱齿轮油放入干净的桶内，拆下电动机、编码器接线及抱闸接线。 6）记下抱闸两边弹簧的长度，收紧抱闸两边的弹簧。 7）曳引机采用蜗杆下置式时，可以不用拆卸电动机、联轴器等部件。

（续）

2. 拆卸
1）拆除减速箱的上盖。 2）松开蜗轮两边支承轴承座的螺母。 3）用起吊葫芦将曳引轮吊起，将蜗轮放在木方或三角支架上，以防损伤蜗轮齿面。 4）用三爪拉码拆卸蜗轮传动轴承。 5）用千斤顶把曳引轮从蜗轮轴上顶出。 6）用清洁润滑剂对蜗轮进行清洁。用砂纸在蜗轮轴处轻微打磨，并除去蜗轮轴上的毛刺，严禁使用锉刀或砂轮进行修复。
3. 装配
1）使用加热器加热曳引轮毂至80℃左右，套入蜗轮轴，此时曳引轮毂温度较高，必须使用隔热手套。 2）用木锤将曳引轮敲入蜗轮轴，由于曳引轮毂与蜗轮轴采用紧配合方式，敲击过程中要注意使曳引轮毂慢慢敲入，用力均匀，直至完全敲不动为止。 3）用起吊葫芦将曳引轮吊起，将蜗轮放入曳引机箱体内，注意蜗轮与蜗杆齿面的啮合间距。 4）拧紧蜗轮两边支承轴承座的螺母。
4. 调整
1）用铅锤测量曳引轮的垂直度。 2）一般在空载情况下，曳引轮向减速箱的方向偏0.5mm。这样，在挂上钢丝绳，承受轿厢和对重负荷的情况下，曳引轮会偏离减速箱方向。如果曳引轮的垂直度不符合要求，可以在曳引机底座加垫片加以调整。   
5. 运行
1）复位钢丝绳。 2）将齿轮油倒回曳引机，用棉纱清除溅出的齿轮油。 3）合上电梯电源开关，使其慢车下行，检查电梯是否异常，取出对重支撑木。 4）运行电梯，检查曳引轮的运转情况。
6. 注意事项
1）事故预防措施：遵守电梯安装维修工安全操作规程。 2）废弃处理：沾有机油的废弃物属于需要特别监控的废弃物，应将废弃物收集在合适的容器内。 3）辅助材料的准备：砂纸、润滑油液、防锈剂、清洁剂、垫片及棉纱等。 4）工具的准备：吊装设备、套装工具、木锤、铅锤及角尺等。 5）质量保证：符合GB 7588—2003《电梯制造与安装安全规范》及GB/T 10060—2011《电梯安装验收规范》的相关规定。手动盘车时，曳引轮转动平稳，无异常响声、振动和噪声。电梯在空载和满载两种工况下，曳引轮的垂直度不应超过2mm。

（二）曳引轮的更换及调整实施记录

实施记录表是对修理过程的记录，保证任务按工序正确执行。根据实施记录表可对修理的质量进行判断。曳引轮的更换及调整实施记录见表 1-42。

表 1-42　曳引轮的更换及调整实施记录表（权重 0.3）

曳引轮的更换			检查人/日期		
步骤	序号	检查项目	技术标准	完成情况	分值
准备工作	1	电梯停至顶层，切断电梯主电源	合格□不合格□	工作是否完成____	★
	2	将电梯轿厢用起吊葫芦吊起，使用撑木将对重撑起，提拉安全钳拉杆使安全钳钳块动作，然后稍微松一下起吊葫芦，使轿厢重力主要由安全钳承受 起吊轿厢时要注意安全，必须保护好称量装置	合格□不合格□		★
	3	当曳引钢丝绳松掉后，将钢丝绳卸下，并做好排列顺序标记	合格□不合格□		6
	4	将曳引机减速箱齿轮油放入干净的桶中，拆下电动机、编码器接线及抱闸接线	合格□不合格□		★
	5	记下抱闸两边弹簧的长度，收紧抱闸两边的弹簧	合格□不合格□		6
拆卸	6	拆除减速箱的上盖	合格□不合格□	工作是否完成____	6
	7	松开蜗轮两边支承轴承座的螺母			6
	8	用起吊葫芦将曳引轮吊起，将蜗轮放在木方或三角支架上，以防损伤蜗轮齿面	合格□不合格□		★
	9	用三爪拉码拆卸蜗轮传动轴承	合格□不合格□		★
清洁	10	用清洁润滑剂对蜗轮进行清洁。用砂纸在蜗轮轴处轻微打磨，并除去蜗轮轴上的毛刺，严禁使用锉刀或砂轮进行修复	合格□不合格□	工作是否完成____	6
装配	11	使用加热器加热曳引轮毂至 80℃左右，套入蜗轮轴，此时曳引轮毂温度较高，必须使用隔热手套	合格□不合格□	工作是否完成____	★
	12	用木锤将曳引轮敲入蜗轮轴，由于曳引轮毂与蜗轮轴采用紧配合方式，敲击过程中要注意使曳引轮毂慢慢敲入，用力均匀，直至完全敲不动为止	合格□不合格□		6
	13	用起吊葫芦将曳引轮吊起，将蜗轮放入曳引机箱体内，注意蜗轮与蜗杆齿面的啮合间距	合格□不合格□		★
	14	拧紧蜗轮两边支承轴承座的螺母	合格□不合格□		6
	15	调整曳引轮的垂直度，在空载情况下，曳引轮向减速箱的方向偏 0.5mm	合格□不合格□		6
运行	16	复位钢丝绳	合格□不合格□	工作是否完成____	★
	17	将齿轮油倒回曳引机，用棉纱清除溅出的齿轮油	合格□不合格□		6
	18	合上电梯电源开关，慢车下行，检查是否异常，取出对重支撑木	合格□不合格□		6
	19	运行电梯，检查曳引轮的运转情况	合格□不合格□		6

评分依据：★项目为重要项目，一项不合格，检验结论为不合格。其他项目为一般项目，扣分不超过 20 分（包括 20 分），检验结论为合格；超过 20 分，为不合格

完成了，仔细验收，客观评价，及时反馈

五、工作验收、评价与反馈

（一）工作验收

维修工作结束后，电梯维修工应确认是否所有部件和功能都正常。维修站应会同客户对电梯进行检查，确认所委托电梯修理工作已全部完成，并达到客户的修理要求。曳引轮的更换及调整工作交接验收见表1-43。

表1-43　曳引轮的更换及调整工作验收表（权重0.1）

<table>
<tr><td colspan="2">1. 工作验收</td></tr>
<tr><td>验收步骤</td><td>验收内容</td></tr>
<tr><td>（1）是否按工作计划进行了所有工作？</td><td>（1）把工作计划中的所有项目检查一遍，确认所有项目都已经圆满完成，或者在解释说明范围内给出了详细的解释。</td></tr>
<tr><td>（2）哪些工作项目必须以现场直观检查的方式进行检查？</td><td>（2）检查以下工作项目
<table><tr><td>现场检查</td><td>结果</td></tr><tr><td>检查曳引轮的磨损情况</td><td></td></tr><tr><td>检查曳引钢丝绳的磨损情况</td><td></td></tr><tr><td>检查曳引轮是否按规定进行了更换</td><td></td></tr><tr><td>检查电梯运行时的振动和噪声</td><td></td></tr></table></td></tr>
<tr><td>（3）是否遵守规定的维修工时？</td><td>（3）更换曳引轮的规定时间是90min。
合格□不合格□</td></tr>
<tr><td>（4）曳引机是否干净整洁？</td><td>（4）检查曳引机是否干净整洁，各种保护罩是否已经装好。
合格□不合格□</td></tr>
<tr><td>（5）哪些信息必须转告客户？</td><td>（5）指出需要更换齿轮油或下次维修保养时必须排除的其他已经确认的故障。</td></tr>
<tr><td>（6）对质量改进的贡献？</td><td>（6）考虑一下，维修和工作计划准备，工具、检测工具、工作油液和辅助材料的供应情况，时间安排是否已经达到最佳程度。提出改善建议并在下次修理时予以考虑。</td></tr>
<tr><td colspan="2">2. 记录</td></tr>
<tr><td colspan="2">（1）是否记录了配件和材料的需求量？
（2）是否记录了工作开始和结束的时间？</td></tr>
<tr><td colspan="2">3. 大修后的咨询谈话</td></tr>
<tr><td>客户接收电梯时期望维修人员对下述内容作出解释：
（1）检查表。
（2）已经完成的工作项目。
（3）结算单。
（4）移交维修记录本。</td><td>在维修后谈话时，应向客户转告以下信息：
（1）发现异常情况，如保护罩损坏、漏油及油漆剥落等。
（2）电梯日常使用中应注意之处。
（3）什么情况下需要更换曳引轮。</td></tr>
</table>

（续）

4. 对解释说明的反思 （1）是否达到了预期目标？ （2）与相关人员的沟通效率是否很高？ （3）组织工作是否很好？

（二）工作任务评价与总结

曳引轮更换的自检、互检记录见表1-44。

表1-44 曳引轮更换的自检、互检记录表（权重0.1）

自检、互检记录	备注
各小组学生按技术要求检测设备并记录 检测问题记录：______________________________ ______________________________ ______________。	自检
各小组分别派代表按技术要求检测其他小组设备并记录 检测问题记录：______________________________ ______________________________ ______________。	互检
教师检测问题记录：______________________________ ______________________________ ______________。	教师检验

（三）小组总结报告

各小组总结本次任务中出现的主要问题和难点及其解决方案，报告见表1-45。

表1-45 小组总结报告（权重0.1）

维修任务简介：______________________________ ______________________________ ______________________________。	
学习目标	
维修人员及分工	
维修工作开始时间和结束时间	
维修质量：______________________________ ______________________________ ______________________________。	
预期目标	
实际成效	
维修中最有特色的部分	
维修总结：______________________________ ______________________________ ______________________________。	

（续）

维修中最成功的是什么？	
维修中存在哪些不足？应作哪些调整？	
维修中所遇问题与思考？（提出自己的观点和看法）	

（四）填写评价表

维修工作结束后，维修人员填写工作任务评价表，并对本次维修工作进行打分，见表1-46。

表1-46　曳引轮的更换评价表

×××学院评价表

项目一　曳引系统的修理 任务四　曳引轮的更换	班级： 小组： 姓名：	指导教师： 日期：

评价项目	评价标准	评价依据	评价方式			权重	得分小计
			学生自评（15%）	小组互评（60%）	教师评价（25%）		
职业素养	(1)遵守企业规章制度、劳动纪律 (2)按时按质完成工作任务 (3)积极主动承担工作任务，勤学好问 (4)人身安全与设备安全	(1)出勤 (2)工作态度 (3)劳动纪律 (4)团队协作精神				0.3	

六、拓展知识

（一）电梯中使用的材料

电梯中使用的材料见表1-47。

表1-47　电梯中使用的材料

1. 钢	2. 铸造材料
钢是碳的质量分数为0.05%～2.06%的合金。碳不是以纯碳的形式存在，而是与铁元素发生化学反应后形成的碳化铁（Fe_3C）。碳含量决定了以下特性： 1)钢材的力学特性。 2)工艺特性。 碳含量提高时，钢的特性发生如下变化： 1)抗拉强度、硬度和脆性提高。 2)韧性、可变性和焊接性降低。	铸造材料是碳的质量分数为2%～5%的合金。铸铁由一种基本组织构成，碳以层状、球状和片状形式聚集在这种组织中。 石墨析出物的基本结构和类型决定了铸造材料的机械和工艺特性。跟片状、球状石墨相比，层状石墨会进一步削弱这种基本结构。片状石墨造成的应力集中，由此可能产生裂纹。

（续）

1. 钢				2. 铸造材料			
结构钢：碳的质量分数为0.1%～0.5%，变形性、焊接性好。 例如：轿厢体。	渗碳钢：碳的质量分数为0.1%～0.15%，可进行表面淬火处理。 例如：曳引机。	调质钢：碳的质量分数为0.35%～0.6%，可通过调质提高强度。 例如：工字梁	合金钢：通过添加镍、钒、钼等制成合金来提高强度。 例如：按钮、不锈钢门等。	铸铁：带有层状石墨，较脆，能承受一定压力，耐腐蚀，减振性、铸造性和切削加工性好。 例如：对重	球墨铸铁：球状石墨，高强度，可延伸性。 例如：曳引轮。	可锻铸铁：片状石墨，有韧性且可延伸性。 例如：对重架。	铸钢：碳发生化学反应。 例如：轿厢架。

3. 铜、铜合金		
物理特性： 导电率很高； 导热性很好； 较软且具有韧性； 硬度比钢低。	化学特性： 耐腐蚀； 铜与空气中的碳酸反应后形成绿色密封性氧化层（铜绿），该氧化层可防止材料进一步氧化。铜与乙酸接触时产生具有毒性的乙酸铜。	工艺特性： 变形性好； 钎焊性较好； 切削加工性较差； 铸造性较差； 溶解性较差，焊接性较差。

4. 铜合金		
铜锌合金（黄铜）： 铜的质量分数至少为50%，且主要合金成分为铜锌合金，称为黄铜。锌含量越高，黄铜的可变形性越差，铸造性和切削加工性越好。	铜锡合金（锡青铜）： 铜的质量分数至少为60%，且主要合金成分为铜锡合金，称为锡青铜。锡可提高耐腐蚀性，提高强度和耐磨损性。 例如：蜗杆滚轮式转向系统的转向滚轮。	铜锡铅合金（铅青铜）： 铅的质量分数最多为30%，且锡的质量分数最多为10%的铜锡铅合金，称为铅青铜。铅可提高应急运行特性，因为润滑短时间中断时可起润滑作用。 例如：滑动轴承的摩擦层。

5. 曳引轮的材质
因为曳引轮要承受电梯轿厢自重、曳引绳重、载重和对重的全部重量，故在材料上多采用QT60-2球墨铸铁，以保证具有一定的强度和韧性。

（二）用于检测和测量的设备和方法

1. 制造精度及尺寸公差

曲轴、连杆及轴承等都是单个制造然后装配而成的，每个结构元件必须保持其规定的尺寸。制造精度决定结构元件的功能，因为随着精度的提高，制造成本明显增加。所以使用的原则是：以必要的精度加工，而不是以能达到的精度加工。

尺寸公差简称公差，是指最大极限尺寸减最小极限尺寸之差的绝对值，或上偏差减下偏差之差。零件在制造过程中，由于加工或测量等因素的影响，完工后的实际尺寸总存在一定的误差。为保证零件的互换性，必须将零件的实际尺寸控制在允许变动的范围内，这个允许的尺寸变动量称为尺寸公差。

2. 测量及用量规检验

通过检查可以确定一个工件是否符合尺寸和规定的形状，检查可以通过测量和用量规检验来实现，见表1-48。

表 1-48　测量及用量规检验

1. 测量	2. 用量规检验
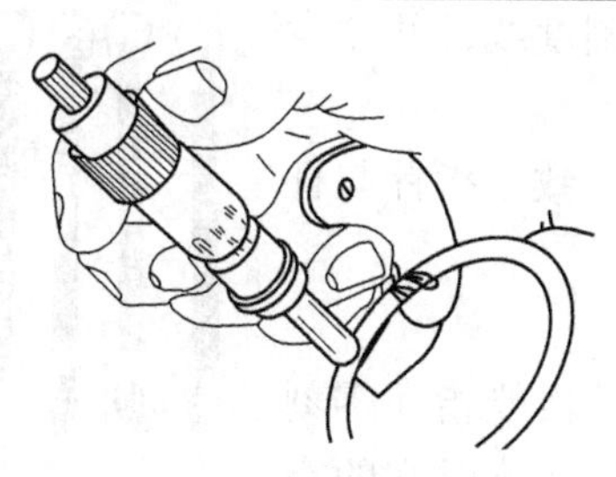	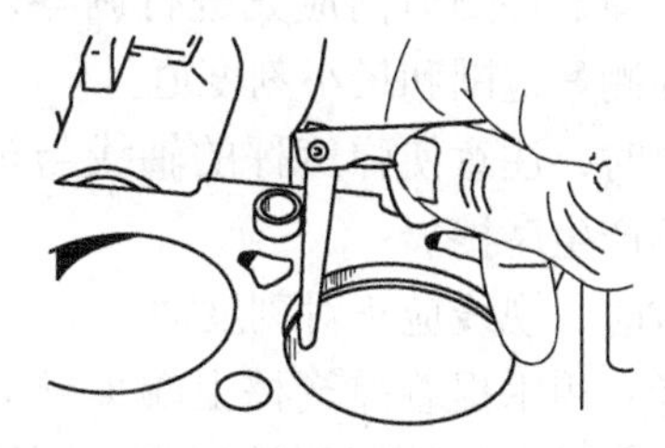
密封圈厚度可以用千分尺来测量，其尺寸以毫米和百分之一毫米表示。测量是将工件长度与量具进行比较。测量结果是以数值形式表示的实际值。此数值乘以相应的单位即可得出测量值。	用塞尺可以确定联轴器与制动闸瓦之间的间隙是否合适，以便切断制动器电源时，迅速合闸。事先确定量规的尺寸和形状，用量规检验试样与规定尺寸或规定形状有偏差，此检验不得出数值。
3. 检测工具	
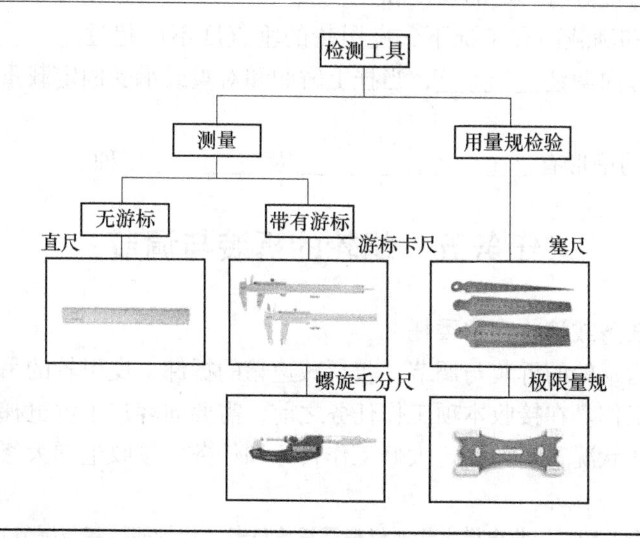	

（三）测量长度和拉力量具

1. 非指示性量具

刻度尺属于非指示性量具，因为它们是通过刻度线之间的距离来表示长度单位的，刻度线间距 1mm，读数精度等于刻度线间距。非指示性量具见表 1-49。

表 1-49　非指示性量具

量具名称	量具材质	量具尺寸规格
钢直尺	弹簧钢	300mm，500mm
折尺	木材，钢，铝	0.5m，1.2m，1m，2m
卷尺	钢带	1m，2m，10m，20m，30m，50m

2. 拉力量具

弹簧秤如图 1-29 所示。

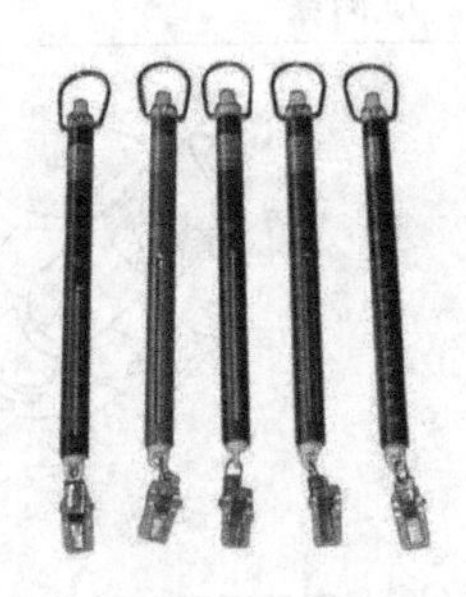

图 1-29　弹簧秤

使用弹簧秤测力前应先进行调零，使指针正对零刻度线，并注意弹簧秤的测量范围和最小刻度值。

测力时，注意使弹簧秤的轴线与被测力的作用线一致，指针与秤的外壳不产生摩擦。

读数时，视线应正对刻度面。

思考：用手提着弹簧秤上端提环时，弹簧秤的指针恰能指在零刻度线上。如果把弹簧秤倒转过来，用手提弹簧秤的挂钩，这时它的指针还能指在零刻度线吗？（提示：不能，指针指示的值为秤壳重。）

练习

1. 因曳引轮要承受电梯轿厢自重、曳引绳重、载重和对重的全部重量，故在材料上多采用________，以保证具有一定的强度和________。

2. 电梯在空载和满载两种工况下，曳引轮的垂直度不应超过________。一般情况下，曳引轮向减速箱的方向调整________；当挂上轿厢和对重或承受额定载重时，曳引轮会向相反的方向偏转。

3. 曳引轮常见的槽形有________，________及________三种。

任务五　蜗轮的拆装与调节

一、接收修理任务或接收客户委托

本次工作任务为蜗轮的拆装与调节，包括减速箱的拆卸、曳引轮的吊装、蜗轮的更换及蜗轮蜗杆的调整等工作。在接收本项工作任务之前，需要向客户了解电梯的详细信息，以及需要大修部件的工作状况，从而制定大修工作目标和任务。接收电梯大修或修理委托信息见表 1-50。

表 1-50　接收电梯大修或修理委托信息表（蜗轮的拆装与调节）

<table>
<tr><th>工作流程</th><th>任务内容</th></tr>
<tr><td>接收电梯前与客户的沟通</td><td>见表 1-1 中对应的部分。</td></tr>
<tr><td>接收修理委托的过程</td><td>可按照以下方式与客户交流：向客户致以友好的问候并进行自我介绍；认真、积极、耐心地倾听客户意见；询问客户有哪些问题和要求。
客户委托或报修内容：蜗轮的拆装与调节
<table><tr><th>向客户询问的内容</th><th>结果</th></tr><tr><td>曳引机运行时是否有异常响声？</td><td></td></tr><tr><td>是否按规定定期更换曳引机油液？</td><td></td></tr><tr><td>是否按规定定期给轴承加润滑油？</td><td></td></tr><tr><td>乘坐电梯是否有明显的振动感？</td><td></td></tr></table></td></tr>
</table>

（续）

工作流程	任务内容
接收修理委托的过程	1. 接收电梯维修任务过程中的现场检查 （1）检查减速箱润滑油。 （2）检查蜗轮蜗杆的运行状况。 （3）检查蜗轮蜗杆的磨损情况。 （4）检查蜗轮蜗杆轴承的磨损情况。 2. 接收修理委托 （1）询问用户单位、地址。 （2）请客户提供电梯准运证、铭牌。 （3）根据铭牌识别电梯生产厂家、型号、控制方式、载重量及速度。 （4）向客户解释故障产生的原因和工作范围，指出必须进行蜗轮的拆装与调节，蜗轮磨损严重时需要立即更换。 （5）询问客户是否还有其他要求。 （6）确定电梯交接日期。 （7）询问客户的电话号码，以便进行回访。 （8）与客户确认修理内容并签订维修合同。 客户在维修合同上签字表示规定合同双方权利和义务的“一般性交易条件”成为合同的要件。 通常情况下，与客户争论、未按规定执行维修工作会影响电梯经销商的服务形象，而且可能导致客户向经销商提出更换部件或赔偿要求。
任务目标	完成蜗轮的拆装与调节。
任务要求	（1）正确拆卸电动机、制动器及蜗轮蜗杆。 （2）检查蜗轮的磨损情况。 （3）判断蜗轮是否需要更换。 （4）正确装配蜗轮蜗杆、制动器及电动机。
对完工电梯进行检验	符合 GB 7588—2003《电梯制造与安装安全规范》及 GB/T 10060—2011《电梯安装验收规范》的相关规定。
对工作进行评估	先以小组为单位，共同分析、讨论装配工艺并完成试装；小组成员独力完成装配调试操作；各小组上交一份所有小组成员都签名的实习报告。

你可能需要获得以下的资讯，才能更好地完成工作任务

二、信息收集与分析

（一）信息的整理、组织和记录

对于收集的信息，要进行分析、了解概况，并理解文字的内容，标记出涉及维修工作或

待维修部件的关键内容。将维修工作中需要使用的工具列出详细的清单，并对维修过程中的拆卸、安装和调整工艺进行深入了解。在工作前完成表1-51的填写。

表1-51 蜗轮的拆装与调节信息整理、组织、记录表

1. 信息分析	
曳引机有哪几种结构?	蜗轮蜗杆有几种装配方式? 各有什么特点?
2. 工具、检测工具	
执行任务时需要哪些工具?	执行任务时需要哪些检测工具?
3. 维修	
需要进行哪些拆卸和安装工作?	必须遵守哪些安装规定?

（二）技术信息资料

维修站工作人员必须向电梯维修工提供有助于其按专业化要求进行修理的技术信息资料。对于机械系统修理来说，需要了解下述信息。

1. 装配图

维修人员在电梯技术中主要使用装配图。在装配图中，功能单元被分解为功能元件并以轴侧图的方式表示出来，这些图也称为分解图，从分解图中可以看出功能单元的形状。

曳引机的装配图如图1-30所示。

2. 安装数据

1）制动器动作灵活，制动时两侧制动闸瓦应紧密、均匀地贴合在联轴器的工作面上；制动器打开时应同步离开，其四角处间隙平均值两侧各不大于0.7mm。

2）曳引机应有适量的润滑油，油标应齐全，油位显示应清晰。

3）曳引轮、导向轮对铅垂线的偏差在空载或满载工况下均不大于2mm。

4）蜗杆轴轴向间隙：客梯不超过0.08mm；货梯不超过0.12mm。

5）曳引电动机同心度：刚性连接不超过0.02mm，弹性连接不超过0.1mm。

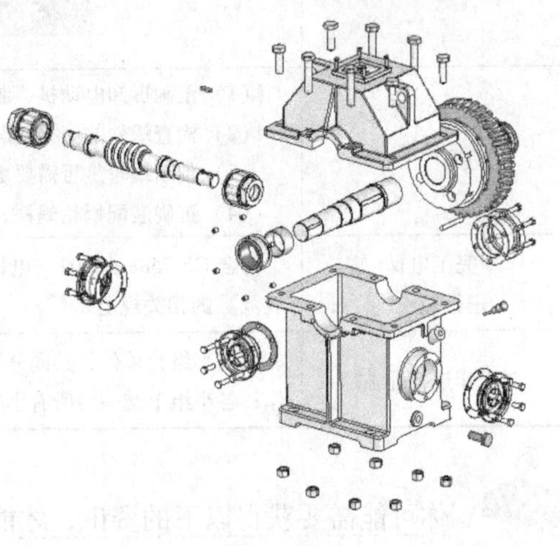

图1-30 曳引机的装配图

6）蜗轮蜗杆齿侧间隙为0.1～0.4mm，齿顶间隙为0.2～0.4mm。

3. 技术图样

与分解图相比，技术图样在电梯修理方面的作用较小。虽然如此，电梯维修工也应能够看懂技术图样，尤其是用于表示组装状态下的电梯技术总成的总装配图。这些图样包含各部件之间的布置位置和相互作用关系方面的所有信息。此外，还可能要求电梯维修工绘制某一部件的草图。为此，电梯维修工必须具备绘图和测量记录方面的基本知识。蜗杆草图如图1-31所示。

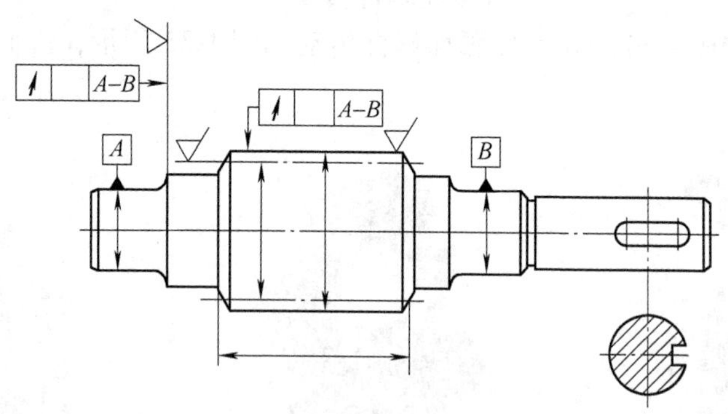

图1-31　蜗杆草图

（三）相关专业知识

1. 蜗轮蜗杆

减速箱的作用主要是降低电动机的输出转速和提高电动机的输出转矩，曳引机减速箱采用蜗轮蜗杆转动，也用斜齿轮传动。电动机轴通过联轴器与蜗杆相联接，带动蜗杆高速转动，由于蜗杆的头数与蜗轮的齿数相差很大，从而使由蜗轮轴传递的转速大为降低，而使转矩得到提高。通常，曳引机减速箱的速比为61～62。

减速箱通常以其蜗轮与蜗杆的装配位置和蜗杆的形状来分类。

（1）蜗杆的分类　蜗杆传动由蜗杆、蜗轮与机架组成。通常蜗杆为主动件、蜗轮为从动件。蜗杆传动用来传递空间两交错轴之间的运动和动力，一般两轴交角为90°。蜗杆通常与轴做成一体，称为蜗杆轴，被广泛应用于各种机械和仪器设备中。

1）按蜗杆的装配位置分类。在减速箱内，凡蜗杆安装在蜗轮上方的，称为蜗杆上置式。其特点是：减速箱内蜗杆、蜗轮齿面不易进入杂物，安装维修方便，但润滑性较差，一般用于轻载的电梯曳引机，如图1-32所示。

在减速箱内，凡蜗杆安装在蜗轮下方的，称为蜗杆下置式。其特点是：润滑性能好，但对减速箱的密封要求高，否则容易向外渗漏油，一般适用于重载电梯的曳引机，如图1-33

图1-32　蜗杆上置式

图1-33　蜗杆下置式

所示。

2）按蜗杆的形状分类。根据蜗杆形状的不同，可对蜗杆进行如下分类：

- 按蜗杆形状分类
  - 圆柱蜗杆传动
    - 阿基米德蜗杆传动
    - 渐开线蜗杆传动
  - 圆弧面蜗杆传动
  - 锥面蜗杆传动

圆柱蜗杆传动如图 1-34 所示，圆弧面蜗杆传动如图 1-35 所示，锥面蜗杆传动如图 1-36 所示。

图 1-34　圆柱蜗杆传动

图 1-35　圆弧面蜗杆传动

图 1-36　锥面蜗杆传动

（2）蜗杆传动的特点

1）优点：传动比大、机构紧凑；一般传动比为 10 ~ 40，最大可达 80；传动平稳、无噪声；反向行程时可自锁，起到安全保护作用。

2）缺点：齿面相对滑动速度大，易磨损，效率低，一般为 0.7 ~ 0.8，当具有自锁时，效率小于 0.5。此外，它的成本较高。

（3）蜗杆传动的主要参数　蜗杆传动的主要参数有：蜗杆头数 z_1、蜗轮齿数 z_2 和传动比 i。

蜗杆头数 $z_1 = 1 \sim 4$。

单头蜗杆的特点是：易自锁、效率低及精度高。

多头蜗杆的特点是：加工困难、精度低。

蜗轮齿数 $z_2 = 27 \sim 80$ 。

传动比为

$$i = \frac{n_1}{n_2} = \frac{z_2}{z_1} = u$$

注意：蜗杆传动的传动比仅与蜗杆的头数和蜗轮的齿数有关，而与分度圆的直径之比无关。

（4）曳引机铭牌上的主参数

曳引机型号：YJ186。

模数比/传动比：63∶1。

曳引比：2∶1。

载重量：1000kg。

电梯曳引机铭牌如图1-37所示。

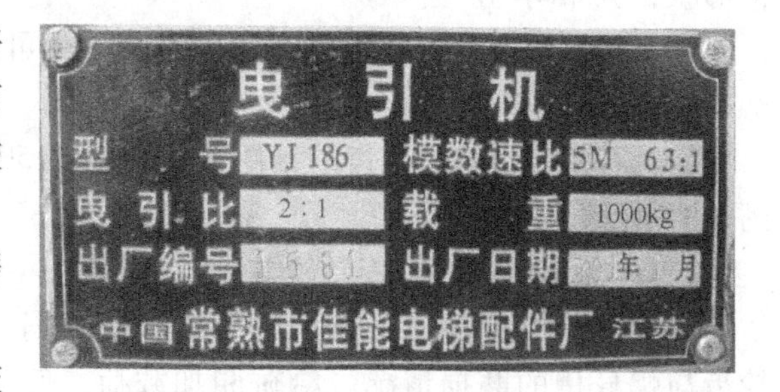

图1-37　曳引机铭牌

（5）蜗轮蜗杆的损坏形式　蜗轮蜗杆的损坏形式主要有点蚀、齿根折断、齿面胶合和磨损。最常见的损坏形式是齿面胶合和过度磨损。

1）开式传动：主要损坏形式是齿面磨损和齿根折断。

2）闭式传动：主要损坏形式是齿面胶合、磨损和点蚀。

（6）蜗杆的材料　对蜗杆材料的要求是：足够的强度，良好的减磨、耐磨性，良好的抗胶合性。为了降低磨损，通常蜗杆用碳钢和合金钢制成。高速重载的蜗杆用15Cr、20Cr渗碳淬火或45钢、40Cr淬火，低速轻载的蜗杆用45调质钢。

（7）蜗轮的结构　蜗轮的结构如图1-38所示。

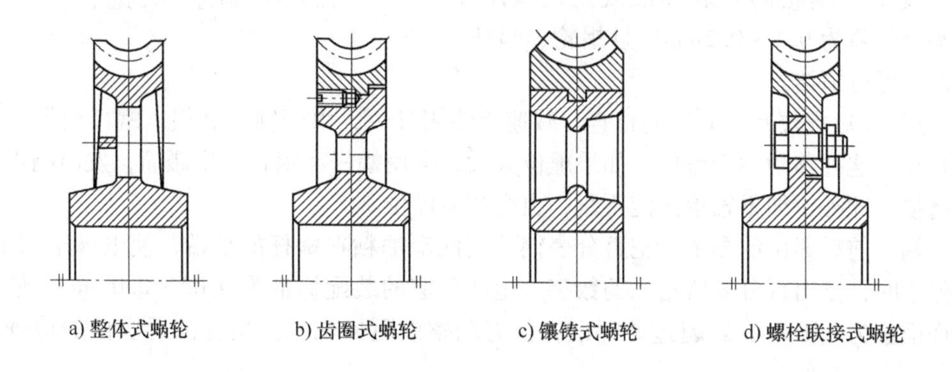
a) 整体式蜗轮　b) 齿圈式蜗轮　c) 镶铸式蜗轮　d) 螺栓联接式蜗轮

图1-38　蜗轮的结构

蜗轮常采用有色金属制作，常用材料有铸造锡青铜、铸造铝青铜及灰铸铁等。

（8）减速箱蜗轮蜗杆的检查　由于轿厢的上下运行，曳引钢丝绳的长度会发生变化，轿厢、钢丝绳系统的共振频率就会发生变化。使用蜗轮蜗杆的曳引机，如果齿轮啮合振动的频率与轿厢、钢丝绳系统的频率一致，轿厢就会在上述系统间产生共振现象。因此，引起共振的部件主要为曳引机系统、轿厢和钢丝绳系统。

检查蜗轮蜗杆的啮合面，通常在换油时进行。

曳引电动机转动，就会带动减速箱蜗杆转动，再由蜗杆和蜗轮的机械齿轮传动带动曳引轮，通过曳引轮与钢丝绳的摩擦从而实现电梯的上下运行。因此，蜗轮、蜗杆的机械配合（通常称之为齿轮啮合）将直接影响到电梯运行质量（如振动、噪声和异常温升等指标）的好坏。下面对曳引机减速箱蜗轮的结构、安装要求及检查要领进行介绍。

蜗轮分为蜗杆及蜗轮两部分组件，其中蜗杆材料为钢材料，蜗轮材料为铜材料。因此，蜗轮相比较而言较易被擦碰受伤。同时，蜗杆表面光洁度要求较高，因此在安装及搬运过程中必须作好保护措施。

1）蜗轮蜗杆啮合检查要领方法一。

①　打开曳引机减速箱顶部端盖，借助照明器具检查蜗轮齿面，蜗轮齿面啮合区域呈橄

榄形状，分布均匀。

② 如果两齿轮的接触点在齿的末端，就可能产生振动和噪声。相反，如果在中间接触，则可减轻振动和噪声。

③ 各蜗杆齿轮齿与齿的接触面积应大于50%。蜗轮齿轮表面必须光滑、无凹陷，如图1-39所示。

2）蜗轮蜗杆啮合检查要领方法二。

① 移开箱盖并用手转动电动机，检查蜗轮齿与蜗杆槽的磨损情况。给轿厢加载荷，使之与对重平衡。然后加至额定载荷，在曳引钢丝绳拉力的作用下，蜗轮发生偏转，该偏转量即齿轮的磨损量，若偏转量过大，则表明轮齿已过度磨损。这种方法比较简单，不必吊起轿厢，缺点是不能观察到磨损的内部情况。

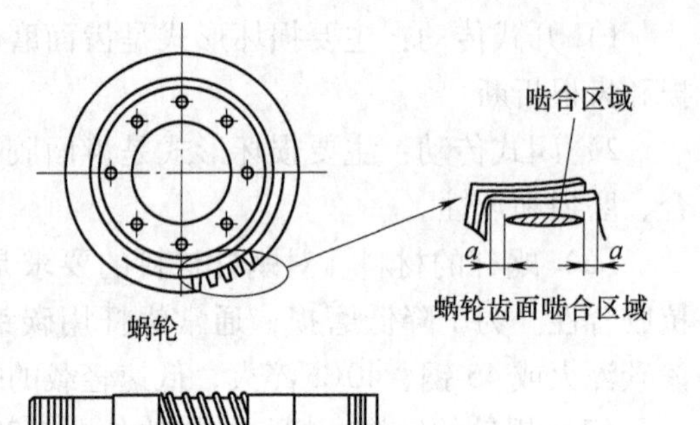

图1-39　蜗轮蜗杆的检查

② 曳引机蜗轮的安装标准规定，蜗杆、蜗轮的啮合间隙为0.1～0.2mm，且蜗轮、蜗杆啮合齿面应保持清洁。

3）蜗杆前后虚位及齿间隙的检查。减速箱使用日久，由于轴承磨损，蜗杆会沿着其轴线前后移动，这种移动称为虚位。如果虚位太大，会使蜗杆和蜗轮产生碰撞，发出响声并加速齿的磨损。此外，如果轴承固定不紧，也会产生虚位。

① 蜗杆前后虚位的测量。把百分表钢珠用润滑油粘在蜗杆的轴端，使电梯空载下降，当电梯停止时，读出百分表所指示的数字。生产厂家的装配标准为0.02～0.04mm，使用以后的允许虚位为0.1mm，若超过此标准，就需调整或更换轴承。蜗杆前后虚位的检查如图1-40所示。

② 蜗轮蜗杆齿侧间隙的测量。齿间隙过大的原因也是由于磨损，如果此间隙过大，在电梯停止时，会产生较大的碰撞，发出声响。此间隙的标准值根据曳引机型号的不同而有所不同，分别为0.1～0.35mm、0.1～0.4mm、0.1～0.45mm、0.1～0.5mm、0.1～0.55mm。

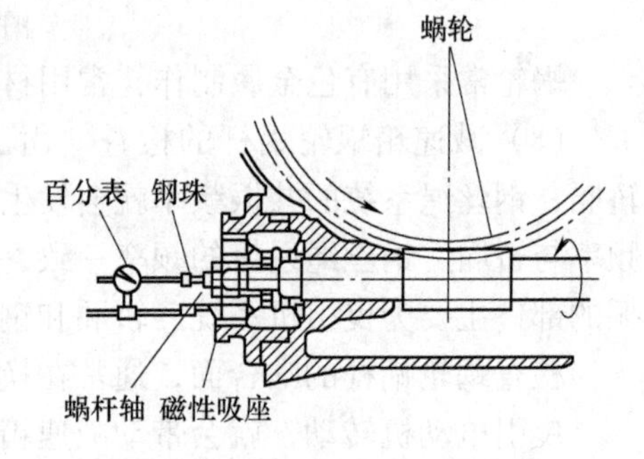

图1-40　蜗杆前后虚位的检查

如图1-41所示，把百分表的触针与齿的侧面垂直，触针端的位置在$W=0.4H$处缓慢转动齿轮，如果齿侧面没有磨损，则百分表的指示不会发生变化，如果齿侧面有磨损，则百分表的触针将会向下移动。读出百分表刻度的变化量，每个位置要测定三次，然后求其平均值，此数值即为磨损量，也即为齿侧间隙加大的量。

③ 蜗轮蜗杆齿顶间隙的测量。切断电源开关，把曳引机减速箱内的油放完，打开油箱盖，用洗油把齿轮冲洗干净。在电动机的轴端装上盘车手轮，在齿顶空隙处放一根熔丝或软铜板，在位置A处缓缓转动电动机轴，蜗杆随着转动，熔丝就会移动到B位置，然后把熔丝取出，由于熔丝受到齿的挤压会变扁，其厚度即为齿顶间隙。用卡尺测量熔丝的厚度，标准为0.2～0.4mm，如图1-42所示。

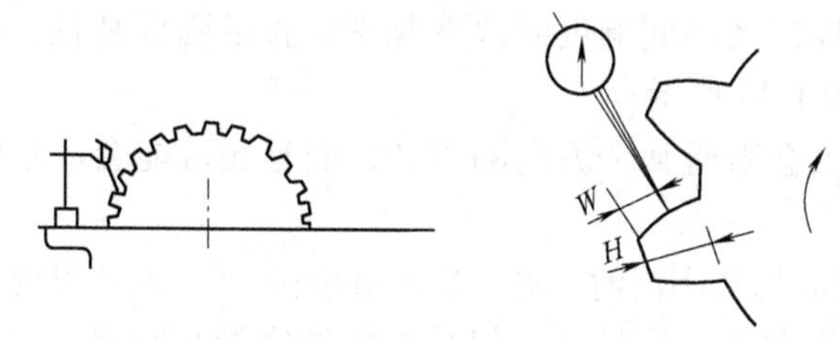

图 1-41　蜗轮蜗杆齿侧间隙的测量

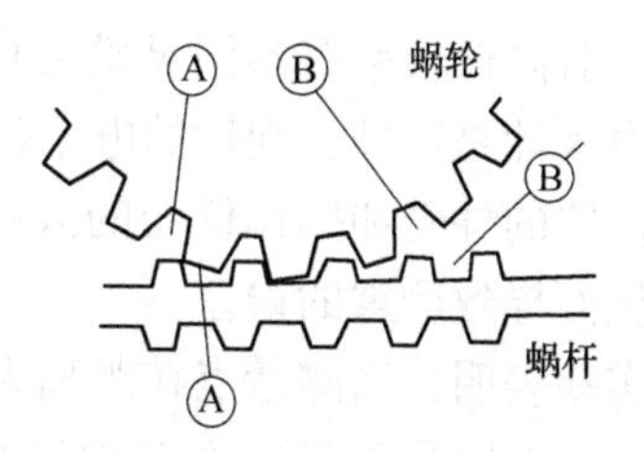

图 1-42　蜗轮蜗杆齿顶间隙的测量

2. 蜗杆轴与电动机轴的联接

曳引机一般采用刚性联轴器或弹性联轴器。联轴器的外圆即为曳引机电磁制动器的制动面，因此联轴器又称为制动轮。

（1）刚性联轴器　对于蜗杆采用滑动轴承的结构，一般采用刚性联轴器，因为此时轴与轴承的配合间隙较大，刚性联轴器有助于蜗杆轴的稳定转动。刚性联轴器要求两轴之间的同心度较高，在联接后不同心度不应大于 0. 02mm，如图 1-43 所示。

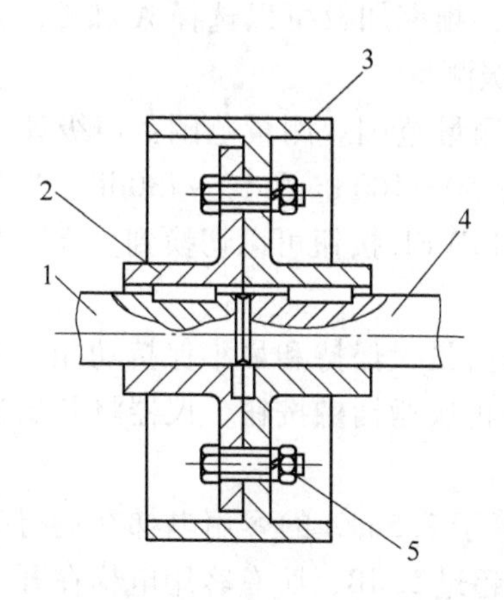

图 1-43　刚性联轴器
1—电动机轴　2—左半联轴器　3—右半联轴器　4—蜗杆轴　5—螺栓

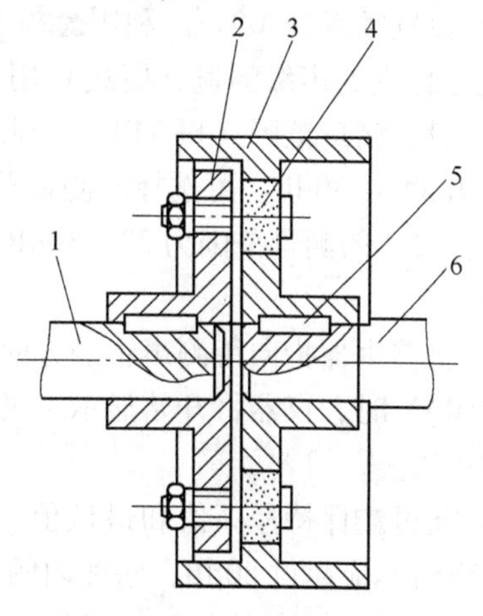

图 1-44　弹性联轴器
1—电动机轴　2—左半联轴器　3—右半联轴器　4—橡胶块　5—键　6—蜗杆轴

（2）弹性联轴器　当蜗杆轴采用滑动轴承的结构时，一般会采用弹性联轴器。由于联轴器中的橡胶块在传递力矩时会发生弹性变形，从而能在一定范围内自动调节电动机轴与蜗杆轴的间隙，因此允许安装时有较大的不同心度（允许误差为 0. 1mm），使安装与维修都比较方便。另外，弹性联轴器对传动中的振动具有减缓的作用，如图 1-44 所示。

3. 仪器的使用

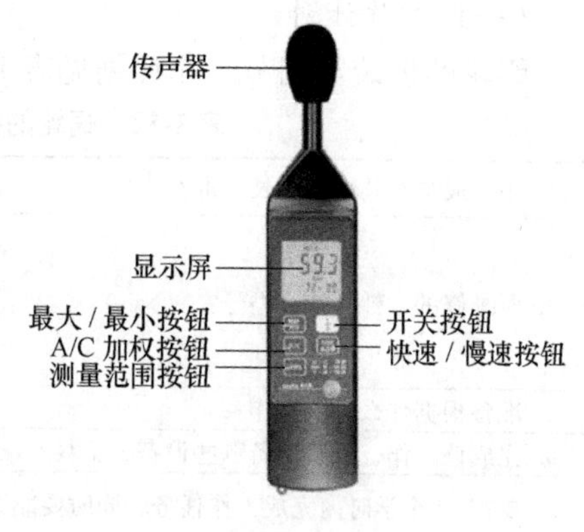

图 1-45　声级计

声级计是最基本的噪声测量仪器，它是一种电子仪器，但又不同于电压表等电子仪表。在把声信号转换成电信号时，可以模拟人耳对声波反应速度的时间特性，对高低频率有不同灵敏度的频率特性以及不同响度时改变频率特性的强度特性。因此，声级计是一种主观性的电子仪器，如图 1-45 所示。

仪器的外壳和操作仪器的人员可能不仅会阻碍某个方向的声音，而且还可能会产生噪声，从而导致严重的误差。

实验表明，当测量点在距离人体不足 1m 的范围内时，在 400Hz 的频率下，人体可能会造成高达 6dB 的误差。在其他频率下，这个误差可能较小，但是必须遵守最小距离，一般建议将仪器放在至少离人体 30cm 远的地方。

应用声级计的测量步骤如下。

1）起动仪器。

2）设置测量时间（FAST/SLOW）。通过按下键设定测量时间（时间加权）。SLOW（慢速/快速）的时间为 1s，而 FAST（快速）的时间为 125ms。对于噪声信号改变缓慢的设备（如影印机、打印机等），可选择 SLOW（慢速）模式。对于声级突然发生变化的设备（如建筑机械、电梯及起重设备），可选择 FAST（快速）模式。

3）设置频率（A/C）。利用按钮设定频率模式，频率加权可以选择 A 和 C，频率模式 A 用于标准的声级测量，模式 C 用于低频噪声的声级测量。

4）设置测量范围（LEVEL）。利用按钮来切换测量范围。测量范围：声级计可测量的范围为 32～130dB。可选择的测量范围有 32～80dB、50～100dB 和 80～130dB。当第一次开机时，仪器的测量范围为 32～80dB。通过每次激活 LEVEL 按钮可以切换到更高一级的测量范围。

5）将传声器指向待测声音的方向。使用按钮激活最大保持和最小保持功能。当屏幕上显示 MAX 时，仪器将开始显示声级的最大值。如果再次激活按钮，仪器将开始显示声级的最小值。

6）通过保持最高值和最低值。额定速度小于等于 2.5m/s 的客用电梯在运行时，机房的噪声值不应超过 80dB，轿厢内的最大噪声值不应超过 55dB，所有客用电梯在开关门过程中，最大噪声值均不应超过 65dB。

还等什么？赶快制订出工作计划并实施它

三、制订工作计划

（一）工作计划

蜗轮的拆装与调节工作计划见表 1-52。

表 1-52 蜗轮的拆装与调节工作计划表（权重 0.1）

1. 小组成员有几人？组长是谁？				
2. 所维修的电梯是什么型号？	电梯型号			
	曳引机型号			
	蜗轮型号			
3. 准备根据什么资料操作？				
4. 完成该工作，需要准备哪些设备、工具？				
5. 要在 12 个学时内完成工作任务，同时要兼顾每个组员的学习要求，人员是如何分工的？	工作对象	人员安排	计划工时	质量检验员
	蜗轮			

（续）

6. 工作完成后，要对每个组员给予评价，评价方案是什么？	

（二）修理工作流程

蜗轮的拆装与调节工作流程如图 1-46 所示。

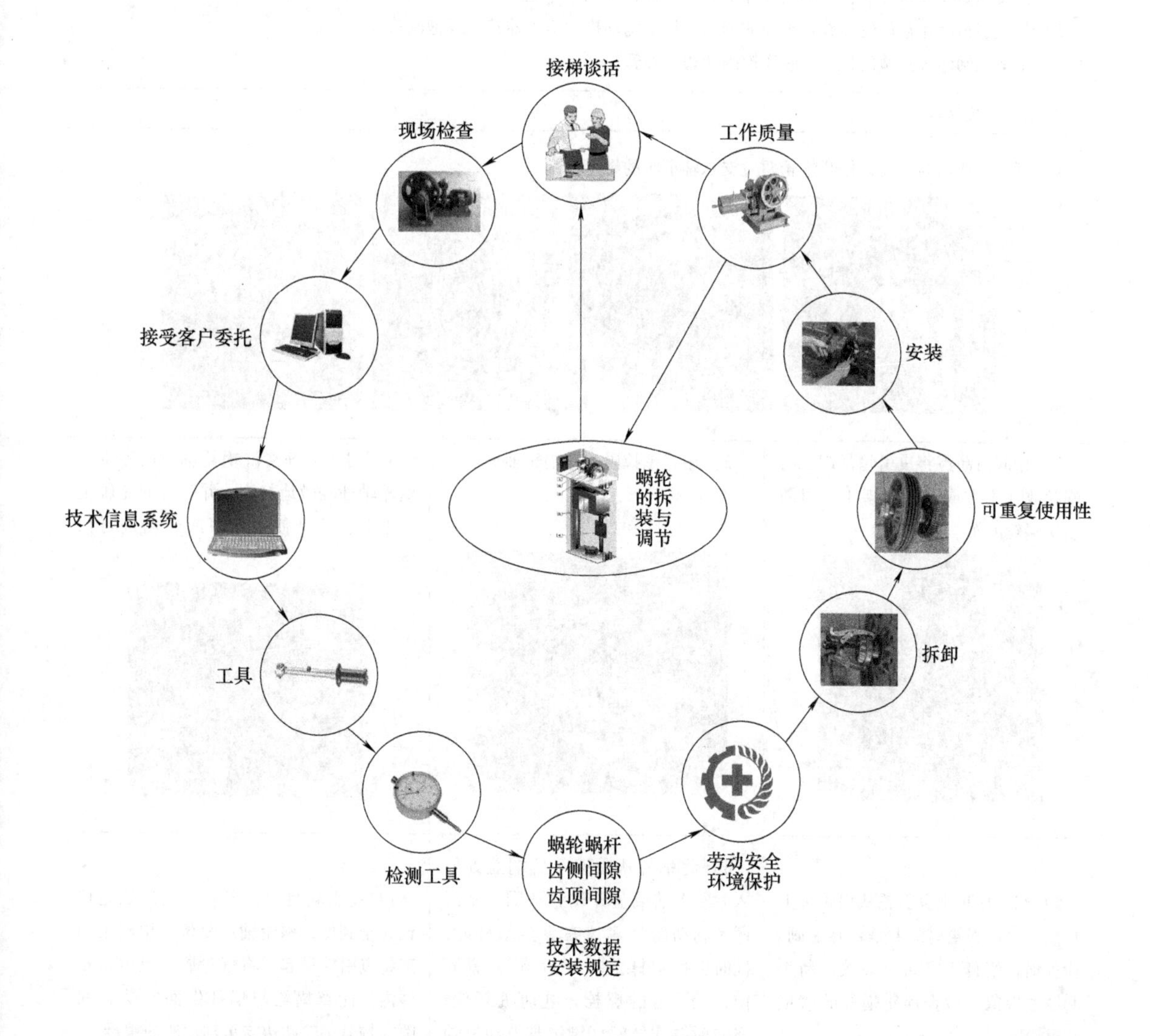

图 1-46　蜗轮的拆装与调节工作流程图

四、工作任务实施

（一）拆装与调节指引

蜗轮的拆装与调节指引见表 1-53。表中规范了蜗轮的拆装与调节修理程序，细化了每一步工序。使用者可以根据指引的内容进行修理工作，从而使曳引机处于良好的工作状态。

表 1-53　蜗轮的拆装与调节指引

1. 准备工作

1）电梯停至顶层，切断电梯主电源。

2）将电梯轿厢用起吊葫芦吊起，使用撑木将对重撑起，提拉安全钳拉杆使安全钳钳块动作，然后稍微松一下起吊葫芦，以使轿厢重力主要由安全钳承受。

3）起吊轿厢时要注意安全，必须保护好称量装置。

4）当曳引钢丝绳松掉后，将钢丝绳卸下，并做好排列顺序标记。

5）将曳引机减速箱齿轮油放入干净的桶内，拆下电动机、编码器接线及抱闸接线。

6）记下抱闸两边弹簧的长度，收紧抱闸两边的弹簧。

2. 拆卸、安装与调整

1）拆除减速箱的上盖，松开蜗轮两边支承轴承座的螺母。

 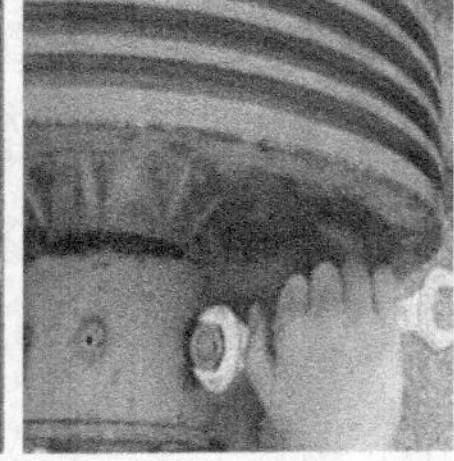 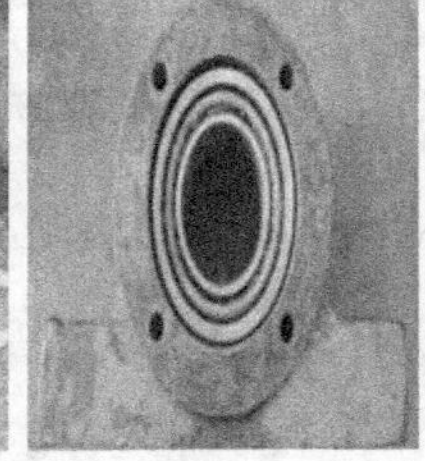 

2）用起吊葫芦将曳引轮吊起，将蜗轮放在木方或三角支架上，以防损伤蜗轮齿面。 	3）用三爪拉码拆卸蜗轮轴承。 	4）用清洁剂清洗蜗轮轴。用砂纸在蜗轮轴处轻微地打磨，并除去蜗轮轴上的毛刺，严禁使用锉刀或砂轮进行修复。 
5）用千斤顶把曳引轮从蜗轮轴上顶出。检查蜗轮蜗杆上是否有毛刺。检查蜗轮蜗杆上是否有裂纹、断裂和锈蚀现象。检查蜗轮蜗杆的磨损状况。	6）将蜗杆从减速箱后端盖处放入。装上前端盖并调整垫圈、密封圈及制动轮（建议在更换蜗杆时，同时更换蜗杆前端密封圈），紧固前、后端盖的螺栓。电动机复位。安装时要注意蜗杆键销与电动机轴键销的朝向，应该成180°。	7）曳引轮复位，安装时应确认定位销完全到位，蜗轮轴承复位。用起吊葫芦将曳引轮吊起，将蜗轮放入曳引机箱体内，注意蜗轮与蜗杆齿面的啮合间隙。拧紧蜗轮两边支承轴承座的螺母。

3. 复位、运行

1）复位钢丝绳。

2）将齿轮油倒回曳引机，用棉纱清除溅出的齿轮油。

3）合上电梯电源开关，慢车下行，检查是否异常，取出对重支撑木。

4）电梯在中间层运行时，检查蜗轮运行是否正常。

（续）

4. 注意事项
1）事故预防措施：遵守电梯安装维修工安全操作规程。 2）废弃处理：沾有机油的废弃物属于需要特别监控的废弃物，应将废弃物收集在合适的容器内。 3）辅助材料的准备：砂纸、润滑油液、垫片及棉纱等。 4）工具的准备：吊装设备、套装工具、木锤及百分表等。 5）质量保证：符合 GB 7588—2003《电梯制造与安装安全规范》及 GB/T 10060—2011《电梯安装验收规范》的相关规定，检查蜗轮蜗杆齿侧与齿顶间隙。手动盘车，使蜗轮蜗杆转动平稳，无异常响声、振动和噪声。

（二）蜗轮拆装与调节实施记录

实施记录表是对修理过程的记录，保证修理任务按工序正确执行。根据实施记录表可对修理的质量进行判断。蜗轮的拆装与调节实施记录见表1-54。

表1-54　蜗轮的拆装与调节实施记录表（权重0.3）

蜗轮的拆装与调节			检查人/日期		
步骤	序号	检查项目	技术标准	完成情况	分值
准备工作	1	电梯停至顶层，切断电梯主电源	合格□不合格□	工作是否完成____	★
	2	将电梯轿厢用起吊葫芦吊起，使用撑木将对重撑起，提拉安全钳拉杆使安全钳钳块动作，然后稍微松一下起吊葫芦，使轿厢重力主要由安全钳承受	合格□不合格□		★
	3	起吊轿厢时要注意安全，必须保护好称量装置	合格□不合格□		★
	4	当曳引钢丝绳松掉后，将钢丝绳卸下，并做好排列顺序标记	合格□不合格□		6
	5	将曳引机减速箱齿轮油放入干净的桶内，拆下电动机、编码器接线及抱闸接线	合格□不合格□		6
拆卸	6	完全松开抱闸制动弹簧，将制动臂放下	合格□不合格□	工作是否完成____	★
	7	拆下联轴器（法兰盘）的联接螺栓	合格□不合格□		6
	8	用手拉葫芦吊住电动机的吊环，随后拆下电动机与机座的联接螺栓	合格□不合格□		★
	9	松开固定制动轮的锁紧螺母，用铜棒轻轻敲击制动轮，使制动轮松动即可	合格□不合格□		6
	10	松开减速箱后端盖上的4个螺栓，将蜗杆往后端盖方向缓缓移动5cm后，将制动轮拿出，拆下联接制动轮的键销，随后拆下前端盖，包括调整垫圈（用于防止蜗杆的窜动）	合格□不合格□		6
	11	继续将蜗杆往后端盖方向移动，直至整个蜗杆从减速箱内抽出	合格□不合格□		6
	12	拆除减速箱的上盖	合格□不合格□		6
	13	松开蜗轮两边支承轴承座的螺母	合格□不合格□		6
	14	用起吊葫芦将曳引轮吊起，将蜗轮放在木方或三角支架上	合格□不合格□		6
	15	用三爪拉码拆卸蜗轮传动轴承	合格□不合格□		6
	16	用千斤顶把曳引轮从蜗轮轴上顶出	合格□不合格□		6

（续）

蜗轮的拆装与调节			检查人/日期		
步骤	序号	检查项目	技术标准	完成情况	分值
检查	17	检查蜗轮蜗杆上是否有毛刺	合格□不合格□	工作是否完成	6
	18	检查蜗轮蜗杆上是否有裂纹、断裂和锈蚀	合格□不合格□		6
	19	检查蜗轮蜗杆的磨损状况	合格□不合格□		6
清洁	20	可用煤油或专用清洁剂清洗减速箱箱体（严禁使用汽油）	合格□不合格□	工作是否完成____	6
装配	21	将蜗杆从减速箱后端盖处放入	合格□不合格□	工作是否完成____	★
	22	装上前端盖调整垫圈、密封圈及制动轮（建议在更换蜗杆时，同时更换蜗杆前端的密封圈）	合格□不合格□		6
	23	紧固前、后端盖的螺栓，使电动机复位，安装时要注意蜗杆键销与电动机轴键销的朝向应该成180°	合格□不合格□		6
	24	曳引轮复位，安装时要确认两个定位销完全到位，蜗轮轴承复位	合格□不合格□		6
	25	用起吊葫芦将曳引轮吊起，将蜗轮放入曳引机箱体内，注意蜗轮与蜗杆齿面的啮合间隙	合格□不合格□		6
	26	拧紧蜗轮两边支承轴承座的螺母	合格□不合格□		6
	27	钢丝绳复位，放下轿厢	合格□不合格□		6
运行	28	将齿轮油倒回曳引机，用棉纱清除溅出的齿轮油	合格□不合格□	工作是否完成____	6
	29	合上电梯电源开关，慢车下行，检查是否异常，取出对重支撑木	合格□不合格□		6
	30	电梯在中间层运行时，检查蜗轮运行是否正常	合格□不合格□		6
评分依据：★项目为重要项目，一项不合格，检验结论为不合格。其他项目为一般项目，扣分不超过20分（包括20分），检验结论为合格；超过20分，为不合格					

完成了，仔细验收，客观评价，及时反馈

五、工作验收、评价与反馈

（一）工作验收

维修工作结束后，电梯维修工应确认是否所有部件和功能都正常。维修站应会同客户对电梯进行检查，确认所委托电梯修理工作已全部完成，并达到客户的修理要求。蜗轮的拆装与调节工作交接验收见表1-55。

表1-55　蜗轮的拆装与调节工作验收表（权重0.1）

1. 工作验收	
验收步骤	验收内容
（1）是否按工作计划进行了所有工作？	（1）把工作计划中的所有项目检查一遍，确认所有项目都已经圆满完成，或者在解释说明范围内给出了详细的解释

（续）

<table>
<tr><td colspan="2">1. 工作验收</td></tr>
<tr><td>验收步骤</td><td>验收内容</td></tr>
<tr><td>（2）哪些工作项目必须以现场直观检查的方式进行检查？</td><td>（2）检查以下工作项目
<table><tr><td>现场检查</td><td>结果</td></tr><tr><td>检查蜗轮蜗杆上是否有毛刺</td><td></td></tr><tr><td>检查蜗轮蜗杆上是否有裂纹、断裂和锈蚀</td><td></td></tr><tr><td>检查蜗轮蜗杆的磨损状况</td><td></td></tr></table></td></tr>
<tr><td>（3）是否遵守规定的维修工时？</td><td>（3）拆卸更换蜗轮的规定时间是90min。
合格□不合格□</td></tr>
<tr><td>（4）减速箱是否清洁？</td><td>（4）检查曳引机是否干净整洁，各种保护罩是否已经装好。
合格□不合格□</td></tr>
<tr><td>（5）哪些信息必须转告客户？</td><td>（5）指出蜗轮齿槽磨损，蜗轮蜗杆齿侧、齿顶间隙过大，导致电梯运行时发出异常的响声。</td></tr>
<tr><td>（6）对质量改进的贡献？</td><td>（6）考虑一下，维修和工作计划准备，工具、检测工具、工作油液和辅助材料的供应情况，时间安排是否已经达到最佳程度。
提出改善建议并在下次修理时予以考虑。</td></tr>
<tr><td colspan="2">2. 记录</td></tr>
<tr><td colspan="2">（1）是否记录了配件和材料的需求量？
（2）是否记录了工作开始和结束的时间？</td></tr>
<tr><td colspan="2">3. 大修后的咨询谈话</td></tr>
<tr><td>客户接收电梯时期望维修人员对下述内容作出解释：
（1）检查表。
（2）已经完成的工作项目。
（3）结算单。
（4）移交维修记录本。</td><td>在维修后谈话时，应向客户转告以下信息：
（1）发现异常情况，如曳引机振动和噪声。
（2）电梯日常使用中应注意之处。
（3）什么情况下需要更换蜗轮蜗杆。</td></tr>
<tr><td colspan="2">4. 对解释说明的反思</td></tr>
<tr><td colspan="2">（1）是否达到了预期目标？
（2）与相关人员的沟通效率是否很高？
（3）组织工作是否很好？</td></tr>
</table>

（二）工作任务评价与总结

蜗轮拆装与调节的自检、互检记录见表1-56。

表 1-56　蜗轮拆装与调节的自检、互检记录表（权重 0.1）

自检、互检记录	备注
各小组学生按技术要求检测设备并记录 检测问题记录：________________ ________________ ________________ ________。	自检
各小组分别派代表按技术要求检测其他小组设备并记录 检测问题记录：________________ ________________ ________________ ________。	互检
教师检测问题记录：________________ ________________ ________。	教师检验

（三）小组总结报告

各小组总结本次任务中出现的主要问题和难点及其解决方案，报告见表 1-57。

表 1-57　小组总结报告（权重 0.1）

维修任务简介：________________ ________________ ________________。	
学习目标	
维修人员及分工	
维修工作开始时间和结束时间	
维修质量：________________ ________________ ________________。	
预期目标	
实际成效	
维修中最有特色的部分	
维修总结：________________ ________________ ________________。	
维修中最成功的是什么？	
维修中存在哪些不足？应作哪些调整？	
维修中所遇问题与思考？（提出自己的观点和看法）	

（四）填写评价表

维修工作结束后，维修人员填写工作任务评价表，并对本次维修工作进行打分，见表1-58。

表1-58　蜗轮的拆装与调节评价表

×××学院评价表

项目一　曳引系统的修理 任务五　蜗轮的拆装与调节		班级：________ 小组：________ 姓名：________		指导教师：________ 日期：________			
评价项目	评价标准	评价依据	评价方式			权重	得分小计
			学生自评（15%）	小组互评（60%）	教师评价（25%）		
职业素养	（1）遵守企业规章制度、劳动纪律 （2）按时按质完成工作任务 （3）积极主动承担工作任务，勤学好问 （4）人身安全与设备安全	（1）出勤 （2）工作态度 （3）劳动纪律 （4）团队协作精神				0.3	

六、拓展知识——故障实例

思考：在本次任务的实施过程中，如果电梯制动时轿厢内有明显的冲击感或整机噪声大，应该怎么办？

故障实例见表1-59。

表1-59　故障实例

故障分析	排除方法
例1　故障现象：曳引机制动器制动时轿厢内有明显的冲击感。	
故障分析：	排除方法：
（1）制动器制动闸瓦与制动轮的间隙过大（国际规定小于0.7mm）。	（1）调整制动器间隙至标准要求。
（2）蜗杆轴轴向游隙过大。	（2）检查蜗杆推力轴承锁紧螺母是否松动，如无松动应减薄垫片，使游隙达到出厂标准要求。
（3）蜗轮副啮合侧隙过大，这种情况发生在使用多年的曳引机上。	（3）蜗轮副中心距调整方式有多种，如支架式、斜块式和偏心式，均可使侧隙调整至出厂要求。
例2　故障现象：整机噪声大，机房噪声超过80dB。	
故障分析：	排除方法：
（1）电动机绕组发生故障，产生高频交流声，多发生在低速运行时，有时也发生在高速运行时，属于电动机制造问题。	（1）应由电动机专业人员检修。
（2）蜗轮副接触区域偏向旋入端或蜗轮齿面光洁度差（易发生在铲刮的齿面）。	（2）调整蜗轮副接触区域偏向旋出端。若为铲刮齿面造成的，一般应更换蜗轮。

（续）

故障分析：	排除方法：
（3）蜗杆轴上推力轴承滚道质量差。	（3）更换合格的轴承。
（4）蜗杆滑动轴承及推力轴承油路阻塞，使轴承润滑不良。	（4）疏通油路。
（5）推力轴承的定位端面与蜗杆轴线垂直度差，使轴承滚道偏移。	（5）修理或换轴承座。

练习

1. 蜗杆传动由________、________与________组成。通常蜗杆为________，蜗轮为________。蜗杆传动用来传递空间两交错轴之间的运动和动力，一般两轴交角为________。

2. 按蜗杆的装配位置来分，可分为________和________两种。

3. 曳引机蜗轮的安装标准规定，蜗杆、蜗轮的啮合间隙为________，且蜗轮、蜗杆啮合齿面应保持清洁。

4. 额定速度小于等于2.5m/s的客用电梯，机房的噪声值不应超过________dB，轿厢内的最大噪声值不应超过________dB，所有客用电梯在开关门过程中，最大噪声值均不应超过________dB。

任务六　蜗杆轴承的更换

一、接收修理任务或接收客户委托

本次工作任务为蜗杆轴承的更换，包括蜗杆轴承的拆卸、蜗杆轴承的检查及蜗杆轴承的更换等工作。在接收本项工作任务之前，需要向客户了解电梯的详细信息，以及需要大修部件的工作状况，从而制定大修工作目标和任务。接收电梯大修或修理委托信息见表1-60。

表1-60　接收电梯大修或修理委托信息表（蜗杆轴承的更换）

<table>
<tr><th>工作流程</th><th>任务内容</th></tr>
<tr><td>接收电梯前与客户的沟通</td><td>见表1-1中对应的部分。</td></tr>
<tr><td>接收修理委托的过程</td><td>可按照以下方式与客户交流：向客户致以友好的问候并进行自我介绍；认真、积极、耐心地倾听客户意见；询问客户有哪些问题和要求。
客户委托或报修内容：蜗杆轴承的更换
<table>
<tr><th>向客户询问的内容</th><th>结果</th></tr>
<tr><td>曳引机运行时是否有异常响声？</td><td></td></tr>
<tr><td>是否按规定定期更换曳引机油液？</td><td></td></tr>
<tr><td>是否按规定定期给轴承加润滑油？</td><td></td></tr>
<tr><td>乘坐电梯是否有明显的振动感？</td><td></td></tr>
</table>
1. 接收电梯维修任务过程中的现场检查
（1）检查蜗杆轴承的润滑情况。</td></tr>
</table>

（续）

工作流程	任务内容
接收修理委托的过程	（2）检查蜗轮蜗杆的运行状况。 （3）检查蜗杆轴承的运行状况。 （4）告诉客户蜗杆轴承的磨损情况。 2. 接收修理委托 （1）询问用户单位、地址。 （2）请客户提供电梯准运证、铭牌。 （3）根据铭牌识别电梯生产厂家、型号、控制方式、载重量及速度。 （4）向客户解释故障产生的原因和工作范围，指出蜗杆轴承的磨损状况，必须进行蜗杆轴承的更换。 （5）询问客户是否还有其他要求。 （6）确定电梯交接日期。 （7）询问客户的电话号码，以便进行回访。 （8）与客户确认修理内容并签订维修合同。 客户在维修合同上签字表示规定合同双方权利和义务的“一般性交易条件”成为合同的要件。 通常情况下，与客户争论、未按规定执行维修工作会影响电梯经销商的服务形象，而且可能导致客户向经销商提出更换部件或赔偿要求。
任务目标	完成曳引机蜗杆轴承的更换。
任务要求	（1）正确拆卸蜗杆轴承。 （2）检查蜗杆轴承。 （3）判断蜗杆轴承是否需要更换。 （4）正确安装蜗杆轴承。
对完工电梯进行检验	符合 GB 7588—2003《电梯制造与安装安全规范》及 GB/T 10060—2011《电梯安装验收规范》的相关规定。
对工作进行评估	先以小组为单位，共同分析、讨论装配工艺并完成试装；小组成员独力完成装配调试操作；各小组上交一份所有小组成员都签名的实习报告。

你可能需要获得以下的资讯，才能更好地完成工作任务

二、信息收集与分析

（一）信息的整理、组织和记录

对于收集的信息，要进行分析了解概况，并理解文字的内容，标记出涉及维修工作或待维修部件的关键内容。将维修工作中需要使用的工具列出详细的清单，并对维修过程中的拆

卸、装配和调整工艺进行深入了解。在工作前完成表 1-61 的填写。

表 1-61　蜗杆轴承的更换信息整理、组织、记录表

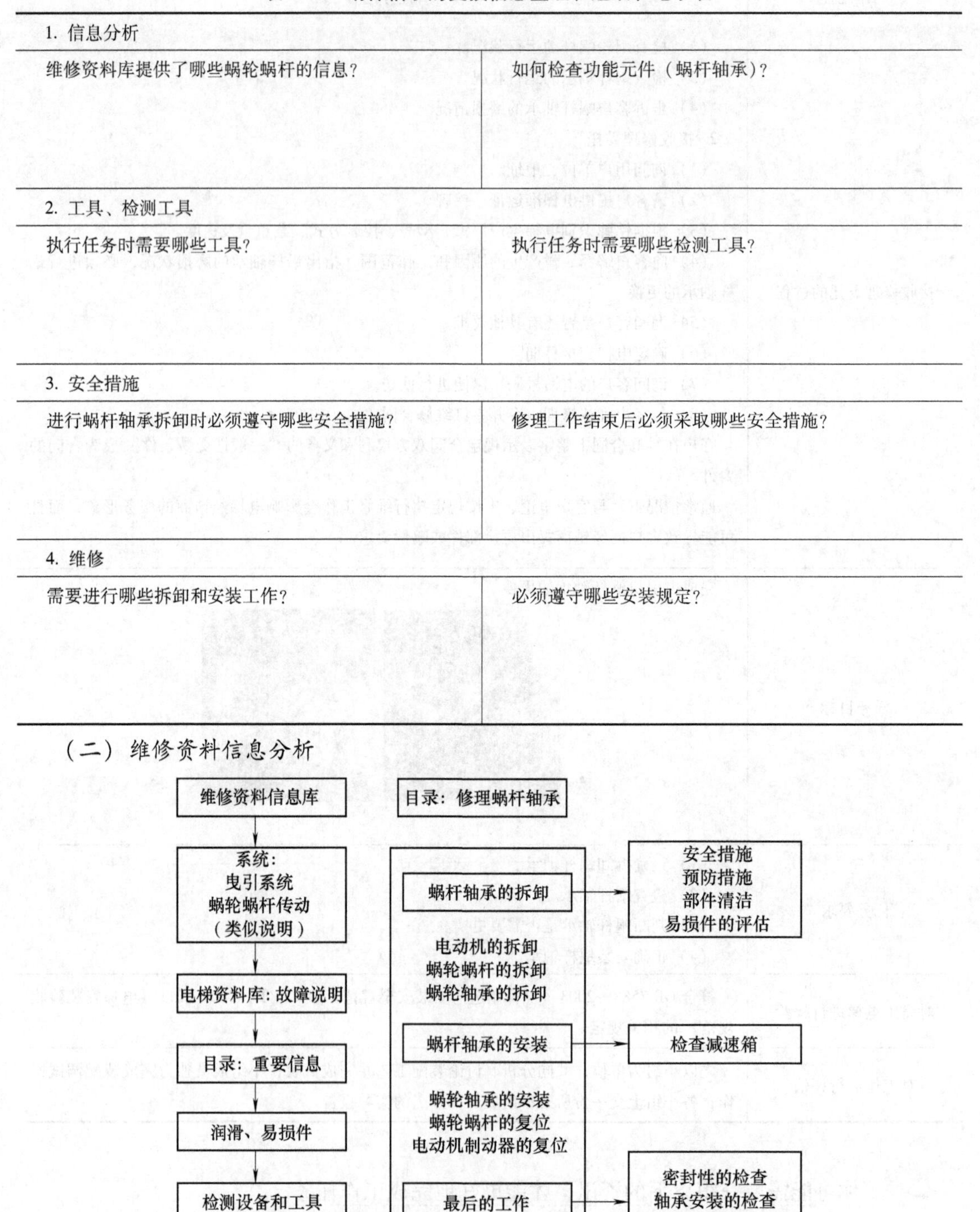

1. 信息分析	
维修资料库提供了哪些蜗轮蜗杆的信息?	如何检查功能元件（蜗杆轴承）?
2. 工具、检测工具	
执行任务时需要哪些工具?	执行任务时需要哪些检测工具?
3. 安全措施	
进行蜗杆轴承拆卸时必须遵守哪些安全措施?	修理工作结束后必须采取哪些安全措施?
4. 维修	
需要进行哪些拆卸和安装工作?	必须遵守哪些安装规定?

（二）维修资料信息分析

图 1-47　维修资料信息库（蜗杆轴承的修理）

维修资料信息库是电梯厂家针对本品牌的电梯建立的电梯维修信息档案。该信息库不仅收录了电梯的各类故障及其产生的原因，还收录了处理的方法及处理的结果，具有很强的针对性。维修人员通过对维修资料信息库的检索，能够方便快捷地找到故障产生的原因，可以极大地提高工作效率和工作质量。维修资料信息库简图如图1-47所示。

（三）维修站信息系统

利用与制造商有关的维修站信息系统与诊断系统配合，可以合理、准确、全面且经济地进行故障查询，见表1-62。

表1-62　维修站信息系统

维修站信息系统：修理委托“更换蜗杆轴承”	
维修站信息系统有便于操作的界面，因此可以简单快速地找到所有信息。 1. 识别电梯 根据电梯数据的已知情况，选择需要登录的窗口。 （1）电梯的型号。 （2）电梯出厂编号。 （3）曳引机、电动机编号。 在维修站信息系统中选择相应的窗口操作。 例如：在日立电梯维修站，单击选择“日立电梯→电梯类型→出厂编号→曳引机系列→减速箱”，输入相关信息后开始查询。 2. 设备 为了得到有关电梯曳引系统相关的信息，应执行以下步骤： （1）设备。 （2）曳引系统。 （3）曳引机。 （4）减速箱。 （5）蜗轮蜗杆。 3. 机械结构 单击“机械结构”后出现目录： （1）测试值。 （2）维修工艺。 （3）维修插图。 （4）蜗轮蜗杆调整数据。 4. 故障查询说明/服务信息 在维修站单击后出现以下方面的信息： （1）附有信息的电梯系统。 （2）故障说明。	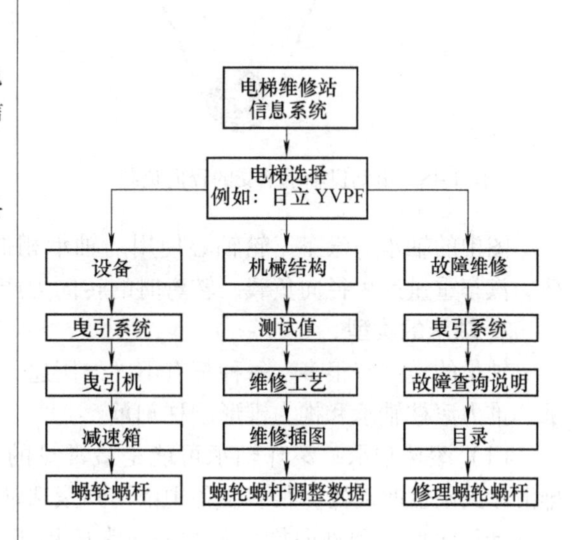

（四）相关专业知识

1. 电梯上用的轴承

轴承的原理非常简单：物体滚动比滑动容易。汽车轮子就如同大型轴承。如果用雪橇代替车轮，汽车在道路上前进就困难得多。这是因为当物体滑动时，两个物体摩擦产生摩擦力，使滑动速度减慢。但如果两个物体表面可以相互滚动，摩擦力就会大大减小。

轴承是利用光滑的金属滚珠或滚柱，以及润滑的内圈和外圈金属面来减小摩擦。这些滚珠或滚柱“承受”着负载，使设备可以平稳旋转。

轴承通常要承受两种负载，即径向负载和轴向推力负载。根据使用位置的差异，轴承可能受到径向负载、轴向推力负载或两者的组合。

（1）径向负载　支撑电动机和滑轮的轴承受到的是径向负载，如图1-48所示。

电动机和滑轮中使用的轴承只承受径向负载。在这种情况下，主要负载来自于连接两个滑轮带子的张力。

（2）径向负载和轴向推力负载　汽车车轮使用的轴承既会受到轴向推力负载，又会受到径向负载，如图1-49所示。

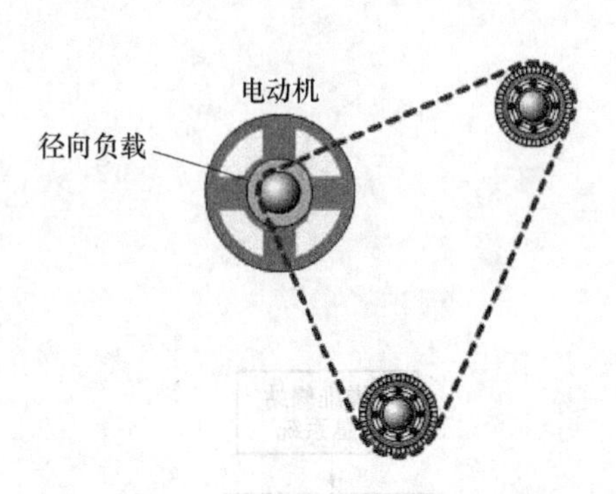

图1-48　电动机轴承承受的径向负载

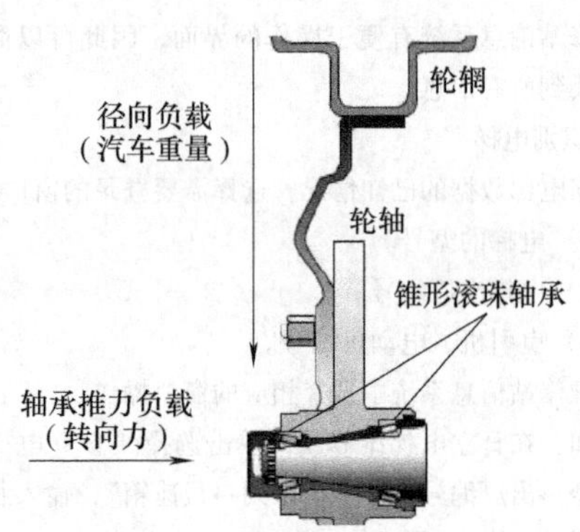

图1-49　径向负载和轴向推力负载

图中的轴承与汽车车轮轴心使用的轴承相似，此轴承需要支撑径向负载和轴向推力负载。汽车重量产生径向负载，转弯时的转向力产生轴向推力负载。

2. 轴承的类型

轴承的类型有很多，每种都有不同的用途，其中包括滚珠轴承、滚柱轴承、推力滚珠轴承、推力滚柱轴承和推力锥形滚柱轴承。

（1）滚珠轴承　滚珠轴承可能是最常见的轴承类型，从直排滑轮到硬盘驱动器，很多设备中都用到滚珠轴承。这种轴承可以承受径向负载和轴向推力负载，通常应用于负载比较小的场合，其外形如图1-50所示。

在滚珠轴承中，负载从外圈传输到滚珠上，再从滚珠传输到内圈。因为滚珠是球形的，与内圈和外圈的接触点很小，因而有助于平稳旋转，但这也意味着没有太大的接触区域来承受负载，因此如果轴承超载，滚珠就会变形或被压扁，从而导致轴承损坏。

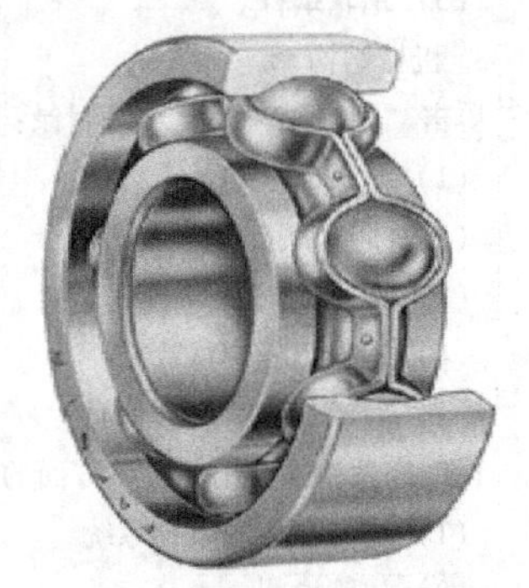

图1-50　滚珠轴承

（2）滚柱轴承　滚柱轴承常应用于传送带中，可承受较重的径向负载。在这些轴承中，滚柱是一种圆柱体，因此内圈和外圈之间的接触不是点而是线。这种结构可将负载平摊到较大的区域，轴承可以承载的负荷比滚珠轴承大得多。但是此类轴承的设计不能用于承受很大的轴向推力负载，其外形如图1-51所示。

此类轴承的一个变体称为滚针轴承，它是使用直径非常小的圆柱体。这样，轴承就可以安装到空间有限的位置上，其外形如图 1-52 所示。

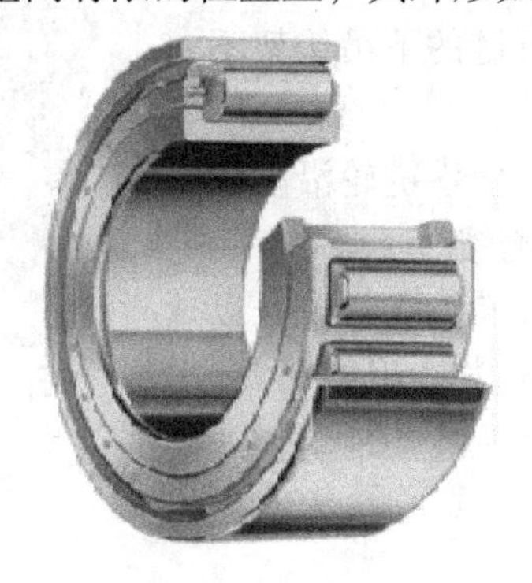

图 1-51　滚柱轴承

图 1-52　滚针轴承

（3）推力滚柱轴承　推力滚柱轴承可以承受较大的轴向负载。常用于齿轮之间以及壳体和旋转轴之间的齿轮组，如汽车变速器。用于大多数变速器中的斜齿轮的齿都有一定的角度，由此产生的轴向推力必须由轴承来支撑。

（4）推力锥形滚柱轴承　推力锥形滚柱轴承可以承受较大的径向负载和轴向推力负载。锥形滚柱轴承可用于蜗轮轮轴，通常成对反向安装，以便承载两个方向的推力，其外形如图 1-53 所示。

图 1-53　推力锥形滚柱轴承

3. 电梯维修站中的工具

（1）三爪拉码　拉码是机械维修中经常使用的工具，主要用来将损坏的轴承从轴上沿轴向拆卸下来，主要由旋柄、螺旋杆和拉爪构成。有两爪拉码和三爪拉码，主要尺寸为拉爪长度、拉爪间距及螺杆长度，不同的尺寸用以适应不同直径及不同轴向的轴承。使用时，将螺杆顶尖定位于轴端顶尖孔调整拉爪位置，使拉爪挂钩于轴承外环，旋转旋柄使拉爪带动轴承沿轴向向外移动拆除，如图 1-54 所示。

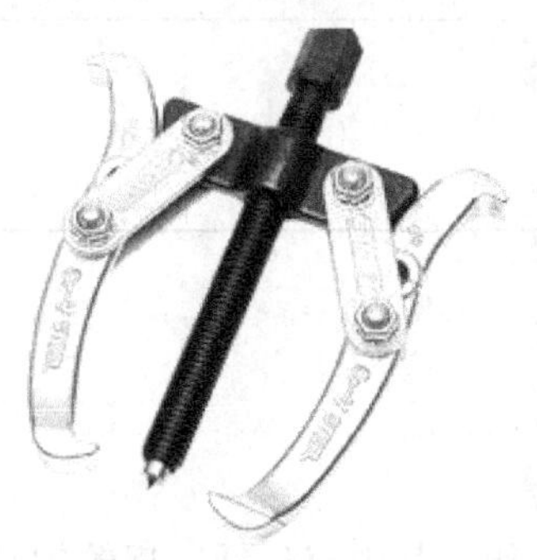

图 1-54　三爪拉码

（2）手拉葫芦　手拉葫芦的使用规则如下：

1）严禁超载使用。

2）严禁用人力以外的其他动力操作。

3）在使用前须确认机件完好无损，传动部分及起重链条润滑良好，空转情况正常。

图 1-55　手拉葫芦

4）起吊前，应检查上下吊钩是否挂牢。

5）严禁重物吊在尖端等错误操作。

6）起重链条应垂直悬挂，不得有错扭的链环，双行链的下吊钩架不得翻转。

7）操作者应站在与手链轮同一平面内拽动手链条，使手链轮沿顺时针方向旋转，可使重物上升；反向拽动手链条，可使重物缓缓下降。

用手拉葫芦起吊重物时，严禁人员在重物下做任何工作或行走，以免发生人身事故。用手拉葫芦起吊重物的过程中，无论重物上升或下降，拽动手链条时都应用力均匀和缓，不要用力过猛，以免手链条跳动或卡环。手拉葫芦的外形如图 1-55 所示。

还等什么？赶快制订出工作计划并实施它

三、制订工作计划

（一）工作计划

蜗杆轴承的更换工作计划见表 1-63。

表 1-63　蜗杆轴承的更换工作计划表（权重 0.1）

1. 小组成员有几人？组长是谁？				
2. 所维修的电梯是什么型号？	电梯型号			
	曳引机型号			
	轴承型号			
3. 准备根据什么资料操作？				
4. 完成该工作，需要准备哪些设备、工具？				
5. 要在 8 个学时内完成工作任务，同时要兼顾每个组员的学习要求，人员是如何分工的？	工作对象	人员安排	计划工时	质量检验员
	轴承			
6. 工作完成后，要对每个组员给予评价，评价方案是什么？				

（二）修理工作流程

蜗杆轴承的更换工作流程如图 1-56 所示。

四、工作任务实施

（一）拆卸和安装指引

曳引机的维修是电梯日常维修中的一项重要工作，其内容包括：蜗轮副啮合情况的判断和处理，轴承损坏的判断与轴承的更换等。从图 1-30 可以看到，减速箱蜗杆轴承的更换相对比较复杂，一旦曳引轮在负载情况下，蜗杆轴由于不均匀受力或由于箱体中进入杂质而受损时，电梯运行时曳引机就可能发出噪声。所以，保证曳引机减速箱蜗杆轴承安装准确及保持减速箱箱体的清洁十分重要。

与蜗杆前端盖轴承的更换操作步骤相比，蜗杆后端盖轴承的更换较为简单，蜗杆轴承的

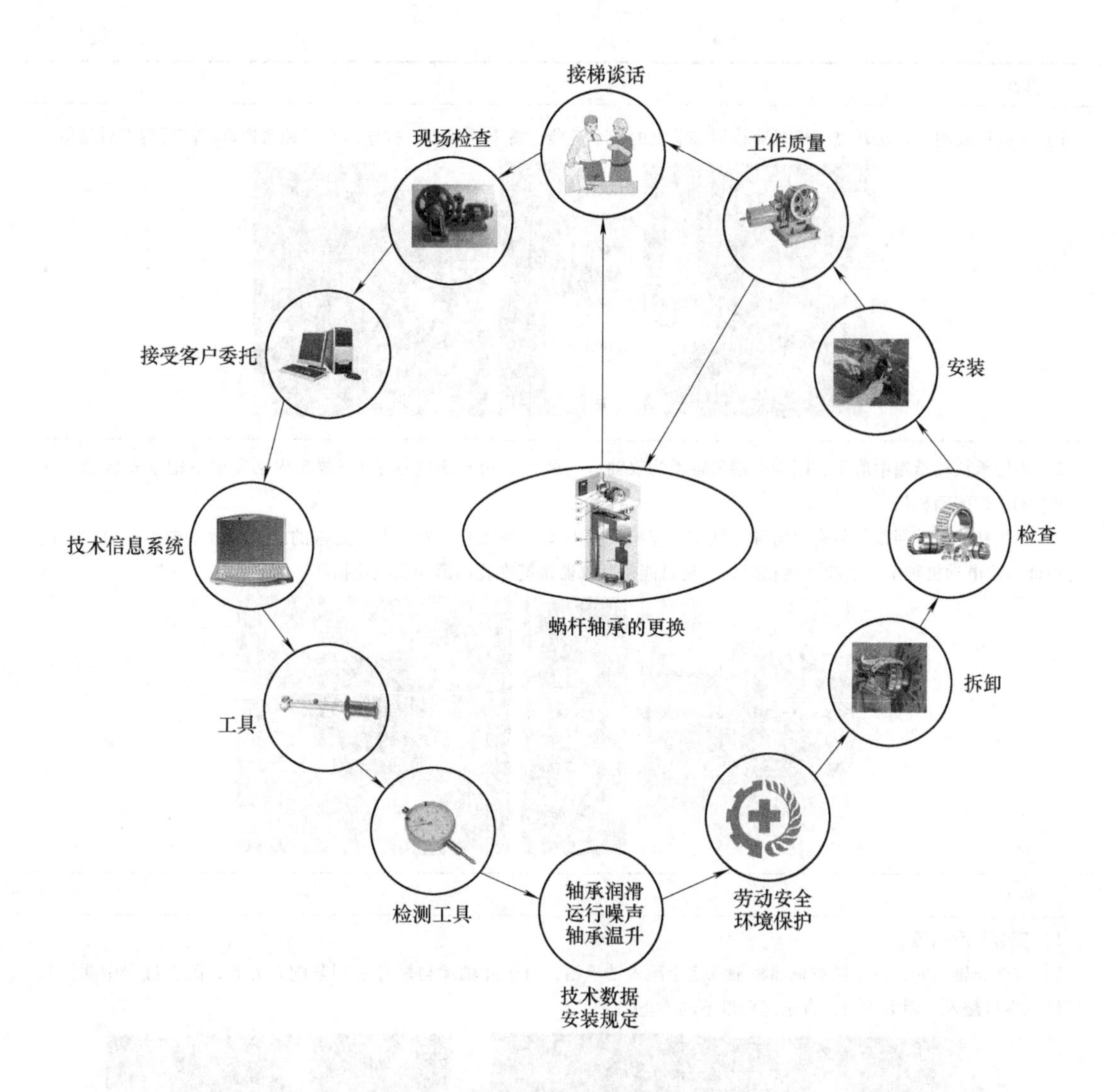

图1-56　蜗杆轴承的更换工作流程图

更换指引见表1-64。表中规范了蜗杆轴承更换的修理程序，细化了每一步工序。使用者可以根据指引的内容进行修理工作，从而使曳引机处于良好的工作状态。

表1-64　蜗杆轴承的更换指引

1. 准备工作
1）电梯停至顶层，切断电梯主电源。 2）将电梯轿厢用起吊葫芦吊起，使用撑木将对重撑起，提拉安全钳拉杆使安全钳钳块动作，然后稍微松一下起吊葫芦，以使轿厢重力主要由安全钳承受。 3）起吊轿厢时要注意安全，必须保护好称量装置。 4）当曳引钢丝绳松掉后，将钢丝绳卸下，并做好排列顺序标记。 5）将曳引机减速箱齿轮油放入干净的桶内，拆下电动机、编码器接线及抱闸接线。

（续）

2. 拆卸

1）减速箱放油后，松开曳引机减速箱后端盖上的4个螺栓，拆下后端盖。拧松后端盖锁紧螺母，随后拆下后端盖。

2）将轴承从轴承箱中取出，因为后端盖轴承为双轴承（两个单边封闭的轴承），故事先必须记下轴承安装的方向（两个轴承封闭面相依）。

3）在蜗杆的一端通常都装有双向推力轴承，应检查推力座是否过度磨损。当不正常的磨损导致空隙加大时，轴向力可能传给电动机轴承，引起过热和碎裂，还可能使联轴器销键在孔内窜动而很快损坏。

3. 装配

1）安装好后端盖。

2）安装新轴承时，用木锤或铜棒将轴承逐个敲入轴承箱，由于此轴承与蜗杆采用紧配合方式，敲击过程中要注意使轴承慢慢敲入，用力均匀，直至完全敲不动为止。

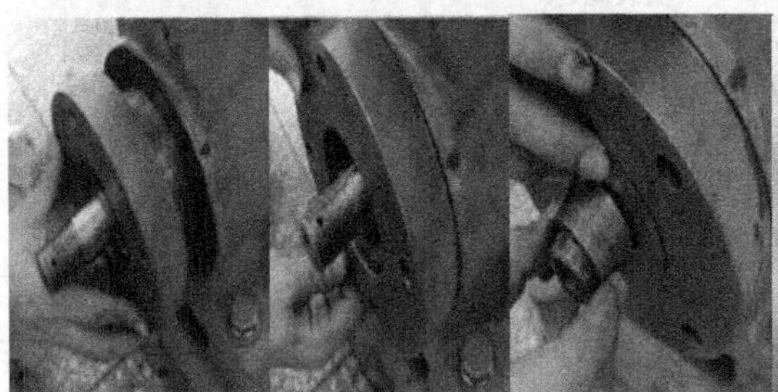
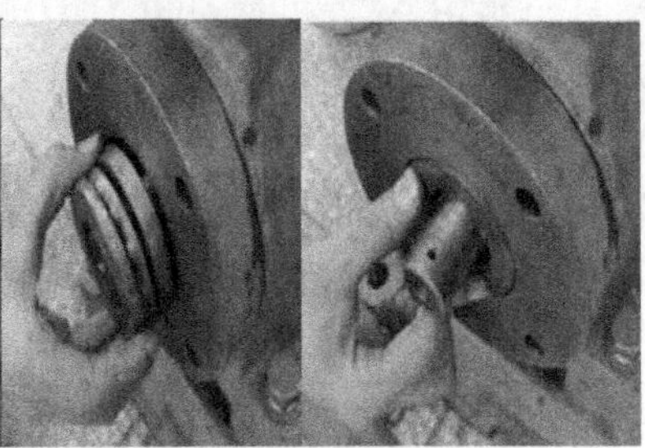

3）装上弹簧垫及锁紧螺母，锁紧螺母必须拧紧，以防运行时蜗杆前后窜动，将后端盖复位。

（续）

4）将抱闸弹簧恢复到正常数值。
5）手动盘车，将电梯盘至顶层平层位置。
6）合上电梯主电源开关。
7）运行电梯，检查轴承的运转情况。

4. 注意事项

1）事故预防措施：遵守电梯安装维修工安全操作规程。
2）废弃处理：沾有机油的废弃物属于需要特别监控的废弃物，应将废弃物收集在合适的容器内。
3）辅助材料的准备：砂纸、润滑油液、垫片及棉纱等。
4）工具的准备：吊装设备、套装工具、木锤及百分表等。
5）质量保证：符合 GB 7588—2003《电梯制造与安装安全规范》及 GB/T 10060—2011《电梯安装验收规范》的相关规定，检查蜗轮蜗杆齿侧与齿顶间隙。电梯慢车下行时，蜗轮蜗杆应转动平稳，无异常响声、振动和噪声。

（二）蜗杆轴承的更换实施记录

实施记录表是对修理过程的记录，保证修理任务按工序正确执行。根据实施记录表可对修理的质量进行判断。蜗杆轴承的更换实施记录见表 1-65。

表 1-65　蜗杆轴承的更换实施记录表（权重 0.3）

蜗杆轴承的更换			检查人/日期		
步骤	序号	检查项目	技术标准	完成情况	分值
准备工作	1	电梯停至顶层，切断电梯主电源	合格□不合格□	工作是否完成____	★
	2	将电梯轿厢用起吊葫芦吊起，使用撑木将对重撑起，提拉安全钳拉杆使安全钳钳块动作，然后稍微松一下起吊葫芦，以使轿厢重力主要由安全钳承受	合格□不合格□		★
	3	起吊轿厢时要注意安全，必须保护好称量装置。当曳引钢丝绳松掉后，将钢丝绳卸下，并做好排列顺序标记	合格□不合格□		6
	4	将曳引机减速箱齿轮油放入干净的桶内，拆下电动机、编码器接线及抱闸接线	合格□不合格□		6
拆卸	5	减速箱放油后，松开曳引机减速箱后端盖上的 4 个螺栓，拆下后端盖。拧松后端盖锁紧螺母，随后拆下后端盖	合格□不合格□	工作是否完成____	6
	6	将轴承从轴承箱中取出，因为后端盖轴承为双轴承（两个单边封闭的轴承），事先必须记下轴承安装的方向（两个轴承封闭面相依）	合格□不合格□		6
清洁	7	用清洁润滑剂对蜗杆轴承进行清洁。用砂纸在蜗杆轴处轻微地打磨，并除去蜗轮轴上的毛刺，严禁使用锉刀或砂轮机进行修复	合格□不合格□	工作是否完成____	6
装配	8	安装好后端盖。安装新轴承时，用木锤或铜棒将轴承逐个敲入轴承箱，由于此轴承与蜗杆采用紧配合方式，敲击过程中要注意使轴承慢慢敲入，用力均匀，直至完全敲不动为止	合格□不合格□	工作是否完成____	★

（续）

蜗杆轴承的更换			检查人/日期		
步骤	序号	检查项目	技术标准	完成情况	分值
装配	9	装上弹簧垫及锁紧螺母，锁紧螺母必须拧紧，以防运行时蜗杆前后窜动，将后端盖盖复位	合格□不合格□	工作是否完成____	6
运行	10	将倒出的齿轮油倒向曳引机，用棉纱清除溅出的齿轮油	合格□不合格□	工作是否完成____	★
	11	合上电梯电源开关，慢车下行，检查是否异常，取出对重支撑木	合格□不合格□		6
	12	电梯在中间层运行时，检查蜗杆轴承是否有异常响声	合格□不合格□		6

评分依据：★项目为重要项目，一项不合格，检验结论为不合格。其他项目为一般项目，扣分不超过 20 分（包括 20 分），检验结论为合格；超过 20 分，为不合格

完成了，仔细验收，客观评价，及时反馈

五、工作验收、评价与反馈

（一）工作验收

维修工作结束后，电梯维修工应确认是否所有部件和功能都正常。维修站应会同客户对电梯进行检查，确认所委托电梯修理工作已全部完成，并达到客户的修理要求。蜗杆轴承的更换工作交接验收见表 1-66。

表 1-66　蜗杆轴承的更换工作验收表（权重 0.1）

1. 工作验收	
验收步骤	验收内容
（1）是否按工作计划进行了所有工作？	（1）把工作计划中的所有项目检查一遍，确认所有项目都已经圆满完成，或者在解释说明范围内给出了详细的解释。
（2）哪些工作项目必须以现场直观检查的方式进行检查？	（2）检查以下工作项目 现场检查 / 结果 电梯运行时机房的噪声值 / 曳引机的运行状况 / 蜗杆轴承的磨损程度 /
（3）是否遵守规定的维修工时？	（3）更换蜗杆轴承的规定时间是 90min。合格□不合格□
（4）曳引机是否干净整洁？	（4）检查曳引机是否干净整洁，各种保护罩是否已经装好。合格□不合格□
（5）哪些信息必须转告客户？	（5）指出需要更换齿轮油或下次维修保养时必须排除的其他已经确认的故障。
（6）对质量改进的贡献？	（6）考虑一下，维修和工作计划准备，工具、检测工具、工作油液和辅助材料的供应情况，时间安排是否已经达到最佳程度。 提出改善建议并在下次修理时予以考虑。

（续）

2. 记录	
（1）是否记录了配件和材料的需求量？ （2）是否记录了工作开始和结束的时间？	
3. 大修后的咨询谈话	
客户接收电梯时期望维修人员对下述内容作出解释： （1）检查表。 （2）已经完成的工作项目。 （3）结算单。 （4）移交维修记录本。	在维修后谈话时，应向客户转告以下信息： （1）发现异常情况，如漏油、油漆剥落。 （2）电梯日常使用中应注意之处。 （3）在什么情况下需要更换蜗杆轴承。
4. 对解释说明的反思	
（1）是否达到了预期目标？ （2）与相关人员的沟通效率是否很高？ （3）组织工作是否很好？	

（二）工作任务评价与总结

蜗杆轴承更换的自检、互检记录见表1-67。

表1-67　蜗杆轴承更换的自检、互检记录表（权重0.1）

自检、互检记录	备注
各小组学生按技术要求检测设备并记录 检测问题记录：________________________________ ________________________________ ________________________________ ____________。	自检
各小组分别派代表按技术要求检测其他小组设备并记录 检测问题记录：________________________________ ________________________________ ________________________________ ____________。	互检
教师检测问题记录：________________________________ ________________________________ ____________。	教师检验

（三）小组总结报告

各小组总结本次任务中出现的主要问题和难点及其解决方案，报告见表1-68。

表1-68　小组总结报告（权重0.1）

维修任务简介：________________________________ ________________________________ ________________________________。

（续）

学习目标	
维修人员及分工	
维修工作开始时间和结束时间	

维修质量：____

____。

预期目标	
实际成效	
维修中最有特色的部分	

维修总结：____

____。

维修中最成功的是什么？	
维修中存在哪些不足？应作哪些调整？	
维修中所遇问题与思考？（提出自己的观点和看法）	

（四）填写评价表

维修工作结束后，维修人员填写工作任务评价表，并对本次维修工作进行打分，见表1-69。

表 1-69　蜗杆轴承更换的评价表

×××学院评价表

项目一　曳引系统的修理 任务六　蜗杆轴承的更换	班级：______ 小组：______ 姓名：______	指导教师：______ 日期：______

评价项目	评价标准	评价依据	评价方式			权重	得分小计
			学生自评（15%）	小组互评（60%）	教师评价（25%）		
职业素养	(1)遵守企业规章制度、劳动纪律 (2)按时按质完成工作任务 (3)积极主动承担工作任务，勤学好问 (4)人身安全与设备安全	(1)出勤 (2)工作态度 (3)劳动纪律 (4)团队协作精神				0.3	

六、拓展知识——故障实例

（一）故障实例

客户报修：电梯运行时，减速箱蜗轮轴承处有异常响声。

故障实例见表1-70。

表1-70　故障实例

1. 现场直接观察	2. 检测项目
电梯运行时，减速箱蜗轮轴承处发出异常响声。	检查蜗轮轴承的润滑情况。 检查蜗轮轴承的磨损情况。
3. 信息收集：轴承	
滚子轴承在有两条滚道的内圈和滚道为球面的外圈之间，装配有鼓形滚子的轴承，外圈滚道面的曲率中心与轴承中心一致。在轴、外壳出现挠曲时，可以自动调整，不增加轴承负担。滚子轴承可以承受径向负荷及两个方向的轴向负荷。径向受力大，适用于重负荷、冲击负荷的情况。 滚子轴承可承受较大的径向载荷，同时也能承受一定的轴向载荷。该类轴承外圈滚道是球面形，故具有调心性能，当轴受力弯曲或倾斜而使内圈中心线与外圈中心线相对倾斜不超过1°~2.5°时，轴承仍能工作，调心滚子轴承内孔有圆柱形和圆锥形两种。圆锥形内孔的锥度为1∶12或1∶30。为了加强轴承的润滑性能，在轴承外圈上加工环形油槽和三个均布的油孔。电梯曳引蜗杆处使用的是滚珠轴承，在蜗轮处使用的是滚柱轴承。 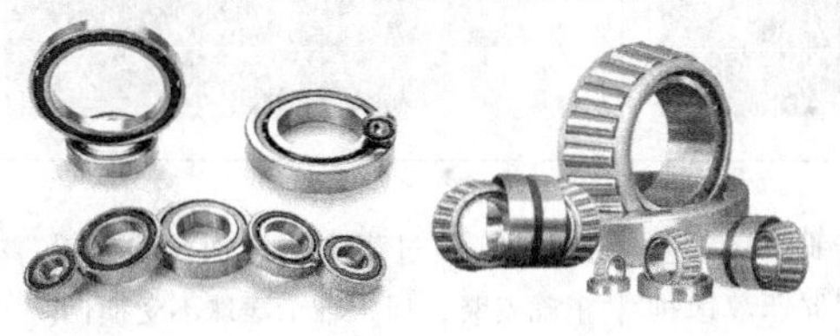	轴承检查的方法： 1）电梯运行时，检查轴承是否有异常的响声。 **注意**：在检查轴承时，不要接触到电梯的旋转部件（如曳引轮、导向轮或制动盘等）。 2）在电梯处于静止状态时，检查轴承座是否过热。如果齿轮箱的温度超过85℃，要查找原因并加以解决。 检查时，可用螺钉旋具之类的工具，将其一端顶在轴承安装位置上，另一端放在耳边听。一般情况下，轴承的声音是轻柔、低沉的。**注意**：检查时，因为电梯在运行，所以要注意安全。 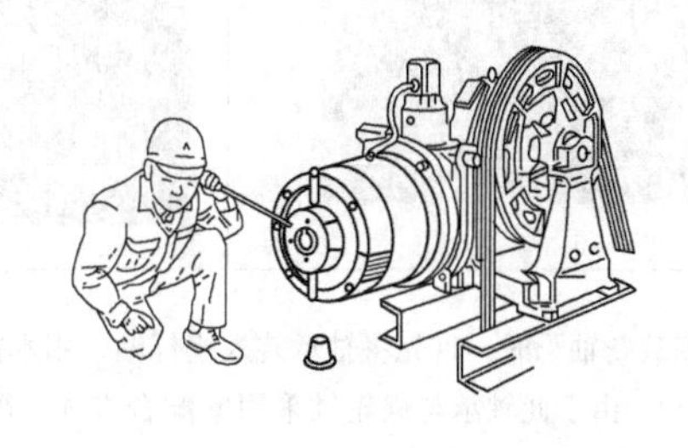
4. 原因：蜗轮轴承磨损	
5. 修理：更换蜗轮轴承	
（1）准备工作	
1）电梯停至顶层，切断电梯主电源。 2）将电梯轿厢用起吊葫芦吊起，使用撑木将对重撑起，提拉安全钳拉杆使安全钳钳块动作，然后稍微松一下起吊葫芦，以使轿厢重力主要由安全钳承受。 3）起吊轿厢时要注意安全，必须保护好称量装置。 4）当曳引钢丝绳松掉后，将钢丝绳卸下，并做好排列顺序标记。 5）将曳引机减速箱齿轮油放入干净的桶内，拆下电动机、编码器接线及抱闸接线。 6）记下抱闸两边弹簧的长度，收紧两边的制动弹簧。 由于教学曳引机采用蜗杆下置式，所以不用拆卸电动机、联轴器等部件。	

（续）

（2）拆卸、安装与调整

1）拆除减速箱的上盖。

2）松开蜗轮两边支承轴承座的螺母。

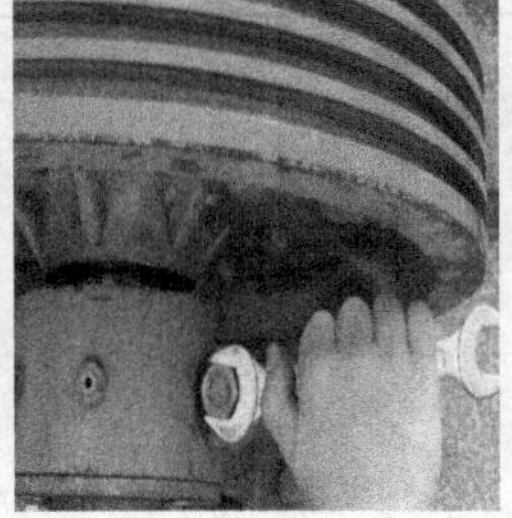
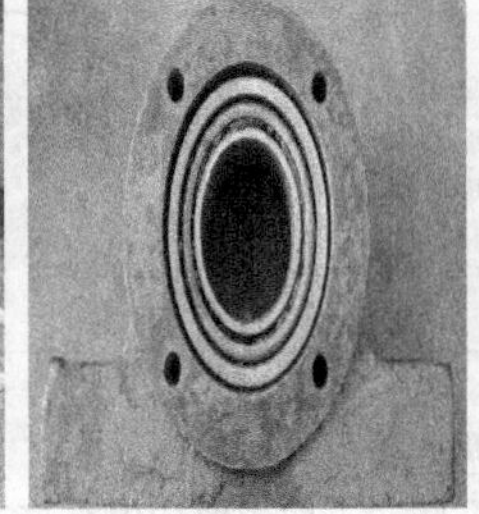

3）用起吊葫芦将曳引轮吊起，将蜗轮放在木方或三角支架上，以防损伤蜗轮齿面。	4）用三爪拉码拆卸蜗轮传动轴承。	5）用清洁剂清洗蜗轮轴。用砂纸在蜗轮轴处轻微地打磨，并除去蜗轮轴上的毛刺，严禁使用锉刀或砂轮机进行修复。

6）安装新轴承时，首先将轴承装入蜗杆轴，用木锤或铜棒将轴承逐个敲入蜗轮轴，由于此轴承与蜗轮轴采用紧配合方式，敲击过程中要注意使轴承慢慢敲入，用力均匀，直至完全敲不动为止。	7）安装过程中注意轴套的位置，应正确安装，保护轴承滚珠不受损伤。
  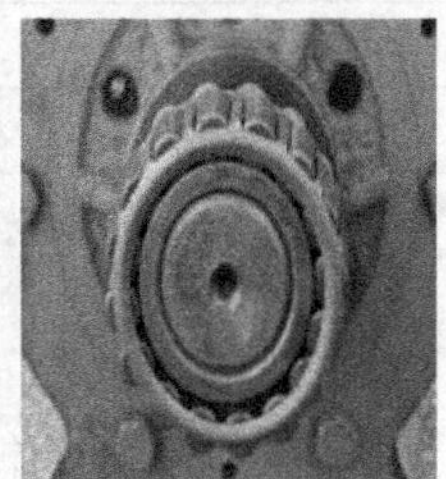	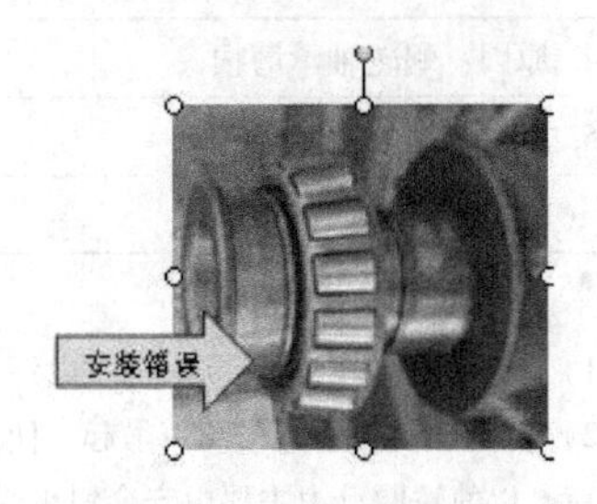

（3）复位运行

1）复位钢丝绳。

2）将齿轮油倒回曳引机，用棉纱清除溅出的齿轮油。

3）合上电梯电源开关，慢车下行，检查是否异常，取出对重支撑木。

4）电梯在中间层运行时，检查蜗轮轴承运行是否正常。

（续）

6. 注意事项
1）事故预防措施：遵守电梯安装维修工安全操作规程。 2）废弃处理：沾有机油的废弃物属于需要特别监控的废弃物，应将废弃物收集在合适的容器内。 3）辅助材料的准备：砂纸、润滑油液、垫片及棉纱等。 4）工具的准备：吊装设备、套装工具、木锤及百分表等。 5）质量保证：符合 GB 7588—2003《电梯制造与安装安全规范》及 GB/T 10060—2011《电梯安装验收规范》的相关规定，手动盘车，蜗轮蜗杆转动应平稳，无异常响声、振动和噪声。

（二）健康保护

健康保护见表 1-71。

表 1-71　健康保护

皮肤防护规定			
工作材料 油脂 机油 燃油 冷却液 溶剂 制动液 底部防腐剂 PUS 和 MS 密封材料	工作前的皮肤防护 防护剂用于预防难清除的污物（如油漆、粘结剂及底部防腐剂）刺激人手。 工作前，手上涂抹防护剂，并让其作用 1～2s。 工作后，用水洗掉污物即可。	清洁 （1）手清洁凝胶 手清洁凝胶可迅速彻底清除污物，且对手有保护作用。这种凝胶可清除维修站范围内存在的所有污物。 （2）手清洁剂及浮石 手清洁剂用于清洁粘有污物较多的手，如维修后。 添加浮石粉可提高清除作用，并在不使用侵蚀性溶剂的情况下清除污物。 （3）手清洗膏 这种手清洁剂是一种无沙型手清洗膏，利用软木粉作为摩擦剂。	工作后的养护 清洁剂适用于手部清洁，可保持和调节手部水分。

练习

1. 轴承的类型有很多，每种都有不同的用途，其中包括________、________、________、________及________。

2. 使用手拉葫芦时，严禁________，严禁________；使用手拉葫芦前须________，传动部分及起重链条________，空转情况正常。

3. 拉码是机械维修中经常使用的工具，主要用来将损坏的轴承从轴上沿轴向拆卸下来。主要由________、________和________构成。

4. 轴承通常要承受两种负载，即________负载和________负载。

教学项目二　门系统的修理

项目描述

1）门系统的修理是电梯维修的重要内容之一。作为电梯维修工，对门系统进行大修是重要的修理工作之一。

2）通过本项目的学习，学员应能独立规范地完成门系统的修理工作并掌握门系统的基本结构和工作原理，能做到举一反三。

3）通过本项目的学习，学员应熟悉维修作业的基本工作方法和工作流程，养成良好的职业习惯。

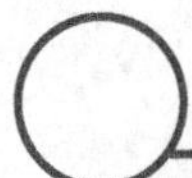

项目准备

1. 资源要求

1）电梯实训室、模拟井架两台、层门10台及轿门4台。

2）各类检测仪器与仪表，通用维修工具10套。

3）多媒体教学设备。

2. 原材料准备

润滑脂、除锈剂、清洁剂、砂纸及纱布等材料。

3. 相关资料

日立、三菱、奥的斯电梯维修手册，电子版维修资料。

工作任务

按企业工作过程（即资讯-决策-计划-实施-检验-评价）要求完成所提供电梯门系统的修理工作。其中包括以下几方面：

1）直流门机的调节。

2）厅门的调节。

预备知识

一、门系统在电梯上的位置

门系统在电梯上的位置如图 2-1 所示。

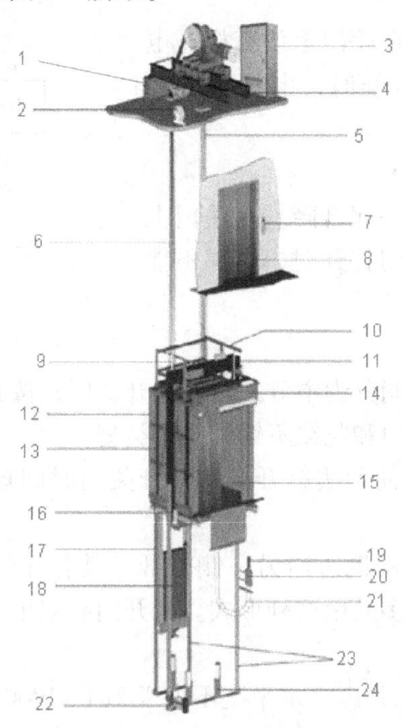

图 2-1　门系统在电梯上的位置

1—机房　2—限速器　3—控制柜　4—承重梁　5—钢丝绳　6—限速器钢丝绳　7—厅门按钮　8—厅门　9—导靴　10—轿顶护栏　11—轿厢上梁　12—轿厢　13—终端保护开关打板　14—自动门机　15—轿底　16—安全钳　17—井道　18—对重　19—井道挂线架　20—井道中线箱　21—随行电缆　22—限速器张紧轮　23—导轨　24—缓冲器

练习

电梯的门分为轿门和厅门，厅门安装在井道厅站口，轿门挂在轿厢上，与轿厢一起升降。轿门一般由______、______及______等部件组成。厅门一般由______、______及______等部件组成。

二、门系统的组成与工作原理

电梯的门分为轿门和厅门，它们都是电梯的安全保护装置，用于防止人员坠入井道或与井道相撞受伤而造成事故，电梯门是维修保养工作中一个较重要的组成部分。

为了实现电梯的自动开关门，电梯对自动开、关机构（或称自动门机系统）的功能有明确的要求。如自动门机构必须随电梯轿厢移动，即要求把自动门机构安装于轿厢顶上。除了能带动轿厢启、闭外，还应能通过机械的方法使电梯轿厢在各个层楼平面处（或层楼平面的上、下 200mm 的安全开门区域内）使各层厅门随着电梯轿门同步启、闭。当轿门闭合后，应由门系统机械钩子和电气触头予以确认。由于门系统是电梯的主要运动部件，因此门系统的故障在电梯中经常出现。图 2-2 为门系统工作示意图，该图示出了门系统的构成部件及相互配合方式，便于电梯维修工了解情况和进行故障查询。

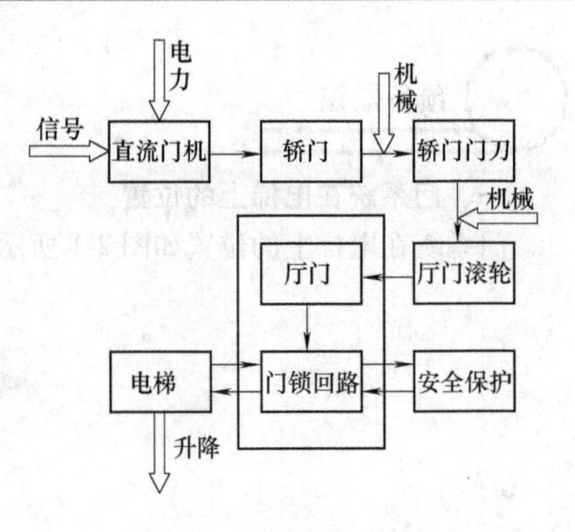

图 2-2　门系统工作示意图

1. 厅门

厅门安装在井道层站口，在厅门上设有机械电气联锁装置，当厅门、轿门打开时，电梯不能运行。

2. 轿门

轿门挂在轿厢上，与轿厢一起升降。在轿门上设有机械电气联锁装置，当轿门打开时，电梯不能运行。

3. 门的类型

电梯门按其开门形式的不同分为中分式门、旁开式门；按其选用材料的不同分为钢板喷漆门、不锈钢门、镜面不锈钢门和花纹不锈钢门等类型。

（1）中分式门　门由中间向两边打开，具有开关门时间短，出入方便的优点。客梯的厅门、轿门多采用这种形式。

（2）旁开式门　旁开式门由侧边向另一侧打开，具有开门宽度大，对井道的宽度要求小的优点。货梯的厅门和轿门多采用这种形式。旁开门有双扇双折式、三扇三折式。

4. 安装数据

1）厅门地坎应具有足够的强度，水平度不大于 2mm/1000mm。

2）厅门门扇与门扇、门扇与门套及门扇下端与地坎的间隙应为：乘客电梯为 1～6mm，载货电梯为 1～8mm。

3）轿门门刀与厅门地坎、门锁滚轮与轿厢地坎间隙应为 5～10mm。

4）在关门行程达到 1/3 之后，阻止关门的力不超过 150N。

5）厅门锁钩、锁臂及动接点动作应灵活，在电气安全装置动作之前，锁紧元件的最小啮合长度为 7mm。

6）各层厅门地坎至轿门地坎的距离偏差均不超过 3mm。

7）厅门轨道与地坎槽在导轨两端和中间三处间距的偏差均不应超过 1mm。

8）厅门、轿门的偏心轮与门导轨下端面的间隙不应大于 0. 5mm。

9）中分式门的门扇在对口处的平行度不应大于 1mm。

10）门缝的尺寸在整个可见高度上均不应大于 2mm。

任务一　直流门机的调节

一、接收修理任务或接收客户委托

本次工作任务为直流门机的调节，包括开门速度的调节、关门速度的调节、开门位置的调节、关门位置的调节、开门减速的调节及关门减速的调节等工作。在接收本项工作任务之前，需要向客户了解电梯的详细信息以及需要大修部件的工作状况，从而制定大修工作的目标和任务。接收电梯大修或修理委托信息见表 2-1。

表 2-1　接收电梯大修或修理委托信息表（直流门机的调节）

<table>
<tr><th>工作流程</th><th>任务内容</th></tr>
<tr><td>接收电梯前与客户的沟通</td><td>见表 1-1 中对应的部分。</td></tr>
<tr><td>接收修理委托的过程</td><td>
可按照以下方式与客户交流：向客户致以友好的问候并进行自我介绍；认真、积极、耐心地倾听客户意见；询问客户有哪些问题和要求。
客户委托或报修内容：直流门机的调节
<table>
<tr><th>向客户询问的内容</th><th>结果</th></tr>
<tr><td>开关门速度是否异常？</td><td></td></tr>
<tr><td>门机是否被异物卡住？</td><td></td></tr>
<tr><td>轿门是否遭受撞击或变形？</td><td></td></tr>
<tr><td>开关门时是否有异常的响声？</td><td></td></tr>
</table>
1. 接收电梯维修任务过程中的现场检查
（1）检查门机的运行情况。
（2）检查门机轴承、滚轮及滑块等部件的磨损情况。
（3）检查门电动机。
2. 接收修理委托
（1）询问用户单位、地址。
（2）请客户提供电梯准运证、铭牌。
（3）根据铭牌识别电梯生产厂家、型号、控制方式、载重量及速度。
（4）向客户解释故障产生的原因和工作范围，指出必须进行直流门机的调节。
（5）询问客户是否还有其他要求。
（6）确定交接日期。
（7）询问客户的电话号码，以便进行回访。
（8）与客户确认修理内容并签订维修合同。
客户在维修合同上签字表示规定合同双方权利和义务的“一般性交易条件”成为合同的要件。
通常情况下，与客户争论、未按规定执行维修工作会影响电梯经销商的服务形象，而且可能导致客户向经销商提出更换部件或赔偿要求。
</td></tr>
<tr><td>任务目标</td><td>
完成直流门机的调节。

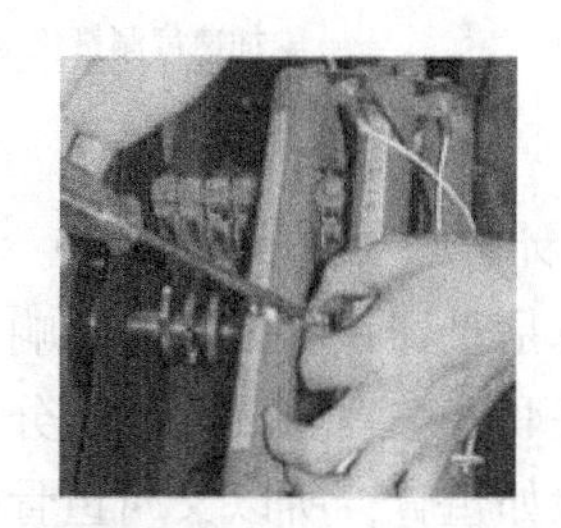
</td></tr>
</table>

（续）

工作流程	任务内容
任务要求	（1）调整开关门的整体速度。 （2）调整开关门的减速速度。 （3）调整开关门的减速点。 （4）调整开关门的到位开关。
对完工电梯进行检验	符合 GB 7588—2003《电梯制造与安装安全规范》及 GB/T 10060—2011《电梯安装验收规范》的相关规定。
对工作进行评估	先以小组为单位，共同分析、讨论装配工艺并完成试装；小组成员独力完成装配调试操作；各小组上交一份所有小组成员都签名的实习报告。

你可能需要获得以下的资讯，才能更好地完成工作任务

二、信息收集与分析

（一）直流门机的调节脑图

直流门机的调节脑图如图 2-3 所示。

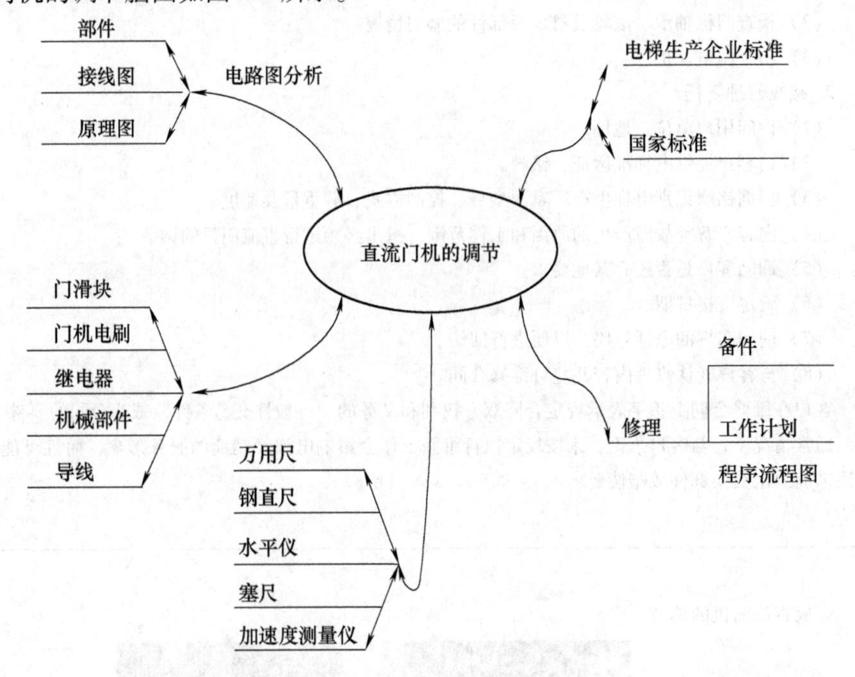

图 2-3　直流门机的调节脑图

（二）因果分析图

问题的特性总是受到一些因素的影响，通过头脑风暴法找出这些因素，并将它们与特性值一起，按相互关联性整理而成的层次分明、条理清楚，并标出重要因素的图形就称为因果分析图。因其形状如鱼骨，所以又叫鱼骨图，这是一种透过现象看本质的分析方法。直流门机的调节因果分析图如图 2-4 所示。

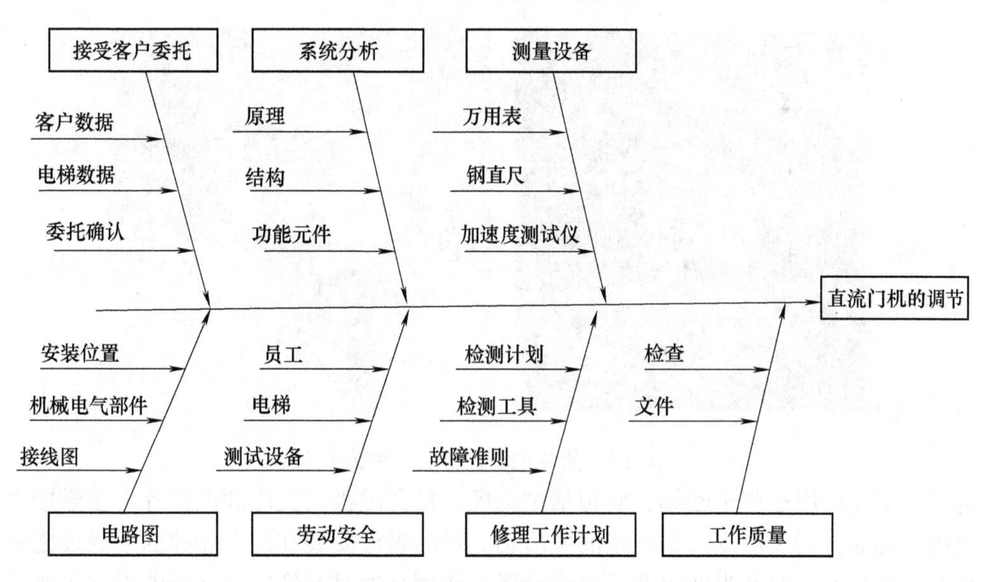

图 2-4　直流门机的调节因果分析图

（三）信息的整理、组织和记录

对于收集的信息，要进行分析、了解概况，并理解文字的内容，标记出涉及维修工作或待维修部件的关键内容。将维修工作中需要使用的工具列出详细的清单，并对维修过程中的拆卸、安装和调整工艺进行深入了解。在工作前完成表 2-2 的填写。

表 2-2　直流门机的调节信息整理、组织、记录表

1. 信息分析	
轿门由哪几部分组成？	如何进行直流门机的调节？
2. 工具、检测工具	
执行任务时需要哪些工具？	执行任务时需要哪些检测工具？
3. 安全措施	
进行门机系统方面的工作时必须遵守哪些安全措施？	修理工作结束后必须采取哪些安全措施？
4. 维修	
必须遵守哪些直流门机的调节规定？	直流门机的安装数据有哪些？

（四）相关专业知识

1. 直流电动机

直流电动机由定子和转子构成，如图 2-5 所示。

图 2-5　直流电动机的定子和转子

定子的主要作用是产生磁场，它包括主磁极、换向磁极、机座和电刷等。主磁极由铁心和励磁线圈组成，用于产生一个恒定的主磁场。换向磁极安装在两个相邻的主磁极之间，用来减小电枢绕组换向时产生的火花。电刷装置的作用是通过与换向器之间的滑动接触，把直流电压、直流电流引入或引出电枢绕组。

转子由电枢铁心、电枢绕组和换向器等组成。电枢铁心上冲有槽孔，槽内嵌放电枢绕组，电枢铁心也是直流电动机磁路的组成部分。电枢绕组一端装有换向器，换向器是由许多铜质换向片组成的一个圆柱体，换向片之间用云母绝缘。

2. 电梯电气系统的故障类型

电梯电气系统不但故障率高，而且多种多样，故障的发生种类非常广泛。但经归纳分析，可概括为如下几种类型。

（1）门联锁电路的故障　由于关好厅门和轿门是电梯运行的首要条件，所以门系统一旦出现故障，电梯就不能运行，这类故障多为自动门锁电气触头接触不良或调整不当造成的。

（2）继电器触头引起的故障　采用继电器控制系统时，其故障多发生在继电器的触头上。如果触头通过大电流或被电弧烧蚀，将发生触头粘接，从而造成短路。如果触头表面被尘埃阻隔或触头的簧片失去弹性，则会造成断路。触头的短路和断路都会使电梯的控制电路失效，进而使电梯出现故障。

（3）绝缘引起的故障　由于电气元器件的绝缘老化、失效、受潮，或者其他原因引起的绝缘击穿，就会造成电气系统短路而使电梯出现故障。

（4）元器件损坏引起的故障　由于电气元器件损坏或者调整位置不当引起的故障。

3. 电气系统故障的排查方法

电梯门控制电路的结构复杂，一旦发生故障，应迅速排除，然而单凭经验往往是不够的。这就要求维修人员必须掌握门控制电路的工作原理，并弄清选层、定向、起动、运行、换速、平层及开关门等控制环节电路的工作过程，了解各电气元器件之间的相互关系及其作用，了解各电气元器件的安装位置。只有这样，才能准确地判断故障的发生点，并迅速予以排除。下面介绍电气系统故障的排查方法。

（1）程序检查法　电梯正常运行过程中，都要经过选层、定向、关门、起动（包括加速），运行、换速、平层及开门的循环过程，其中每一步称为一个工作环节。实现每一个工作环节的控制电路，称为工作环节电路。在这些环节电路的执行过程中，都是先完成上一个工作环节电路，才开始执行下一个工作环节电路，一步跟着一步，一环紧扣一环。所以，维修人员可以根据各环节继电器动作的顺序或动作情况判断故障出自哪一个工作环节。使用程序检查法，就是把故障确定在某个工作环节电路上的主要办法。

程序检查法不仅适用于有触头的电气控制系统，也适用于无触头的控制系统。电梯的控制过程都是相似的。对无触头元器件的控制系统（如 PLC 控制系统或计算机控制系统），可以通过指示灯或故障显示的数字确定故障所在的工作环节，然后通过检查、测量，找出故障所在。

（2）电位法　在一个闭合的电路中，当电流通过某一个电阻元件时，就会在电阻产生电压降。只要检测某一元件是否有电压降，就可以知道有没有电流通过此元件。所谓电位法，就是使用万用表的电压挡检测电路某一元件两端电位的高低来确定电路（或触头）的工作情况。

使用电位法可以测定触头的通或断。当触头两端的电位一样，即电压降为零时，判断触头为通；当触头两端的电位不一样，电压降为电源电压，即可判断触头为断。用同样的方法，还可以测定继电器线圈的断路或损坏。

使用电位法时，电路必须通电，因而在检测时，身体不可直接接触带电部位。此外，还应注意工作电压是直流还是交流，以便选择合适的挡位，以免损坏仪表或控制板。

（3）短路法　控制电路都是开关或继电器的触头组合而成的。当怀疑开关或触头有故障时，就可以用导线把该开关或触头短接。若故障消失，则证明判断准确，这就是短路法。短路法只是用来检测触头是否正常的一种临时办法。当发现故障点时，应立即拆除短接线，不允许用短接线代替开关或开关触头。

例如，在门联锁电路中，由于经常要开关门，故障是十分多的。而自动门锁的触头在各楼层的厅门，所以如果没有合适的方法，要想尽快找出故障所在点，是十分困难的。此时，最好的方法就是用电位法或短路法。

采用短路法时，只能寻找“与”逻辑关系电路触头的断点，而不能寻找“或”逻辑关系电路触头的断点。

（4）断路法　控制电路还会出现一些故障，如电梯在没有内选或外呼指令停层等。这说明电路的某些触头被短接了。而寻找这类故障的最好办法就是断路法。

所谓断路法，就是把有可能产生故障的触头接线断开，如果故障消失了，就说明判断正确。

（5）电阻法　电阻法就是用万用表的电阻挡检测电路的电阻值是否正常（**但必须注意的是：**用电阻法测量时，一定要断开电源，并松开触头两端的接线，这样才能确保安全和准确）。当用万用表电阻挡测量某一触头（或线圈）时，若电阻值为零（或一定值），则说明触头通（或线圈好）；若电阻值为无限大，则说明触头断（或线圈断）。

（6）替代法　根据上述方法发现故障位于某点或某件电路板时，可把认为有问题的元器件或插件取下，用新的元器件或插板代替。如果故障消失，则认为判断正确；反之，则需继续寻找。

4. 维修实例

电梯开关门速度过快，关门时有撞击声。维修实例见表 2-3。

表 2-3　维修实例

1. 现场直接观察	2. 检查项目
1）电梯开关门时有冲击。 2）电梯开关门速度过快。 3）电梯减速位置不符合要求。	1）检查开关门是否平稳，有无振动或冲击。 2）检查开关门的整体速度是否过快或过慢。 3）检查开关门减速的位置。 4）检查开关门减速速度是否合理。

3. 信息收集：直流门机

（1）轿顶电器箱、电阻箱和凸轮箱

1）轿顶电器箱安装在轿厢上坎架，负责轿厢与机房的通信、门机控制、轿厢内风扇和照明控制等。
2）轿顶电阻箱主要负责直流门机速度的调整。
3）轿顶凸轮箱负责开关门位置、减速位置的调整。

轿顶电器箱（一）

轿顶电器箱（二）

轿顶电阻箱

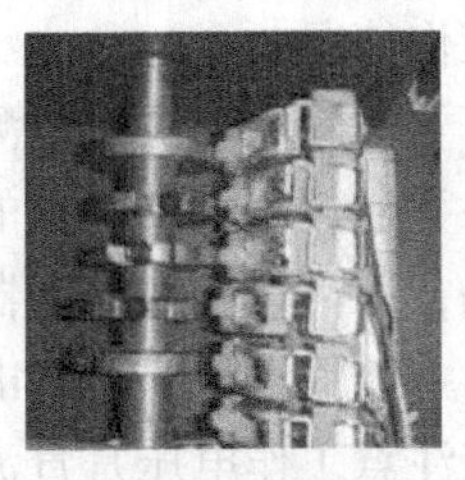
轿顶凸轮箱

（2）轿顶凸轮	（3）关门到位开关	（4）开门到位开关
门机凸轮轴一端连接在门机链轮上，另一端固定在轿顶上。门机运转时，通过链条带动链轮旋转，凸轮轴跟随链轮一起转动，通过安装在凸轮轴上的凸轮片控制电梯开关门的位置和速度。 	凸轮箱的第一个开关是关门限位开关，当门关至 50mm 时，开关断开，切断关门控制电路，断开门机电源。门电动机通过能耗制动，平稳停靠。 	凸轮箱的第二个开关是开门限位开关，当门开至 50mm 时，开关断开，切断开门控制电路，断开门机电源。门电动机通过能耗制动，平稳停靠。 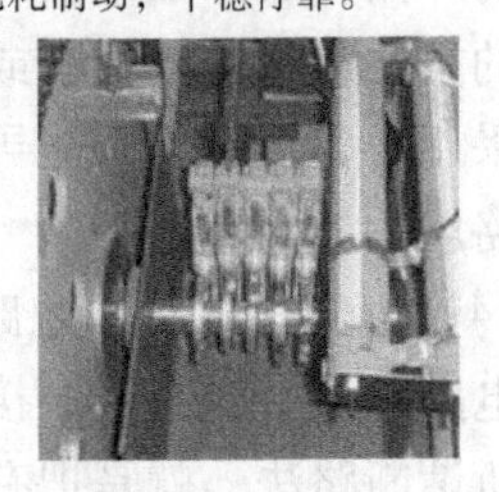

（5）关门一级减速	（6）关门二级减速	（7）开门减速
凸轮箱的第三个开关是关门一级减速开关，当门关至 2/3 处，相应的开关接通，进行第一次减速。 	凸轮箱的第四个开关是关门二级减速开关，当门关至最后 100mm 处，相应的开关接通，进行第二次减速。 	凸轮箱的第五个开关是开门一级减速开关，当门开至 1/2 处，相应的开关接通，进行第一次减速。 

（续）

（8）凸轮箱的调整

用工具松开凸轮片锁紧螺母，旋转凸轮片使凸轮开关刚刚接通或断开，然后锁紧凸轮片螺母。

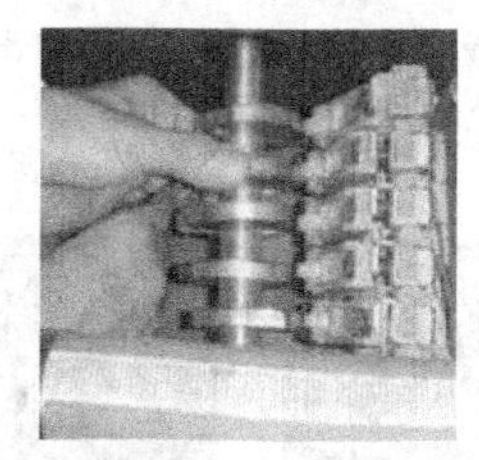

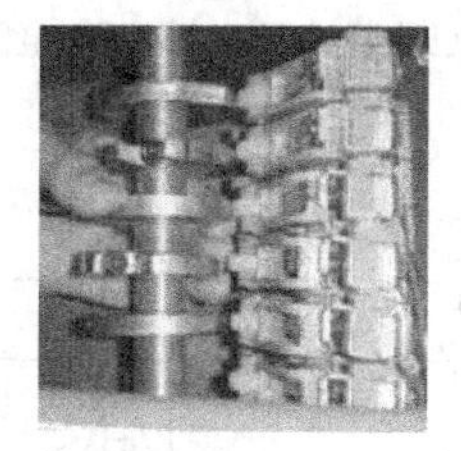

（9）电阻箱的调整

门机电阻箱由开门电阻、关门电阻及开关门减速电阻组成。电阻滑环向左或向右移动，将使串（并）入电路的电阻减少或增大，导致门电动机的速度变快或变慢。

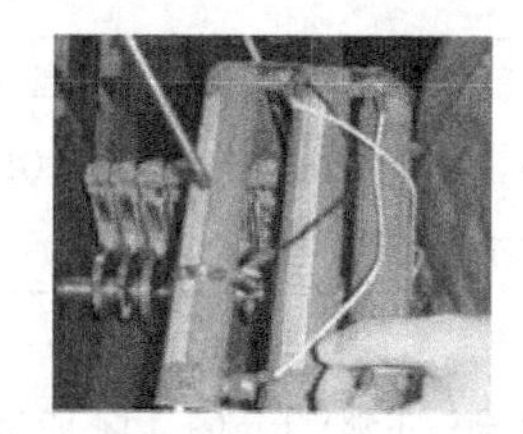
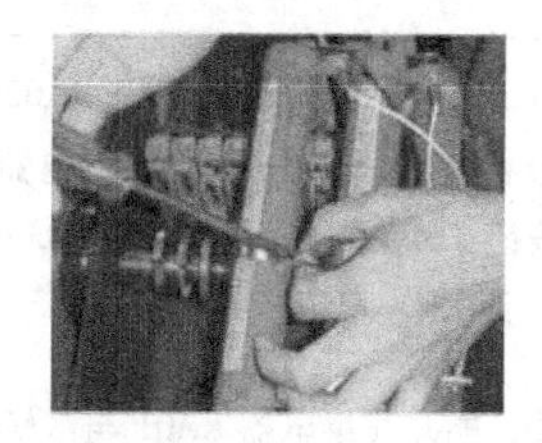

（10）门控制电路故障信息

元件代码：KA01——开门继电器；KA02——关门继电器；SA1——开门一级减速开关；SA2——关门二级减速开关；SA3——关门一级减速开关；R1——开关门分路电阻；R2——门机调速电阻；M——电动机；R3——开关门减速调节电阻；R4——关门减速电阻；VD1、VD2、VD3、VD4——二极管。

1）开门速度无变化。开门一级减速开关 SA1 损坏，更换开关 SA1。

开关门分路电阻 R1 滑环接触不良或断丝不通，调整或更换电阻 R1。

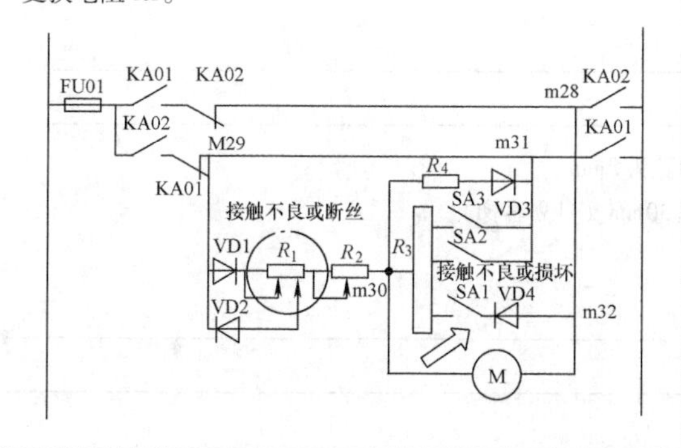

2）关门速度无变化。开关门分路电阻 R1 断丝不通，更换电阻 R1。

关门一、二级减速开关 SA2、SA3 损坏，更换 SA2、SA3。

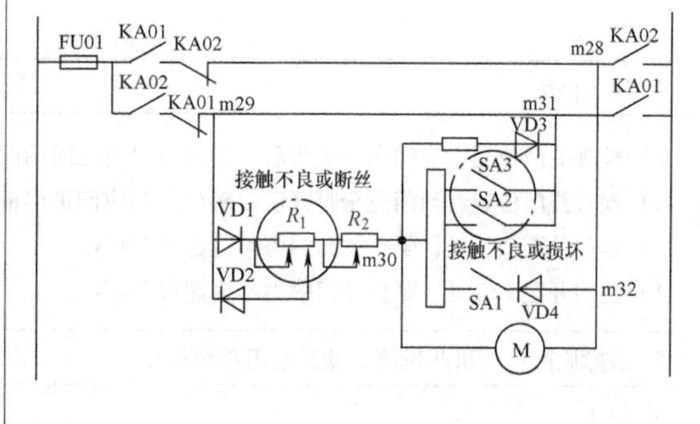

（续）

3）电梯关门无减速，关门速度快有撞击声

关门限位开关动作不可靠或损坏（对应关门速度快有撞击声）。

关门减速电阻已烧断或中间的滑环与电阻接触不良。

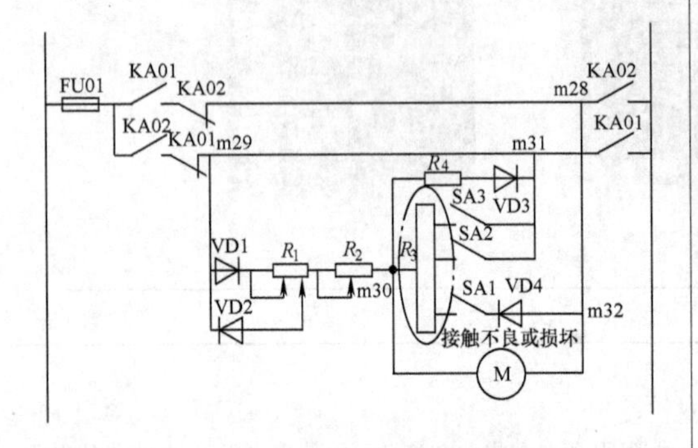

4）电梯开门无减速，有撞击声

开门限位开关动作不可靠或损坏。

开门减速电阻已烧断或中间的滑环与电阻接触不良。

开关门速度变慢，主要因为门机皮带打滑、门机电刷接触不良造成。

电阻滑环接触不良

电阻滑环松脱

元件代码：KA01——开门继电器；KA02——关门继电器；KA03——安全触板继电器；KA04——换速继电器；KA05——检修继电器；KA06——门区继电器；KA10——运行继电器；SQ1——关门限位开关；SQ2——开门限位开关；SB1——开门按钮；SB2——关门按钮；SB3——安全触板开关。

5）门不能关，能开（继电器KA01与KA02动作正常）

关门限位开关已损坏，始终处于断开状态。

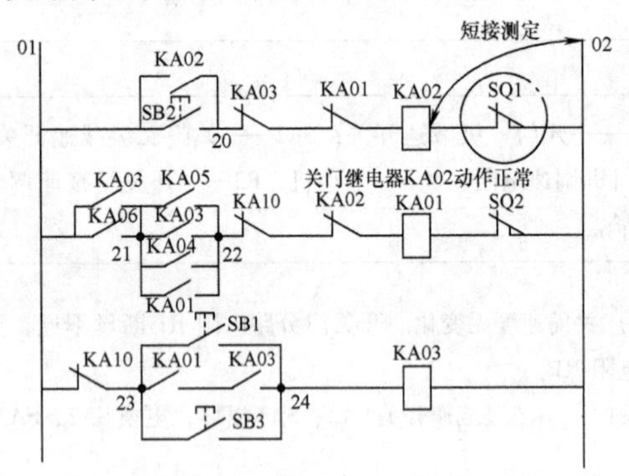

6）门不能开，能关（继电器KA01与KA02动作正常）

开门限位开关已损坏，始终处于断开状态。

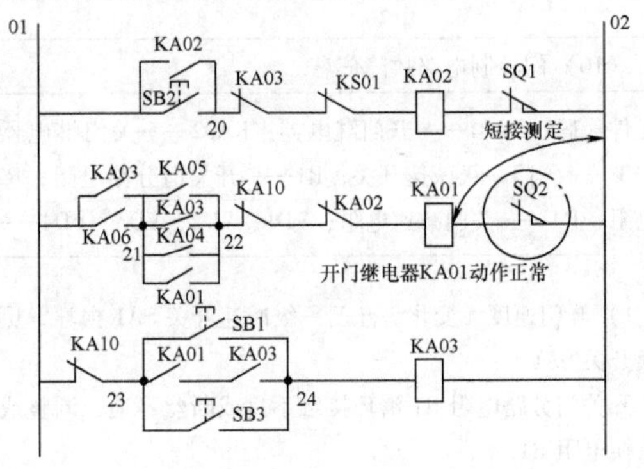

4. 现场检测

1）检查关门位置，当门完全关闭后，门扇与门扇之间的间隙为2mm。

2）检查开门位置，当门完全打开后，轿门门扇应凹进门框30mm（日立客梯）。

3）当门关至2/3处，阻止关门的力不应超过150N。

4）当门开至1/2处，阻止开门的力不应超过300N。

5. 故障原因：门机凸轮箱、调速电阻需要调整

6. 修理

（续）

1）调整开关门的整体速度。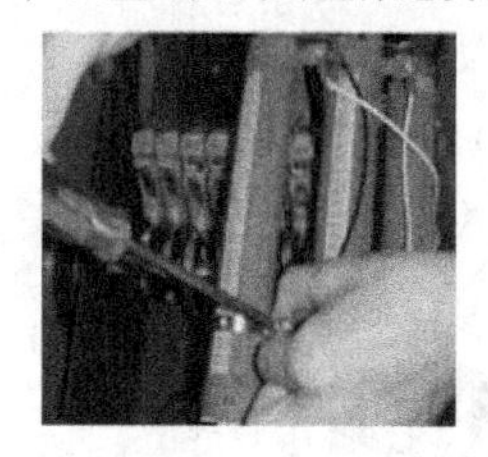	2）调整关门一级减速。	3）调整关门二级减速。	4）调整开门减速。
7. 注意事项			
1）事故预防措施：遵守电梯安装维修工安全操作规程。 2）废弃处理：沾有机油的废弃物属于需要特别监控的废弃物，应将废弃物收集在合适的容器内。 3）辅助材料的准备：砂纸、润滑油液、棉纱及除锈剂。 4）工具的准备：套装工具、木锤及万用表等。 5）质量保证：符合 GB 7588—2003《电梯制造与安装安全规范》及 GB/T 10060—2011《电梯安装验收规范》的相关规定。			

还等什么？赶快制订出工作计划并实施它

三、制订工作计划

（一）工作计划

直流门机的调节工作计划见表 2-4。

表 2-4　直流门机的调节工作计划表（权重 0.1）

1. 小组成员有几人？组长是谁？				
2. 所维修的电梯是什么型号？	电梯型号			
	门机型号			
3. 准备根据什么资料操作？				
4. 完成该工作，需要准备哪些设备、工具？				
5. 要在 8 个学时内完成工作任务，同时要兼顾每个组员的学习要求，人员是如何分工的？	工作对象	人员安排	计划工时	质量检验员
	直流门机			
6. 工作完成后，要对每个组员给予评价，评价方案是什么？				

（二）修理工作流程

直流门机的调节工作流程如图 2-6 所示。

四、工作任务实施

（一）拆卸和安装指引

直流门机的调节指引见表 2-5。表中规范了直流门机的调节修理程序，细化了每一步工

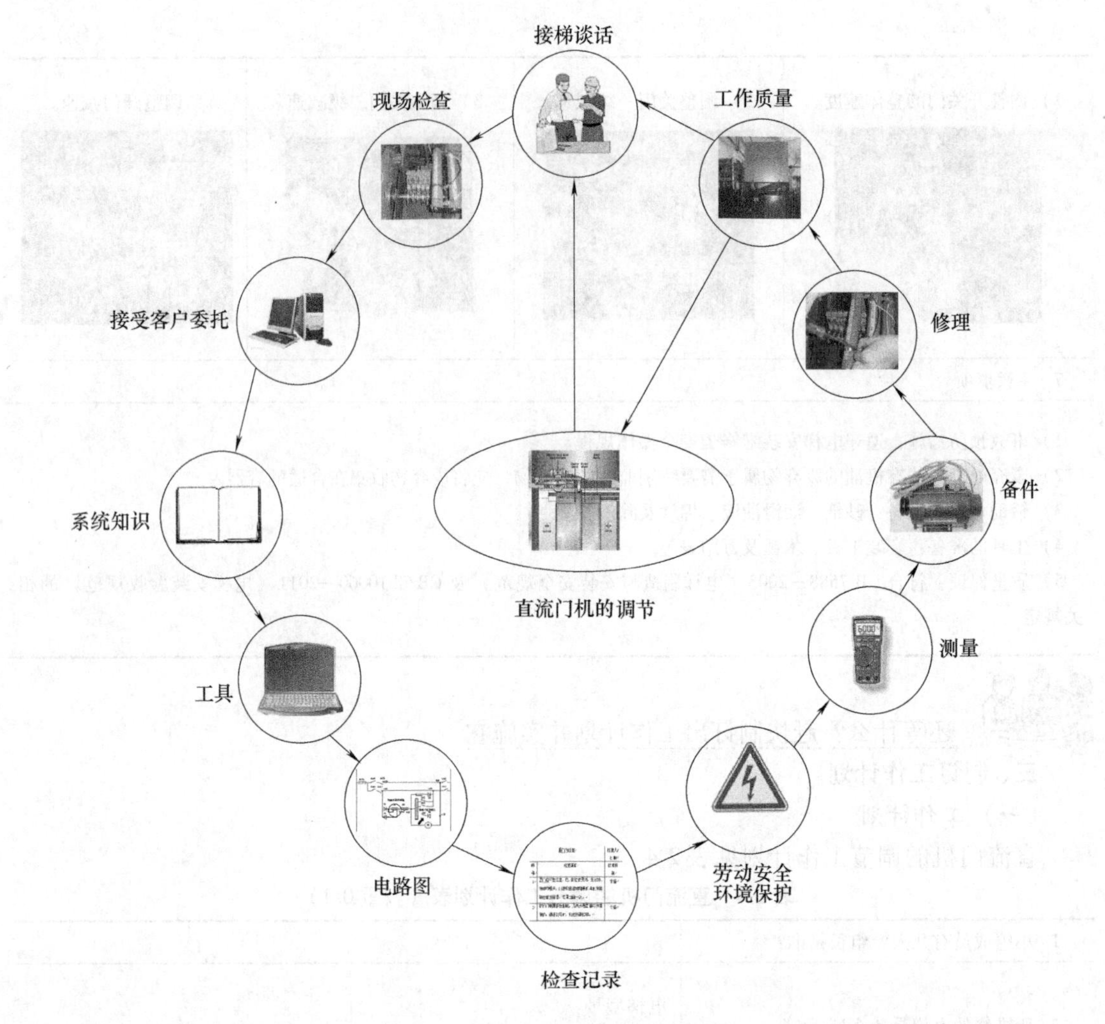

图 2-6　直流门机调节工作流程

序。使用者可以根据指引的内容进行修理工作，从而使直流门机处于良好的工作状态。

表 2-5　直流门机的调节指引

<table>
<tr><td colspan="3">1. 准备工作</td></tr>
<tr><td colspan="3">1）电梯置于检修状态下，维修人员上轿顶。
2）切断门机电源。</td></tr>
<tr><td colspan="3">2. 调整</td></tr>
<tr><td>1）调整开门限位开关。
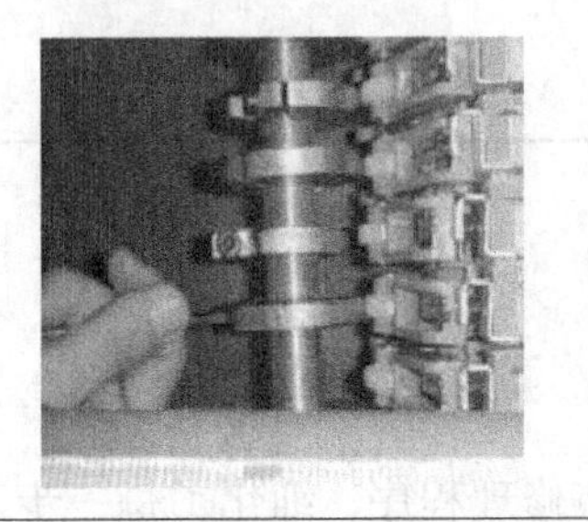</td><td>2）调整关门限位开关。
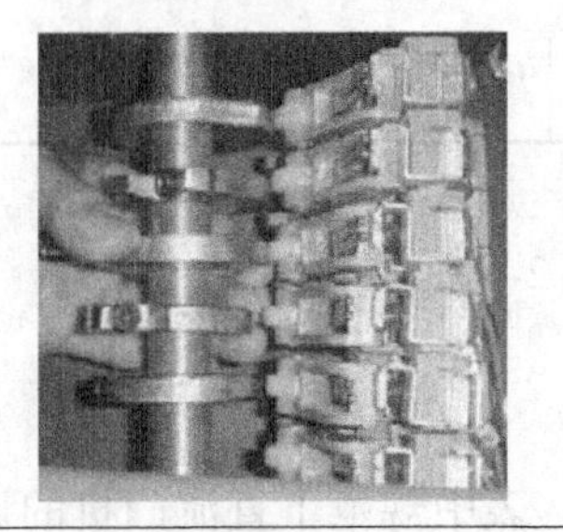</td><td>3）调整关门一级减速。
</td></tr>
</table>

（续）

4）调整关门二级减速。	5）调整开门减速。	6）调整开关门整体速度。
		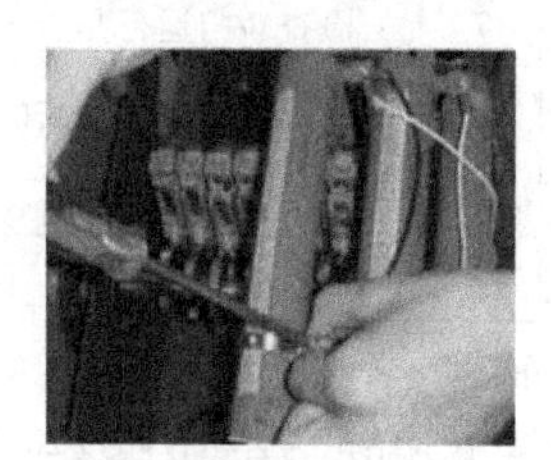

3. 复位

1）复位门机电源。

2）检查轿门运行是否平稳。

3）电梯在中间层运行时，检查门系统是否有异常响声。

4. 注意事项

1）事故预防措施：遵守电梯安装维修工安全操作规程。

2）废弃处理：沾有机油的废弃物属于需要特别监控的废弃物，应将废弃物收集在合适的容器内。

3）辅助材料的准备：砂纸、润滑油液、清洁剂、除锈剂、垫片及棉纱。

4）工具的准备：套装工具、木锤及万用表等。

5）质量保证：符合 GB 7588—2003《电梯制造与安装安全规范》及 GB/T 10060—2011《电梯安装验收规范》的相关规定。

（二）直流门机的调节实施记录

实施记录表是对修理过程的记录，保证修理任务按工序正确执行。根据实施记录表可对修理的质量进行判断。直流门机的调节实施记录见表 2-6。

表 2-6　直流门机的调节实施记录表（权重 0.3）

直流门机的调节			检查人/日期		
步骤	序号	检查项目	技术标准	完成情况	分值
准备工作	1	电梯置于检修状态下，维修人员上轿顶，切断门机电源	合格□不合格□	工作是否完成____	★
调整	2	调整开门限位开关。开门平稳，无振动和撞击，轿门凹入层门门框 30mm（日立客梯）	合格□不合格□	工作是否完成____	6
		调整关门限位开关。关门平稳，无振动和撞击。轿门门扇与门扇上下之间的间隙为 1 ~ 2mm	合格□不合格□	工作是否完成____	6
	3	调整关门一级减速。门关至 2/3 处进行第一次减速	合格□不合格□	工作是否完成____	6
	4	调整关门二级减速。当两扇轿门之间距离为 50 ~ 100mm 时进行第二次减速	合格□不合格□	工作是否完成____	6
	5	调整开门减速。当门开至 1/2 处时进行减速	合格□不合格□	工作是否完成____	6

（续）

直流门机的调节			检查人/日期		
运行	6	复位门机电源	合格□不合格□	工作是否完成____	★
	7	检查轿门运行是否平稳	合格□不合格□		6
	8	电梯在中间层运行时，检查门机是否有异常响声	合格□不合格□		6 6
	9	检查开关门噪声，不应超过 65 dB	合格□不合格□		6

评分依据：★项目为重要项目，一项不合格，检验结论为不合格。其他项目为一般项目，扣分不超过 20 分（包括 20 分），检验结论为合格；超过 20 分，为不合格

完成了，仔细验收，客观评价，及时反馈

五、工作验收、评价与反馈

（一）工作验收

维修工作结束后，电梯维修工应确认是否所有部件和功能都正常。维修站应会同客户对电梯进行检查，确认所委托电梯修理工作已全部完成，并达到客户的修理要求。直流门机的调节工作交接验收见表 2-7。

表 2-7　直流门机的调节工作验收表（权重 0.1）

<table>
<tr><td colspan="2">1. 工作验收</td></tr>
<tr><th>验收步骤</th><th>验收内容</th></tr>
<tr><td>（1）是否按工作计划进行了所有工作？</td><td>（1）把工作计划中的所有项目检查一遍，确认所有项目都已经圆满完成，或者在解释说明范围内给出了详细的解释。</td></tr>
<tr><td>（2）哪些工作项目必须以现场直观检查的方式进行检查？</td><td>（2）检查以下工作项目
<table>
<tr><th>现场检查</th><th>结果</th></tr>
<tr><td>开关门的整体速度</td><td></td></tr>
<tr><td>开关门一级、二级减速速度</td><td></td></tr>
<tr><td>开关门是否有异常的响声和摩擦声</td><td></td></tr>
<tr><td>门机绝缘是否良好，电刷是否磨损</td><td></td></tr>
</table></td></tr>
<tr><td>（3）是否遵守规定的维修工时？</td><td>（3）直流门机调节的规定时间是 30min。
合格□不合格□</td></tr>
<tr><td>（4）门机是否干净整洁？</td><td>（4）检查门机是否干净整洁，各种保护罩是否已经装好。
合格□不合格□</td></tr>
<tr><td>（5）哪些信息必须转告客户？</td><td>（5）指出直流电动机电刷磨损、开关门减速触点接触不良，已造成门速异常等故障。</td></tr>
<tr><td>（6）对质量改进的贡献？</td><td>（6）考虑一下，维修和工作计划准备，工具、检测工具、工作油液和辅助材料的供应情况，时间安排是否已经达到最佳程度。
提出改善建议并在下次修理时予以考虑。</td></tr>
</table>

（续）

<table>
<tr><td colspan="2">2. 记录</td></tr>
<tr><td colspan="2">（1）是否记录了配件和材料的需求量？
（2）是否记录了工作开始和结束的时间？</td></tr>
<tr><td colspan="2">3. 大修后的咨询谈话</td></tr>
<tr><td>客户接收电梯时期望维修人员对下述内容作出解释：
（1）检查表。
（2）已经完成的工作项目。
（3）结算单。
（4）移交维修记录本。</td><td>在维修后谈话时，应向客户转告以下信息：
（1）发现异常情况，如门扇变形、电气装置老化等。
（2）电梯使用中应注意之处。
（3）什么情况下需要调整直流门机。</td></tr>
<tr><td colspan="2">4. 对解释说明的反思</td></tr>
<tr><td colspan="2">（1）是否达到了预期目标？
（2）与相关人员的沟通效率是否很高？
（3）组织工作是否很好？</td></tr>
</table>

（二）工作任务评价与总结

直流门机调节的自检、互检记录见表2-8。

表2-8　直流门机调节的自检、互检记录表（权重0.1）

自检、互检记录	备注
各小组学生按技术要求检测设备并记录 检测问题记录：________________________________ ________________________________ ________________________________。	自检
各小组分别派代表按技术要求检测其他小组设备并记录 检测问题记录：________________________________ ________________________________ ________________________________。	互检
教师检测问题记录：________________________________ ________________________________ ________________________________。	教师检验

（三）小组总结报告

各小组总结本次任务中出现的主要问题和难点及其解决方案，报告见表2-9。

表2-9　小组总结报告（权重0.1）

维修任务简介：________________________________ ________________________________ ________________________________。

（续）

学习目标	
维修人员及分工	
维修工作开始时间和结束时间	

维修质量：____
____
____。

预期目标	
实际成效	
维修中最有特色的部分	

维修总结：____
____
____。

维修中最成功的是什么？	
维修中存在哪些不足？应作哪些调整？	
维修中所遇问题与思考？（提出自己的观点和看法）	

（四）填写评价表

维修工作结束后，维修人员填写工作任务评价表，并对本次维修工作进行打分，见表2-10。

表 2-10　直流门机调节的评价表

×××学院评价表							
项目二　门系统的修理 任务一　直流门机的调节		班级：________ 小组：________ 姓名：________		指导教师：________ 日期：________			
评价项目	评价标准	评价依据	评价方式			权重	得分小计
			学生自评（15%）	小组互评（60%）	教师评价（25%）		
职业素养	（1）遵守企业规章制度、劳动纪律 （2）按时按质完成工作任务 （3）积极主动承担工作任务，勤学好问 （4）人身安全与设备安全	（1）出勤 （2）工作态度 （3）劳动纪律 （4）团队协作精神				0.3	

六、拓展知识——维修实例

维修实例见表 2-11。

表 2-11　维修实例

例 1　运行过程中，安全触板或光幕有异常响声。	
1. 现场直接观察	2. 检测项目
轿门在开关过程中，安全触板有异常响声和撞击声。	1）检查安全触板是否反应灵敏安全可靠。 2）检查安全触板的动作位置是否可靠。 3）检查安装螺栓、螺钉是否紧固。 4）检查安全触板、连杆轴是否松动。 5）在门关闭时通过安全触板使门改为开门动作，检查安全触板的动作位置。 6）确认门滑块动作是否顺畅。如果门滑块变形，则会导致安全触板连杆撞击其他部件。

3. 信息收集：安全触板

（1）安全触板的安装位置

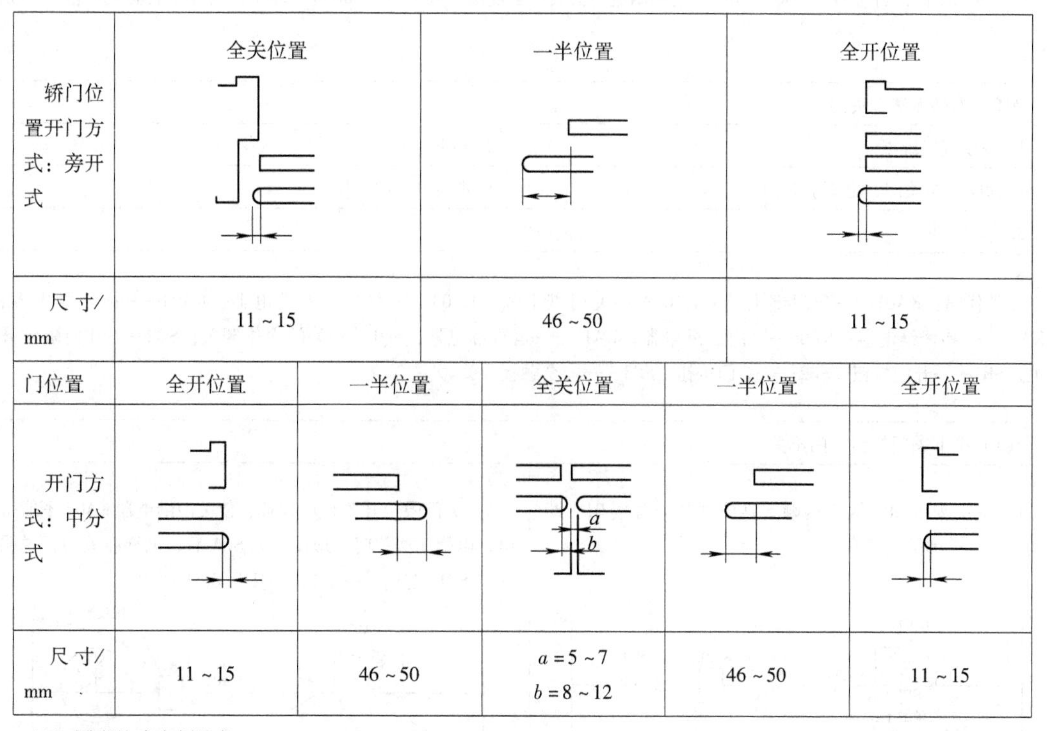

轿门位置开门方式：旁开式	全关位置	一半位置	全开位置
尺寸/mm	11 ~ 15	46 ~ 50	11 ~ 15

门位置	全开位置	一半位置	全关位置	一半位置	全开位置
开门方式：中分式					
尺寸/mm	11 ~ 15	46 ~ 50	$a=5\sim7$ $b=8\sim12$	46 ~ 50	11 ~ 15

（2）同类故障事例收集

1）某大厦一台电梯无法关门。维修人员将电梯置于检修状态下，电梯正常开关门，上下运行正常，判断为安全触板故障。检查触板开关，发现右触板开关无法动作，开关功能正常。调整右触板安装位置后，电梯门恢复正常。

2）某大厦一台电梯无法关门。维修人员将电梯置于检修状态下，电梯正常开关门，上下运行正常，判断为光幕故障。用万用表检查光幕发光点和受光点，发光信号正常，没有受光信号。检查光幕，发现灰尘较多。切断电梯电源，拆卸下光幕，用毛刷进行清洁。清洁完毕，安装光幕后送电运行，电梯关门正常。

3）某大厦一台电梯无法关门。维修人员将电梯置于检修状态下，电梯正常开关门，上下运行正常，判断为光幕故障。用万用表检查光幕发光点和受光点，发光信号正常，没有受光信号。检查光幕安装位置，发现左右光幕安装距离较大，缩小光幕间距至规定值，用万用表检测到受光信号，电梯正常关门。

（续）

4. 原因：安全触板调整位置不准确

5. 修理

调整触板与中心线的平行度。短摆杆上有腰形槽，移动槽内螺栓，使扇形板移动，在弹簧的作用下，边板与扇形板紧贴在一起，扇形板的移动使触板绕转轴转动，调整左右触板平行度可以改变门缝的宽度。

调整微动开关触头，应使开关触头与触板端部螺栓头刚好接触，在弹簧的作用下处于准备动作的状态。只要触板摆动，触头便可动作。为此，可旋进或旋出螺栓，使螺栓头部与开关触头保持接触。

6. 注意事项

1）事故预防措施：遵守电梯安装维修工安全操作规程。

2）废弃处理：沾有机油的废弃物属于需要特别监控的废弃物，应将废弃物收集在合适的容器内。

3）辅助材料的准备：砂纸、润滑油液、垫片及棉纱等。

4）工具的准备：套装工具及万用表等。

5）质量保证：符合 GB 7588—2003《电梯制造与安装安全规范》及 GB/T 10060—2011《电梯安装验收规范》的相关规定。

例 2　电梯无法开关门

1. 现场直接观察	2. 检测项目
电梯既不能关门，也不能开门。	检测门机电源电压。

3. 信息收集

元件代码：KA01——开门继电器；KA02——关门继电器；KA03——安全触板继电器；KA04——换速继电器；KA05——检修继电器；KA06——门区继电器；KA10——运行继电器；SQ1——关门限位开关；SQ2——开门限位开关；SB1——开门按钮；SB2——关门按钮；SB3——安全触板开关。

（1）按下关门按钮，门不关

1）关门按钮 SB2 触头接触不良或损坏，短接 01、20 两点后，电梯关门正常。

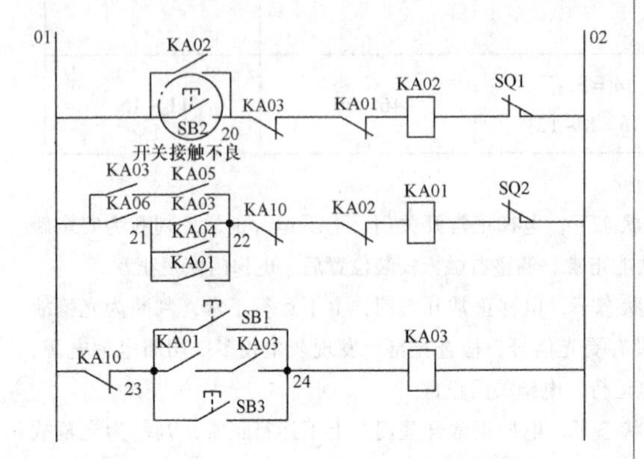

2）关门限位开关 SQ1 损坏，使关门继电器 KA02 不能得电，电梯无法关门。短接开关 SQ1 后，电梯能关门，说明开关 SQ1 损坏，更换开关 SQ1 后恢复正常。

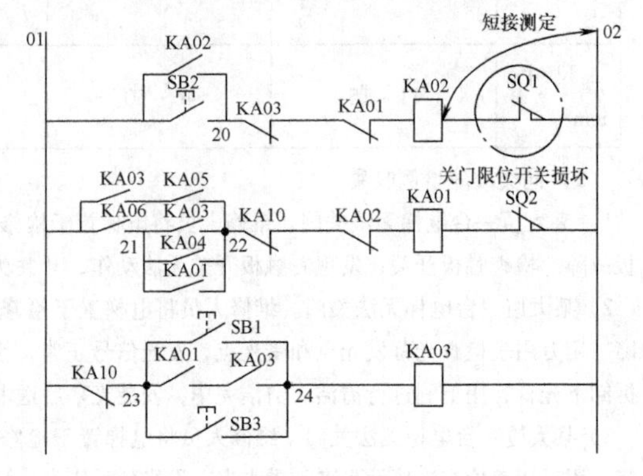

（续）

（2）电梯到站后无法开门

1）开门限位开关SQ2损坏，使开门继电器KA01不能得电，电梯无法开门。短接26、02两点，电梯能开门，说明SQ2损坏，更换SQ2后，电梯开门正常。

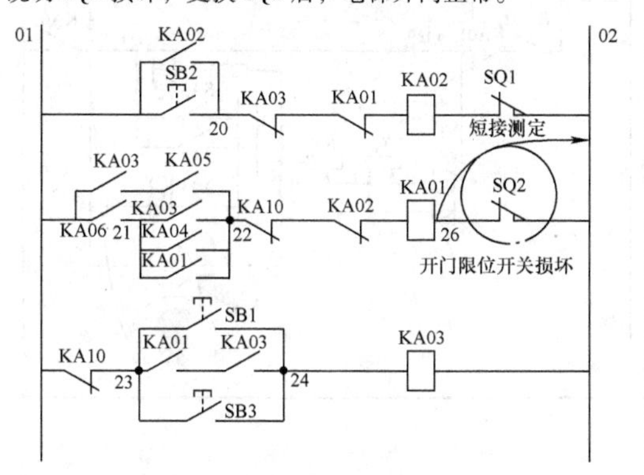

2）门区继电器KA06损坏，使开门继电器KA01不能得电，更换门区继电器KA06。

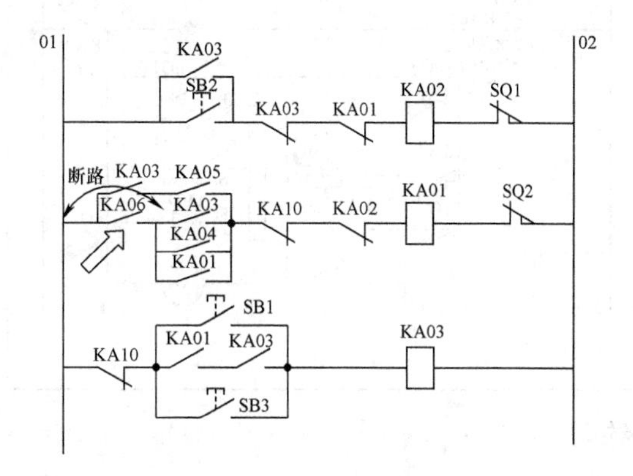

3）开门回路出现故障，运行继电器KA10常闭触头不通。

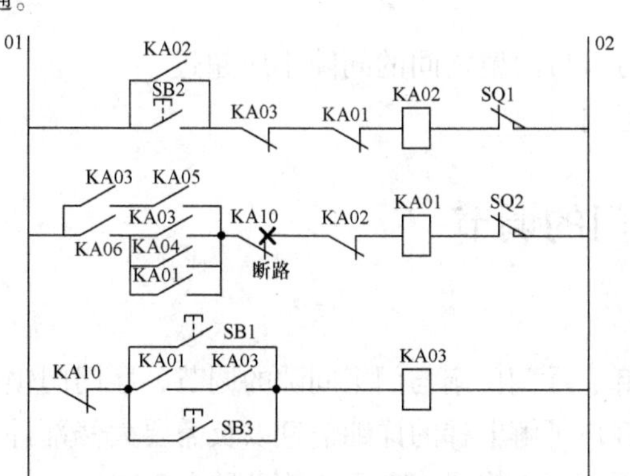

4）开门继电器KA01损坏，更换KA01。

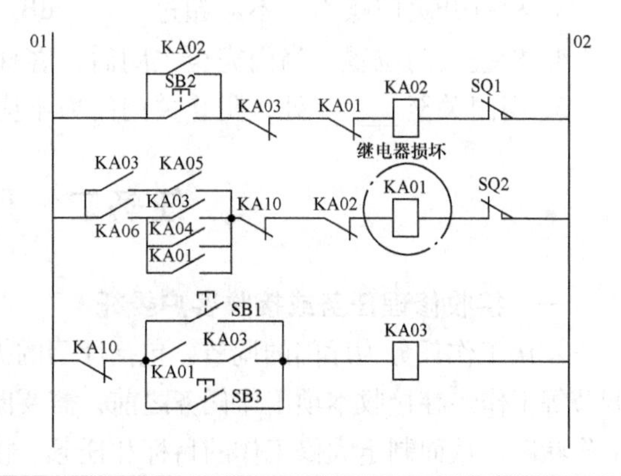

（3）电梯既不能关门，又不能开门

1）门机电路熔断器FU01过松或熔断，应拧紧或更换。

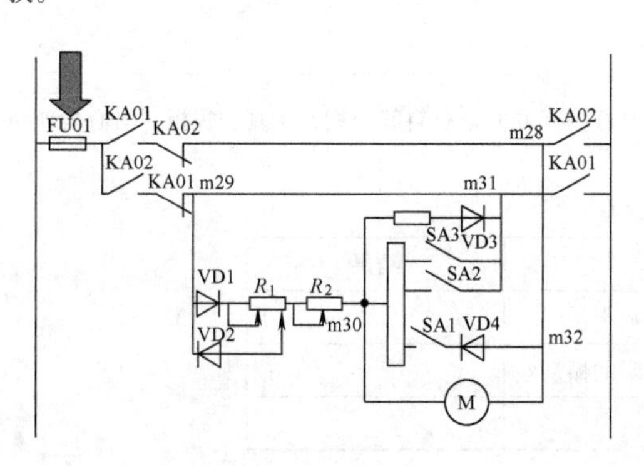

2）门机电阻R_1或R_2断丝不通，更换电阻R_1或R_2。

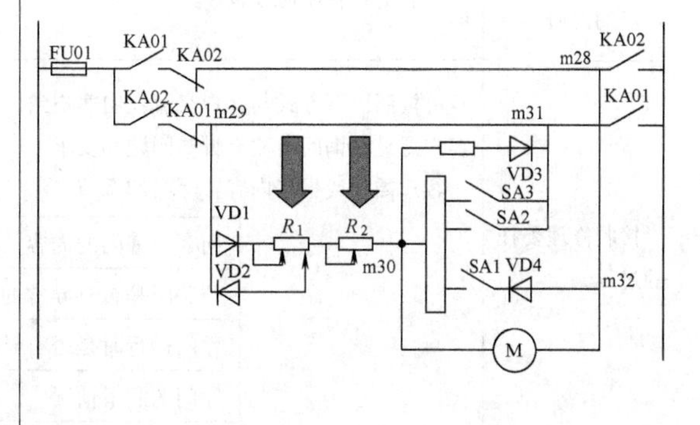

（续）

3）门机电路个别连接端点 m28、m29、m30、m31 或 m32 松动脱落，拧紧使电路畅通。	4）门机电动机 M 损坏，用万用表测量 M30、M28 之间的直流电压为 110V，而门机不转，说明电动机损坏，应加以修复或更换。

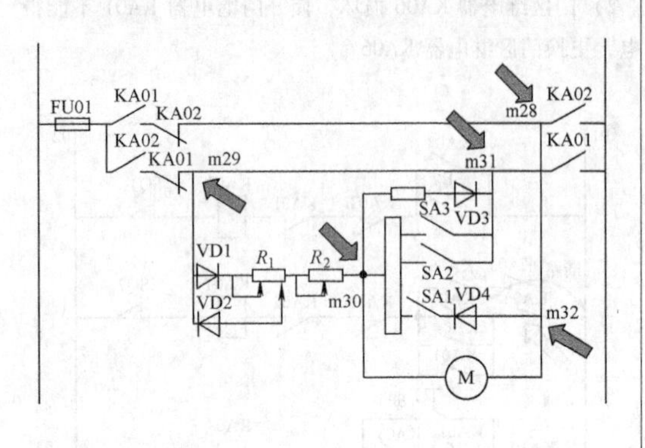

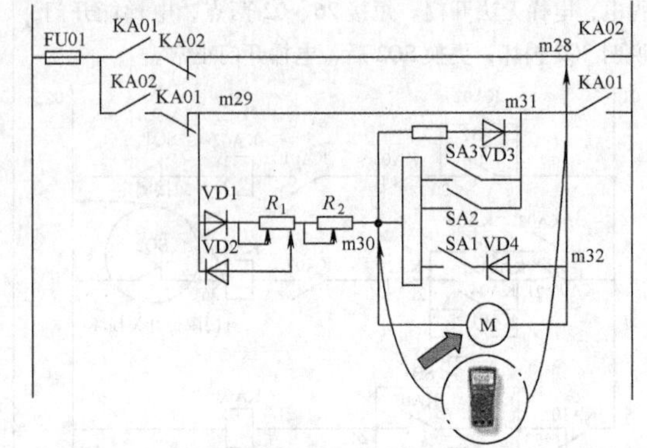

练习

1. 开门平稳、无振动和撞击，轿门凹入厅门门框______。
2. 当门开至______处时进行减速。当门开至______处，阻止开门的力不应超过______。
3. 检查开关门噪声，不应超过______dB。
4. 检查关门位置，当门完全关闭后，客梯门扇与门扇之间的间隙不应超过______。
5. 当门关至______处，阻止关门的力不应超过______。

任务二　厅门的调节

一、接收修理任务或接收客户委托

本次工作任务为厅门的调节，包括厅门的拆卸、厅门门扇与门扇间隙的调节、厅门门锁的调节等工作。在接收本项工作任务之前，需要向客户了解电梯的详细信息以及需要大修部件的工作状况，从而制定大修工作的目标和任务。接收电梯大修或修理委托信息见表 2-12。

表 2-12　接收电梯大修或修理委托信息表（厅门的调节）

<table>
<tr><th>工作流程</th><th>任务内容</th></tr>
<tr><td>接收电梯前与客户的沟通</td><td>见表 1-1 中对应的部分。</td></tr>
<tr><td>接收修理委托的过程</td><td>可按照以下方式与客户交流：向客户致以友好的问候并进行自我介绍；认真、积极、耐心地倾听客户意见；询问客户有哪些问题和要求。
客户委托或报修内容：厅门的调节
<table>
<tr><th>向客户询问的内容</th><th>结果</th></tr>
<tr><td>开关门是否有异常的响声？</td><td></td></tr>
<tr><td>厅门运行时是否有异常的振动？</td><td></td></tr>
<tr><td>厅门的润滑情况？</td><td></td></tr>
</table></td></tr>
</table>

（续）

工作流程	任务内容
接收修理委托的过程	1. 接收电梯维修任务过程中的现场检查 （1）检查门挂轮、门导轨及门滑块的使用情况。 （2）检查厅门各部件的调整尺寸。 2. 接收修理委托 （1）询问用户单位、地址。 （2）请客户提供电梯准运证、铭牌。 （3）根据铭牌识别电梯生产厂家、型号、控制方式、载重量及速度。 （4）向客户解释故障产生的原因和工作范围，指出必须进行厅门的调整。 （5）询问客户是否还有其他要求。 （6）确定交接电梯的日期。 （7）询问客户的电话号码，以便进行回访。 （8）与客户确认修理内容并签订维修合同。 客户在维修合同上签字表示规定合同双方权利和义务的“一般性交易条件”成为合同的要件。 通常情况下，与客户争论、未按规定执行维修工作会影响电梯经销商的服务形象，而且可能导致客户向经销商提出更换部件或赔偿要求。
任务目标	完成厅门的调节。
任务要求	（1）正确拆卸门锁、门挂板、门扇及门钢丝绳。 （2）检查门锁、门钢丝绳的使用状态。 （3）判断门锁、门挂轮及门钢丝绳是否需要更换。 （4）正确安装门锁、门挂板、门扇及门钢丝绳。
对完工电梯进行检验	符合 GB 7588—2003《电梯制造与安装安全规范》及 GB/T 10060—2011《电梯安装验收规范》的相关规定。
对工作进行评估	先以小组为单位，共同分析、讨论装配工艺并完成试装；小组成员独力完成装配调试操作；各小组上交一份所有小组成员都签名的实习报告。

你可能需要获得以下的资讯，才能更好地完成工作任务

二、信息收集与分析

（一）信息的整理、组织和记录

对收集的信息要进行分析、了解概况，并理解文字的内容，标记出涉及维修工作或待维修部件的关键内容。将维修工作中需要使用的工具列出详细的清单，并对维修过程中的拆卸、安装和调整工艺进行深入了解。在工作前完成表 2-13 的填写。

表 2-13　厅门的调节信息整理、组织、记录表

1. 信息分析	
厅门由哪些部件组成？	如何进行厅门的调节？
2. 工具、检测工具	
执行任务时需要哪些工具？	执行任务时需要哪些检测工具？
3. 维修	
需要进行哪些拆卸和调整工作？	制造商给出了哪些安装数据？

（二）相关专业知识

1. 厅门的基本结构

厅门主要由厅门挂板、门板、门滑轮、门导轨、厅门滚轮、门滑块及地坎等组成。厅门是从动门，由轿门通过轿门刀来带动，因此厅门的开门方式应与轿门一致，即轿门是中分式，厅门也是中分式；轿门是旁开式，厅门也是旁开式。

（1）门滑轮与门导轨　厅门和轿门的顶部装有滑轮，门扇通过滑轮挂在门导轨架上。轿门的导轨架装在轿厢上，厅门的导轨架装在厅门门框内侧的上方，如图 2-7 所示。

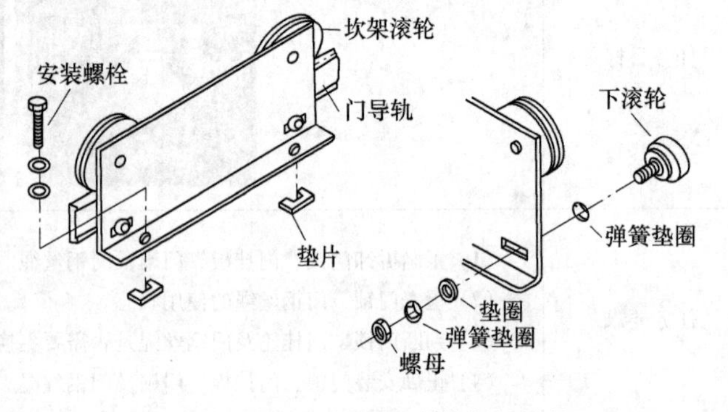

图 2-7　厅门、轿门的滑轮与门导轨

如果挂轮轴过于松动、发出异常的响声、动作不灵活，或门挂轮表面磨损、剥落、损坏，则需要更换门挂板。如果门导轨磨损超过 0.3mm，则需要更换门导轨。

（2）门滑块与地坎　在厅门、轿门的下部都装有尼龙导向滑块，滑块嵌入地坎槽中。开关门时，滑块沿着槽滑动，配合门滑轮，起导向作用，如图 2-8 所示。

应保持门滑块、地坎槽的表面及滑槽的清洁，否则门将不能顺畅、正常的开和关。

（3）钢丝绳联动机构　采用钢丝绳联动机构时，主门与钢丝绳连接，钢丝绳的两头均固定在导轨支架上，当主门移动时，通过动滑轮带动副门。采用这种结构时，门锁的电气联动只能保证一扇门的关闭，当钢丝绳打滑或断裂时，电梯在另一扇门未关闭的情况下，仍能起动运行，这是非常不安全的，容易发生剪切的安全事故。为此，应设置门关闭确认开关，使电梯只有在门锁和关门限位开关确认完全闭合时，才能起动。

（4）自动门锁　自动门锁是电梯自动门的机械电气联锁装置，安装在厅门上，它有如下两方面的功能：

1）锁住厅门，使在厅外的维修人员只能用锁匙才能打开厅门。

2）锁合时接通电梯控制电路，打开时断开电梯控制电路。

（5）强迫关门装置　弹簧式强迫关门装置连接于开关门杠杆与厅门框架的立柱上。调

整弹簧螺母，轻微打开两扇厅门，使厅门能自行关闭即可（关闭后之作用力为60~80N）。

重锤式强迫关门装置是通过安装在厅门框一侧的一个重锤带动主动门，主动门再带动从动门，从而强迫关门的一种装置。

强迫关门装置安装好后，要确认下述事项：

1）用手上下扯动重锤时，重锤应在导向件内轻轻滑动。

2）钢丝绳上挡铁和滑轮的间隙应在0.5~1mm内。

（6）门挂板　如果门挂轮与门导轨的间隙不在要求范围内，调整门挂轮的固定螺钉以达到要求。如果门挂板的安装水平度不符合要求，则需要调整上坎架的固定螺栓，使上坎架、门导轨水平。厅门、轿门一般采用1~1.5mm厚的薄钢板制成。

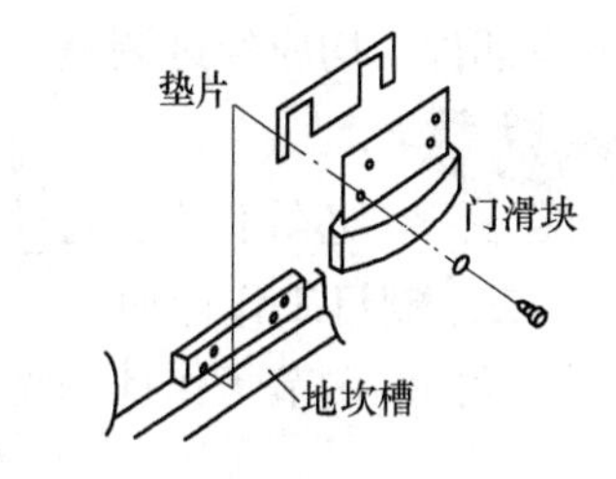

图2-8　厅门、轿门滑块

2. 电梯门系统故障排除的基本方法

由于电梯门系统的机械零部件或门系统中的电气元器件自然磨损或损坏，使门系统失去原设计中预定的一个或一个以上的主要功能，导致电梯不能正常开关门，影响电梯的使用，甚至造成设备事故乃至人身事故，以上的情况通称为电梯门系统的故障。

造成门系统故障的原因是多方面的，既与制造厂家配套零部件的质量、安装质量有关，又同维护保养的质量有很大的关系。所以要求电梯维修人员加强日常的维护保养，把故障消灭在萌芽之中；另一方面，门系统一旦出现故障，维护人员又必须有一条清晰的思路和一套寻找故障的方法，能迅速、准确、及时、高质量地予以排除。

门系统一旦发生故障，维修人员应尽快判断出故障所在，并加以排除。寻找故障的思路一般是由大到小，最后定位。由于门系统是机电一体化设备，而电气系统又是由电动机和各控制电路组成的，从大处着眼，门系统的故障也就是发生在机械和电气两大系统之中。所以，应该先判断出故障是出于哪个部分，是机械部分还是电气部分；再判断故障出于哪个部件或哪个控制电路，最后才能判断出在那个元器件（或触头）上。一般来说，门系统的故障约占电梯全部故障的75%~80%，而其他电气故障只占20%~25%。

如果把门和自动开关门机构划入电气系统，那么，机械系统的故障率是比较低的。但是机械系统一旦发生故障，往往会造成严重的后果，轻则需要较长的停梯修理时间，重则会造成设备的严重损坏。因此，要做好电梯的日常维护保养，尽可能减少机械系统的故障。

机械系统的常见故障原因有如下几种。

（1）润滑问题出现的故障　润滑的作用是减小摩擦力、减小磨损、提高效率和延长机件使用寿命，同时还起到冷却、防锈、减振和缓冲的作用。若润滑油太少、质量差，或润滑不当，将造成机械部分的发热、烧蚀或轴承的损坏。

（2）自然磨损引起的故障　机械部件在运转过程中，自然磨损是很正常的。只要及时地调整、保养，电梯就能正常运行。如果不能及时发现滑动、滚动部件的磨损情况并加以调整，就会加速机件的磨损，从而造成机件的损坏，造成电梯故障。

（3）连接件松脱引起的故障　电梯在运行过程中，由于振动等原因会造成紧固件松动或松脱，使机件脱落或失去原有的精度，从而造成磨损、碰坏机件，造成电梯故障。

从上面分析的原因可知，只要注意日常的维护保养工作，定期润滑有关部件、检查紧固件情况和调整机件的工作间隙，就能大大地减少机械系统的故障。故障部位一经确定，就应按电梯相关技术的要求，把出现故障的部件进行拆卸、清洗、润滑和调整。能修复的，可按技术图样尺寸修复后使用；不能修复的，则应按原型号规格更换新的部件。无论是修复还是更换部件，均应经过调整、调试并试运行后，方可使用。

还等什么？赶快制订出工作计划并实施它

三、制订工作计划

厅门的调节工作计划见表2-14。

表2-14　厅门的调节工作计划表（权重0.1）

<table>
<tr><td>1. 小组成员有几人？组长是谁？</td><td colspan="4"></td></tr>
<tr><td rowspan="2">2. 所维修的电梯是什么型号？</td><td colspan="2">电梯型号</td><td colspan="2"></td></tr>
<tr><td colspan="2">厅门型号</td><td colspan="2"></td></tr>
<tr><td>3. 准备根据什么资料操作？</td><td colspan="4"></td></tr>
<tr><td>4. 完成该工作，需要准备哪些设备、工具？</td><td colspan="4"></td></tr>
<tr><td>5. 要在12个学时内完成工作任务，同时要兼顾每个组员的学习要求，人员是如何分工的？</td><td>工作对象
厅门</td><td>人员安排</td><td>计划工时</td><td>质量检验员</td></tr>
<tr><td>6. 工作完成后，要对每个组员给予评价，评价方案是什么？</td><td></td><td></td><td></td><td></td></tr>
</table>

四、工作任务实施

（一）拆卸和安装指引

厅门的调节指引见表2-15。表中规范了厅门的修理程序，细化了每一步工序。使用者可以根据指引的内容进行修理工作，从而使厅门处于良好的工作状态。

表2-15　厅门的调节指引

<table>
<tr><td colspan="3">1. 准备工作</td></tr>
<tr><td colspan="3">1）电梯置于检修状态下，维修人员上轿顶。
2）电梯开至能方便拆卸厅门的位置。
3）切断电梯主电源。
4）在厅门外设置好防护栏。</td></tr>
<tr><td colspan="3">2. 厅门的拆卸、安装与调整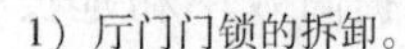</td></tr>
<tr><td>1）厅门门锁的拆卸。
</td><td>2）门扇的拆卸。
</td><td>3）厅门联动钢丝绳的拆卸。
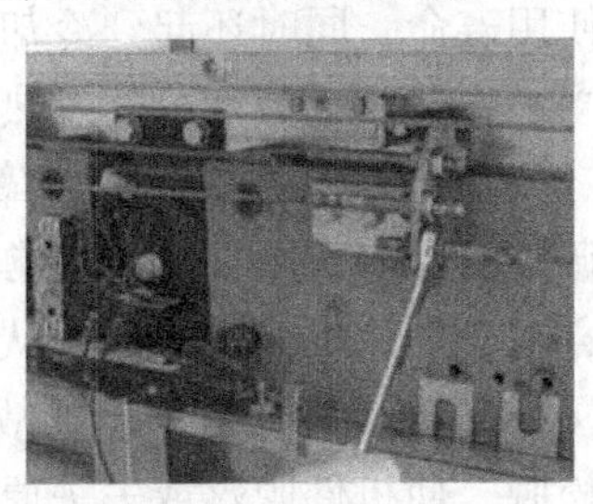</td></tr>
</table>

（续）

4）门挂板的拆卸。 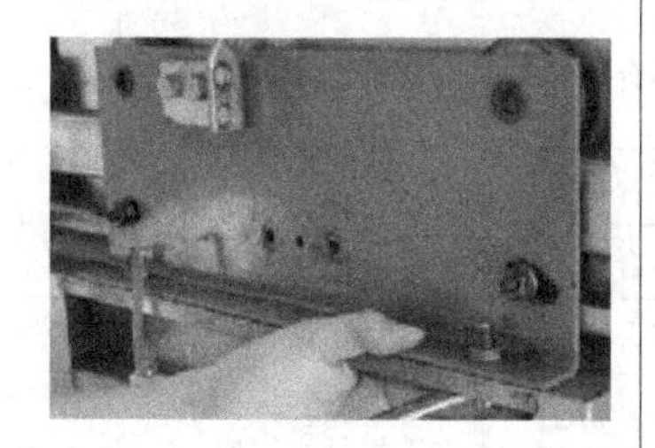	5）清洁门导轨、门挂轮及偏心轮。门滑轮的滚动轴承和其他摩擦部位都应润滑。 	6）安装门挂板、门钢丝绳。 
7）安装门扇。 	8）安装门锁。 	9）调节偏心轮。 

3. 复位运行
1）复位门机电源。 2）检查层厅门运行是否平稳。 3）电梯在中间层运行，检查门机是否有异常响声。 4）检查开关门噪声，不应超过65dB。

4. 注意事项
1）事故预防措施：遵守电梯安装维修工安全操作规程。 2）废弃处理：沾有机油的废弃物属于需要特别监控的废弃物，应将废弃物收集在合适的容器内。 3）辅助材料的准备：砂纸、润滑油液、垫片及棉纱等。 4）工具的准备：套装工具及万用表等。 5）质量保证：符合GB 7588—2003《电梯制造与安装安全规范》及GB/T 10060—2011《电梯安装验收规范》的相关规定。

（二）厅门的调节实施记录

实施记录表是对修理过程的记录，保证修理任务按工序正确执行。根据实施记录表可对修理的质量进行判断。厅门的调节实施记录见表2-16。

表 2-16 厅门的调节实施记录表（权重 0.3）

厅门的调节			检查人/日期		
步骤	序号	检查项目	技术标准	完成情况	分值
准备工作	1	电梯置于检修状态下，维修人员上轿顶，电梯开至能方便拆卸厅门的位置	合格□不合格□	工作是否完成____	★
	2	切断电梯主电源	合格□不合格□		★
	3	在厅门外设置好防护栏	合格□不合格□		★
拆卸	4	厅门门锁的拆卸	合格□不合格□	工作是否完成____	6
	5	门扇的拆卸	合格□不合格□		6
	6	层门联动钢丝绳的拆卸	合格□不合格□		6
	7	门挂板的拆卸	合格□不合格□		6
清洁	8	清洁门导轨、门挂轮及偏心轮	合格□不合格□	工作是否完成____	6
	9	门滑轮的滚动轴承和其他摩擦部位都应润滑	合格□不合格□		6
装配	10	安装门挂板、门钢丝绳	合格□不合格□	工作是否完成____	6
	11	调整偏心轮，使之与厅门导轨下端面间的间隙不应大于 0.5mm，从而使门扇在运行时平稳、无跳动现象	合格□不合格□		6
	12	安装门扇	合格□不合格□		6
	13	中分式门的门扇在对口处的平行度不应大于 1mm	合格□不合格□		6
	14	门缝的尺寸在整个可见高度上均不应大于 2mm	合格□不合格□		6
	15	门扇沿导轨的水平方向，任何部位牵引时其阻力应小于 300N，用手移动厅门应轻便灵活	合格□不合格□		6
	16	厅门的门扇与门套、门扇与门扇的间隙均不超过 6mm	合格□不合格□		6
	17	安装门锁。厅门锁钩、锁臂及动触头动作灵活，在电气安全装置动作之前，锁紧元件的最小啮合长度为 7mm，关门时应无撞击声，接触良好	合格□不合格□		6
运行	18	复位主电源	合格□不合格□	工作是否完成____	6
	19	检查厅门运行是否平稳	合格□不合格□		6
	20	电梯在中间层运行时，检查门机是否有异常响声	合格□不合格□		6
	21	检查开关门噪声，不应超过 65dB	合格□不合格□		6

评分依据：★项目为重要项目，一项不合格，检验结论为不合格。其他项目为一般项目，扣分不超过 20 分（包括 20 分），检验结论为合格；超过 20 分，为不合格

完成了，仔细验收，客观评价，及时反馈

五、工作验收、评价与反馈

（一）工作验收

维修工作结束后，电梯维修工应确认是否所有部件和功能都正常。维修站应会同客户对

电梯进行检查，确认所委托电梯修理工作已全部完成，并达到客户的修理要求。厅门调节的工作交接验收见表2-17。

表2-17　厅门调节的工作验收表（权重0.1）

<table>
<tr><td colspan="2">1. 工作验收</td></tr>
<tr><td>验收步骤</td><td>验收内容</td></tr>
<tr><td>（1）是否按工作计划进行了所有工作？</td><td>（1）把工作计划中的所有项目检查一遍，确认所有项目都已经圆满完成，或者在解释说明范围内给出了详细的解释。</td></tr>
<tr><td>（2）哪些工作项目必须以现场直观检查的方式进行检查？</td><td>（2）检查以下工作项目
<table><tr><td>现场检查</td><td>结果</td></tr><tr><td>门扇与门扇、门扇与门框、门扇与地坎的间隙</td><td></td></tr><tr><td>门扇运行时是否有异常的响声和振动</td><td></td></tr><tr><td>钩子锁的啮合间隙</td><td></td></tr></table></td></tr>
<tr><td>（3）是否遵守规定的维修工时？</td><td>（3）拆卸、安装与调整厅门的规定时间是30min。
合格□不合格□</td></tr>
<tr><td>（4）厅门是否干净整洁？</td><td>（4）检查厅门是否干净整洁，各种保护罩是否已经装好。
合格□不合格□</td></tr>
<tr><td>（5）哪些信息必须转告客户？</td><td>（5）指出需要更换门滑轮、门锁触头，同时要对厅门进行整体拆卸、清洁润滑和调整。</td></tr>
<tr><td>（6）对质量改进的贡献？</td><td>（6）考虑一下，维修和工作计划准备，工具、检测工具、工作油液和辅助材料的供应情况，时间安排是否已经达到最佳程度。
提出改善建议并在下次修理时予以考虑。</td></tr>
<tr><td colspan="2">2. 记录</td></tr>
<tr><td colspan="2">（1）是否记录了配件和材料的需求量？
（2）是否记录了工作开始和结束的时间？</td></tr>
<tr><td colspan="2">3. 大修后的咨询谈话</td></tr>
<tr><td>客户接收电梯时期望维修人员对下述内容作出解释：
（1）检查表。
（2）已经完成的工作项目。
（3）结算单。
（4）移交维修记录本。</td><td>在维修后谈话时，应向客户转告以下信息：
（1）发现异常情况，如门扇变形、油漆剥落。
（2）电梯日常使用中应注意之处。
（3）什么情况下需要进行厅门的调节。</td></tr>
<tr><td colspan="2">4. 对解释说明的反思</td></tr>
<tr><td colspan="2">（1）是否达到了预期目标？
（2）与相关人员的沟通效率是否很高？
（3）组织工作是否很好？</td></tr>
</table>

（二）工作任务评价与总结

厅门调节的自检、互检记录见表2-18。

表2-18　厅门调节的自检、互检记录表（权重0.1）

自检、互检记录	备注
各小组学生按技术要求检测设备并记录 检测问题记录：____ ____。	自检
各小组分别派代表按技术要求检测其他小组设备并记录 检测问题记录：____ ____ ____。	互检
教师检测问题记录：____ ____ ____。	教师检验

（三）小组总结报告

各小组总结本次任务中出现的主要问题和难点及其解决方案，报告见表2-19。

表2-19　小组总结报告（权重0.1）

维修任务简介：____ ____ ____。	
学习目标	
维修人员及分工	
维修工作开始时间和结束时间	
维修质量：____ ____ ____。	
预期目标	
实际成效	
维修中最有特色的部分	
维修总结：____ ____ ____。	
维修中最成功的是什么？	
维修中存在哪些不足？应作哪些调整？	
维修中所遇问题与思考？（提出自己的观点和看法）	

（四）填写评价表

维修工作结束后，维修人员填写工作任务评价表，并对本次维修工作进行打分，见表2-20。

表2-20　厅门调节的评价表

<table>
<tr><td colspan="8">×××学院评价表</td></tr>
<tr><td colspan="3">项目二　门系统的修理
任务二　厅门的调节</td><td colspan="2">班级：________
小组：________
姓名：________</td><td colspan="3">指导教师：________
日期：________</td></tr>
<tr><td rowspan="2">评价项目</td><td rowspan="2">评价标准</td><td rowspan="2">评价依据</td><td colspan="3">评价方式</td><td rowspan="2">权重</td><td rowspan="2">得分小计</td></tr>
<tr><td>学生自评（15%）</td><td>小组互评（60%）</td><td>教师评价（25%）</td></tr>
<tr><td>职业素养</td><td>（1）遵守企业规章制度、劳动纪律
（2）按时按质完成工作任务
（3）积极主动承担工作任务，勤学好问
（4）人身安全与设备安全</td><td>（1）出勤
（2）工作态度
（3）劳动纪律
（4）团队协作精神</td><td></td><td></td><td></td><td>0.3</td><td></td></tr>
</table>

六、拓展知识——维修实例

1）运行过程中，厅门滑块发出吱吱声，见表2-21。

表2-21　维修实例（一）

<table>
<tr><td>1. 现场直接观察</td><td>2. 检查项目</td></tr>
<tr><td>1）电梯运行时，在轿厢内听到异常响声。
2）厅门运行时，有轻微地晃动。
3）手轻推厅门，纵向移动距离较大。</td><td>1）检查厅门滑块的磨损程度。
2）检查门滑块的安装位置。
3）检查门滑块的安装螺栓是否紧固。
4）检查地坎槽的磨损及损坏情况。
5）检查厅门地坎内是否有积灰、厅门滑块留下的黑色橡胶残留物或别的异物，及时清洁厅门地坎。</td></tr>
<tr><td>3. 信息收集：厅门滑块</td><td>4. 现场检测</td></tr>
<tr><td>在门的下部都装有尼龙导向滑块，滑块嵌入地坎槽中。开关门时，滑块沿着槽滑动，配合门滑轮起导向作用。
当检查到地坎表面与门板底面间隙不在要求范围内，则可以通过加减门板下的垫片来进行调整。如果门滑块滑动时撞击地坎槽的边缘（但门滑块没有变形），则可能使门板变形。在这种情况下，可通过调整厅门上坎架来消除门板的变形。
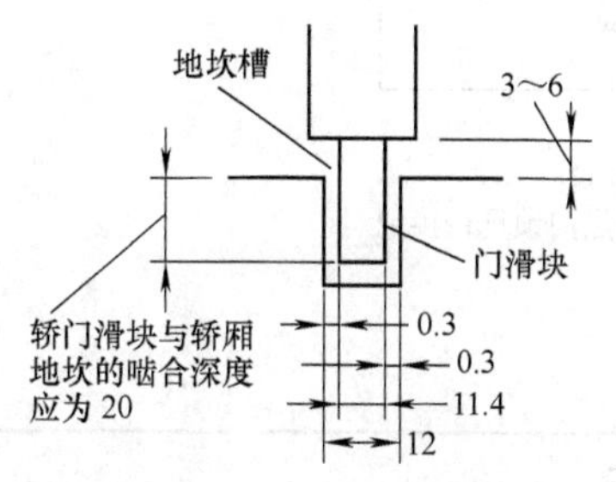
</td><td>门滑块磨损超过1mm，已达到更换要求，则需要更换滑块。
轿门与厅门使用相同的门滑块。轿门安装用上孔，厅门安装用下孔，根据需要进行调整。

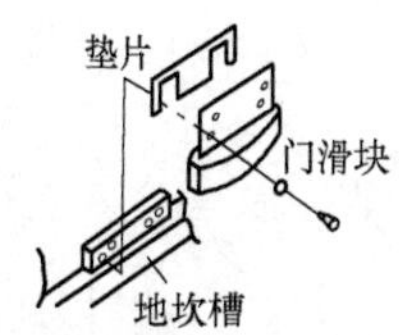

检查门滑块的安装螺栓是否紧固，如果安装螺栓松动，应及时紧固安装螺栓。
厅门门扇与地坎的间隙1～6mm。</td></tr>
</table>

（续）

5. 原因：轿门滑块磨损超过规定值
6. 修理
1）维修人员把电梯置于轿顶检修状态，使电梯点动运行。 2）切断电梯主电源。 3）拆除厅门滑块，更换新的厅门滑块。 4）调整门滑块，使门滑块在地坎槽内运行灵活，无异常的响声。

2）厅门门锁未接通，电梯无法运行，见表2-22。

表2-22　维修实例（二）

<table>
<tr><td colspan="2">1. 厅门电路故障信息
元件代码：SA8——轿门联锁开关，SA9——厅门联锁开关，KA05——门联锁继电器</td></tr>
<tr><td>厅门未关闭到位，厅门联锁开关SA9未能接通，门联锁继电器KA05不能得电，因而不能起动。

</td><td>轿门闭合到位，但轿门联锁开关SA8未接通，门联锁继电器KA05不能得电，因而不能起动。
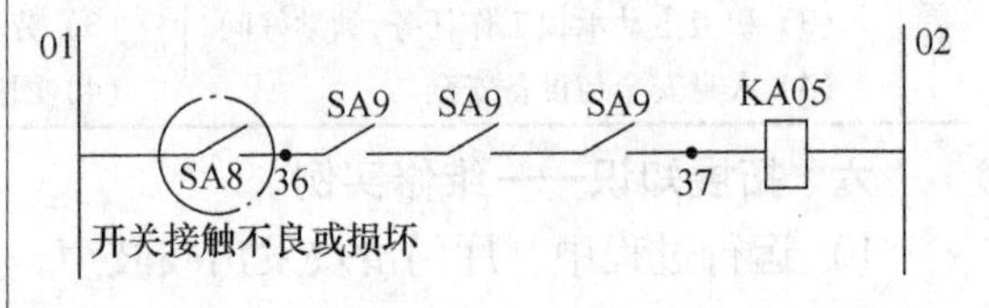
</td></tr>
<tr><td colspan="2">2. 厅门门锁故障的排除方法</td></tr>
<tr><td colspan="2">电梯故障中的70%～80%都集中在厅门，厅门的故障又主要集中在门锁上。掌握正确的排除故障的方法，能极大地提高工作效率。</td></tr>
<tr><td>维修人员在机房切断电梯主电源。
拆除厅门门锁连接线。
拆除连接端子
01　02　SA8　SA9　SA9　SA9　KA05　36　37</td><td>短接厅门门锁端子36、37。
接通主电源开关，维修人员将电梯置于检修状态。
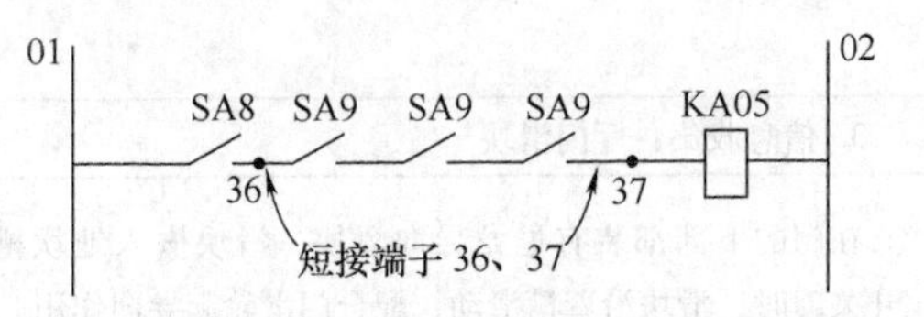
</td></tr>
<tr><td colspan="2">将顶层门锁与地接通。
用万用表检测中间层门锁是否接地，如果接地，证明断点在顶层与中间层之间，依次类推，直至故障被排除。
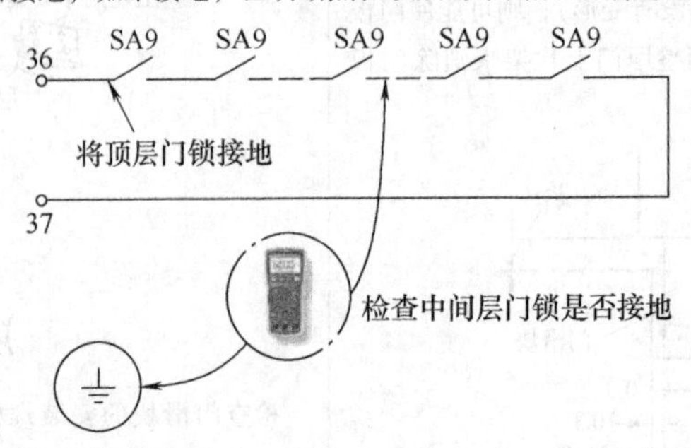
</td></tr>
</table>

3）关门过程中，关门不顺畅、有异响，见表2-23。

表 2-23 维修实例（三）

1. 现场直接观察	2. 检查项目
关门过程中，关门不顺畅、有异响。	1）检查门挂板挂轮轴是否松动。 2）检查门挂板滚轮轴承是否转动灵活，是否有磨损、脱落及损坏等情况。 3）检查偏心轮与门导轨之间的间隙是否为 0.5 ~ 1.0mm。 4）检查偏心轮是否滚动灵活，固定是否牢固。 5）检查门导轨是否有锈蚀及磨损情况、门导轨的固定螺栓是否紧固。
3. 修理	
（1）厅门导轨的调整	（2）安装门扇联动机构
调整门导轨中垂线与地坎槽中心的偏差。 调整门导轨的垂直度。 调整方法：在门导轨支架与厅门横梁间用垫片加以调整。	撑臂联动：装配撑臂式联动机构。 链条联动：截链条并装配链条联动结构。 钢丝绳联动：截钢丝绳并装配钢丝绳联动机构。
（3）调整厅门联动机构	（4）门挂板的调整
门开净宽 ±5mm 时，两扇厅门应平齐。 联动钢丝绳和联动链条的张紧力符合规定要求。施加 150N 的力，钢丝绳扰度变化不超过 5mm。 用手推拉厅门不应有噪声、冲击及不顺畅的现象。 设有机械强迫开关门机构的厅门，应在任何位置下都能靠自身力可靠地关闭厅门。	门挂板与门导轨之间的间隙为 3 ~ 5mm，两边的门挂板与门导轨的间距之差不超过 1mm，门挂轮与门导轨之间的间距为 0.1 ~ 0.3mm。 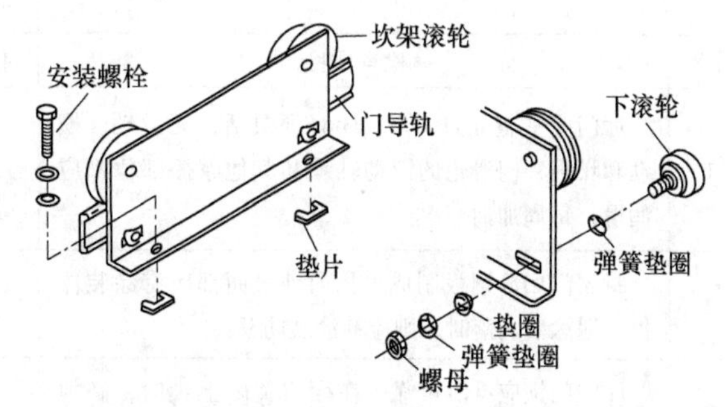 检查门挂板上的固定螺栓是否紧固、门挂板是否变形、门挂轮轴是否松动、门挂轮动作是否灵活、门挂轮是否有磨损、脱落及损坏的情况。 检查门导轨是否有锈蚀、是否有磨损、门导轨的固定螺栓是否紧固及门导轨上是否积灰，特别是门导轨的两端。 门导轨上平面与地坎上平面要平行，在门导轨两端的高度误差不超过 ±0.5mm。
（5）厅门的安装	
门导轨校正好后，安装厅门，先把门挂板连接在厅门上端。在门挂板与厅门上端连接处，用垫片组来调整地坎与层门间隙，不得超过 6mm。 安装门滑块时，门滑块的安装要使门扇对地坎槽取中，不得有歪斜现象。 厅门安装好后，用手推拉轻滑，启、闭应轻便灵活，每扇厅门开关阻力不得超过 300N。 厅门与厅门门框的间隙要均匀，不得超过 6mm。 对于中分式厅门，当门关闭后，两扇门之间的平面误差不得超过 1mm，门缝要直且均匀，不得超过 ±2mm。	

（续）

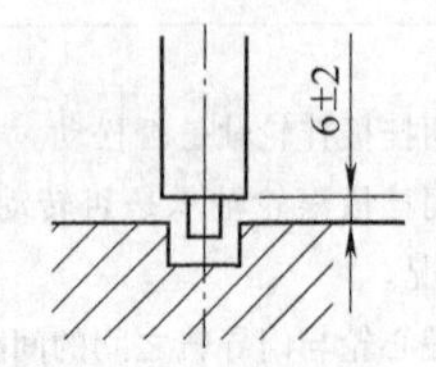

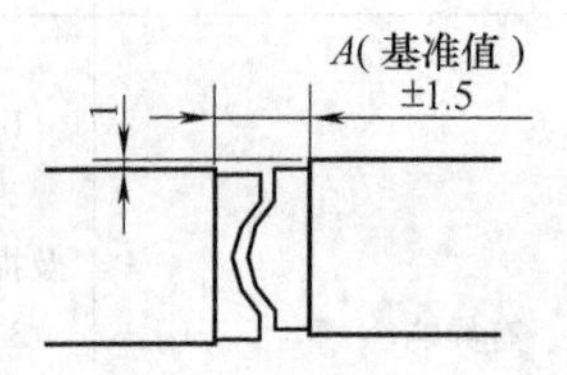

厅门偏心轮与导轨下端面之间的间隙应调整至 0.5mm。

调整厅门的垂直度误差不超过 1mm。

调整门扇与门扇、门扇与门框、门扇与地坎的间隙不应超过 6mm。

（6）厅门门锁的安装	（7）厅门门锁的调整
将轿门关闭，从轿门门刀顶面放一根铅垂线至轿门地坎，然后在轿门地坎上刻出门刀宽度线。 电梯慢车运行，根据轿门刀宽度刻线位置安装各层厅门门锁。	厅门关闭后，调整门锁锁钩与锁盒的间隙。 厅门关闭后，调整厅门滚轮与轿门地坎的间距。 厅门门锁电气触头的随动量：3mm ± 1mm。 解锁行程：5.5mm ± 1mm。

4）日立电梯厅门调整检查表见表 2-24。

表 2-24　厅门调整检查表

厅门的检查		检查人/日期				
序号	检查项目	技术标准	自检记录	自检整改	互检记录	互检整改
1	厅门应平整立直，启、闭轻便灵活，无跳动、摆动和噪声，门滑轮的滚动轴承和其他摩擦部位都应润滑，每周加油一次	合格	合格□ 不合格□	合格□ 不合格□	合格□ 不合格□	合格□ 不合格□
2	封闭门用薄钢板制成，凡内外表面都应有涂装保护，遇涂装剥落时，则应补涂装防锈	合格	合格□ 不合格□	合格□ 不合格□	合格□ 不合格□	合格□ 不合格□
3	厅门门锁应灵活可靠，在厅门关闭上锁时，必须保证不能从外面开启	合格	合格□ 不合格□	合格□ 不合格□	合格□ 不合格□	合格□ 不合格□
4	厅门和轿门的控制电路应灵敏、安全可靠。电梯只能在门关闭、门锁触头闭合接通的情况下运行	合格	合格□ 不合格□	合格□ 不合格□	合格□ 不合格□	合格□ 不合格□
5	当厅门、轿门开启，电路触头断开时，电梯应不能起动，即使在运行过程中，电梯也应能立刻停止运行	合格	合格□ 不合格□	合格□ 不合格□	合格□ 不合格□	合格□ 不合格□
6	各门锁钩、锁臂及动触头动作灵活，在电气安全装置动作之前，锁紧元件的最小啮合长度为 7mm，关门时无撞击声，接触良好	7mm	合格□ 不合格□	合格□ 不合格□	合格□ 不合格□	合格□ 不合格□
7	地坎表面相对水平面的倾斜度不应超过 2mm/1000mm，并抹成与水平面倾斜度为 1/100～1/50 的过渡斜坡	2mm/1000mm	合格□ 不合格□	合格□ 不合格□	合格□ 不合格□	合格□ 不合格□

（续）

厅门的检查		检查人/日期				
序号	检查项目	技术标准	自检记录	自检整改	互检记录	互检整改
8	各层厅门地坎至轿门地坎的距离偏差均不超过0～+3mm	0～+3mm	合格□ 不合格□	合格□ 不合格□	合格□ 不合格□	合格□ 不合格□
9	厅门轨道与地坎槽在导轨两端和中间三处间距的偏差均不应超过±1mm，即导轨与地坎槽尽可能保持平行	合格	合格□ 不合格□	合格□ 不合格□	合格□ 不合格□	合格□ 不合格□
10	厅门导轨与地坎槽的平行度不应超过1mm，即导轨与地坎槽不能倾斜	合格	合格□ 不合格□	合格□ 不合格□	合格□ 不合格□	合格□ 不合格□
11	厅门导轨水平度不应超过0.5mm/1000mm。厅门导轨不能扭斜，其垂直度不应超过0.5mm/1000mm	0.5mm	合格□ 不合格□	合格□ 不合格□	合格□ 不合格□	合格□ 不合格□
12	开门刀与各层厅门地坎、厅门滚轮与轿厢地坎间的间隙均应为5～10mm	合格	合格□ 不合格□	合格□ 不合格□	合格□ 不合格□	合格□ 不合格□
13	厅门的门扇与门套、门扇与门扇间的间隙均不超过6mm	6mm	合格□ 不合格□	合格□ 不合格□	合格□ 不合格□	合格□ 不合格□
14	门扇沿导轨水平方向、任何部位牵引时，其阻力应小于300N。用手移动门时，应当轻便灵活	合格	合格□ 不合格□	合格□ 不合格□	合格□ 不合格□	合格□ 不合格□
15	厅门框架立柱的垂直度和横梁的水平度均不应超过1mm/1000mm	1mm/1000mm	合格□ 不合格□	合格□ 不合格□	合格□ 不合格□	合格□ 不合格□
16	调整滚轮架上的偏心轮，使其与导轨下端面间的间隙不应大于0.5mm，从而使门扇在运行时平稳、无跳动现象	0.5mm	合格□ 不合格□	合格□ 不合格□	合格□ 不合格□	合格□ 不合格□
17	中分式门的门扇在对口处的平面误差不应大于1mm。门缝的尺寸在整个可见高度上均不应大于2mm	1mm	合格□ 不合格□	合格□ 不合格□	合格□ 不合格□	合格□ 不合格□
18	对于装有强迫关门装置的电梯厅门门扇，当轻微用手扒开门缝时，该装置应使门闭合严密	合格	合格□ 不合格□	合格□ 不合格□	合格□ 不合格□	合格□ 不合格□

检查记录：

练习

1. 门滑块磨损超过______，已达到更换要求，则需要更换滑块。
2. 中分式门的门扇在对口处的平行度不应大于______，门缝的尺寸在整个可见高度上均不应大于______。

3. 门扇沿导轨水平方向，任何部位牵引时其阻力应小于______，用手移动门应当轻便灵活。

4. 厅门的门扇与门套、门扇与门扇间的间隙均不超过______。

5. 各门锁钩、锁臂及动触头动作灵活，在电气安全装置动作之前，锁紧元件的最小啮合长度为______，关门时无撞击声，接触良好。

项目描述

1）导向系统的修理是电梯维修的重要内容之一。作为电梯维修工，对导向系统进行大修是重要的修理工作之一。

2）通过本项目的学习，学员应能独立规范地完成导向系统的大修工作并掌握导向系统的基本结构和工作原理，能做到举一反三。

3）通过本项目的学习，学员应熟悉维修作业的基本工作方法和工作流程，养成良好的职业习惯。

项目准备

1. 资源要求

1）电梯实训室、模拟井架两台及实训电梯一台。

2）各类检测仪器与仪表，通用维修工具10套。

3）多媒体教学设备。

2. 原材料准备

导轨油、润滑脂、除锈剂、清洁剂、砂纸及纱布等材料。

3. 相关资料

日立、三菱、奥的斯电梯维修手册，电子版维修资料。

工作任务

按企业工作过程（即资讯-决策-计划-实施-检验-评价）要求完成所提供电梯导向系统的修理工作。其中包括以下几方面：

1）导轨的测量、拆卸和调整。

2）电梯舒适感的调整。

预备知识

一、导向系统在电梯上的位置

导向系统在电梯上的位置如图 3-1 所示。

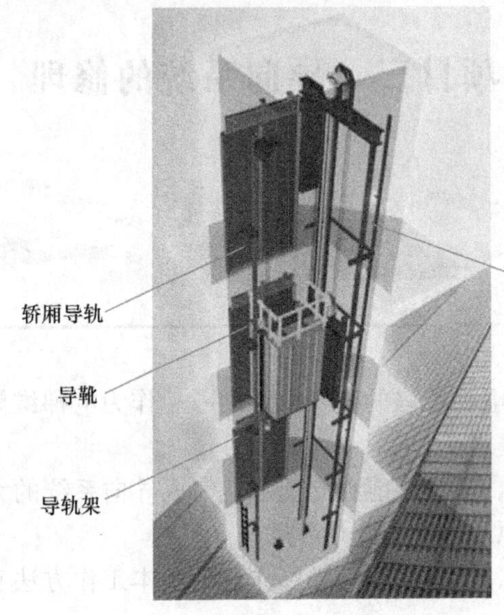

图 3-1　导向系统在电梯上的位置

练习

导向系统主要由________、________及________组成，导轨一般有________导轨和________导轨两种，导靴分为________及________两种。

二、导向系统的组成与工作原理

导向系统由导轨、导靴及导轨架组成。

导轨、导靴及导轨架是电梯的导向部分。导轨架作为导轨的支撑件被固定在井道壁上，导轨通过压导板固定在导轨架上，导靴安装在轿厢和对重架的两侧，这三个部分组成了电梯的导向系统。轿厢只能沿着导轨做上下运动。

电梯导轨是安装在电梯井道楼的两列或多列垂直或倾斜的刚性轨道，用于保证轿厢和对重装置沿其作上下垂直运动，保证自动扶梯和自动人行道梯级沿其作倾斜或水平运动，为电梯的轿厢、对重装置或梯级提供导向。导轨不但用于控制电梯轿厢和对重的运行轨迹，而且也是轿厢发生意外超速时电梯紧急刹车的坚固支撑，所以电梯导轨是涉及电梯运行质量和电梯安全的重要部件。

1. 导轨

导轨由钢轨和连接板构成，它分为轿厢导轨和对重导轨。根据其截面形状的不同可分为T形、空心导轨等几种形式。导轨用于起导向作用，同时又要承受轿厢的偏重力、电梯制动时的冲击力及安全钳紧急制动时的冲击力等。这些力的大小与电梯的载重量和速度有关，因此，必须根据电梯的载重量和速度来选择导轨。

2. 导轨架

导轨架的作用是支撑导轨，每根导轨至少应设有两个导轨架，其间距不应大于2.5m。一般在井道中每隔2~2.5m就装设一个导轨架。导轨架分为轿厢导轨架和对重导轨架两种。轿厢导轨架是专门用来支撑轿厢导轨的，对重导轨架在对重侧置时也可作为轿厢导轨架用(用于货梯)。

3. 导靴

导靴是保证轿厢和对重沿着导轨作上下运行的部件。轿厢导靴安装在轿厢导轨架上梁和轿厢底部的安全钳座下面，对重导靴安装在对重导轨架的上、下梁上，一般每组4个。

4. 安装数据

1）轿厢导轨顶面间距为0~+2mm。

2）对重导轨顶面间距为0~+3mm。

3）轿厢导轨垂直度为0~0.6mm。

4）对重导轨垂直度为0~1mm。

5）轿厢导轨接头处台阶为0~0.05mm。

6）对重导轨接头处台阶为0~0.15mm。

7）轿厢导轨接头处缝隙为0~0.5mm。

8）对重导轨接头处缝隙为0~1.0mm。

任务一 导轨的测量、拆卸和调整

一、接收修理任务或接收客户委托

本次工作任务为导轨的测量、拆卸和调整，包括导轨顶面间距的测量、导轨垂直度的测量、导轨接头处缝隙的测量、导轨台阶的测量、导轨的拆卸及导轨的调整等工作。在接收本项工作任务之前，需要向客户了解电梯的详细信息以及需要大修部件的工作状况，从而制定大修工作的目标和任务。接收电梯大修或修理委托信息见表3-1。

表3-1 接收电梯大修或修理委托信息表（导轨的测量、拆卸和调整）

<table>
<tr><th>工作流程</th><th>任务内容</th></tr>
<tr><td>接收电梯前与客户的沟通</td><td>见表1-1中对应的部分。</td></tr>
<tr><td>接收修理委托的过程</td><td>可按照以下方式与客户交流：向客户致以友好的问候并进行自我介绍；认真、积极、耐心地倾听客户意见；询问客户有哪些问题和要求。
客户委托或报修内容：导轨的测量、拆卸和调整
<table>
<tr><th>向客户询问的内容</th><th>结 果</th></tr>
<tr><td>电梯运行是否正常?</td><td></td></tr>
<tr><td>电梯上下运行时是否有异常的响声?</td><td></td></tr>
<tr><td>电梯上下运行时是否有异常的振动?</td><td></td></tr>
<tr><td>电梯运行时水平方向的晃动是否明显?</td><td></td></tr>
</table></td></tr>
</table>

（续）

工作流程	任务内容
接收修理委托的过程	1. 接收电梯维修任务过程中的现场检查 （1）检查电梯的运行情况。 （2）检查导轨、导靴及钢丝绳的磨损情况。 （3）告诉客户导轨的安装情况。 2. 接收修理委托 （1）询问用户单位、地址。 （2）请客户提供电梯准运证、铭牌。 （3）根据铭牌识别电梯生产厂家、型号、控制方式、载重量及速度。 （4）向客户解释故障产生的原因和工作范围，指出必须进行导轨的测量、拆卸和调整。 （5）询问客户是否还有其他要求。 （6）确定电梯交接日期。 （7）询问客户的电话号码，以便进行回访。 （8）与客户确认修理内容并签订维修合同。 客户在维修合同上签字表示规定合同双方权利和义务的“一般性交易条件”成为合同的要件。 通常情况下，与客户争论、未按规定执行维修工作会影响电梯经销商的服务形象，而且可能导致客户向经销商提出更换部件或赔偿要求。
任务目标	完成导轨的测量、拆卸和调整。
任务要求	（1）正确检测轿厢和对重的导轨。 （2）检查导轨、导靴各部件的工作状态。 （3）判断导轨是否磨损、安装精度是否符合要求。 （4）正确校正导轨的各项安装尺寸。
对完工电梯进行检验	符合 GB 7588—2003《电梯制造与安装安全规范》及 GB/T 10060—2011《电梯安装验收规范》的相关规定。
对工作进行评估	先以小组为单位，共同分析、讨论装配工艺并完成试装；小组成员独力完成装配调试操作；各小组上交一份所有小组成员都签名的实习报告。

你可能需要获得以下的资讯，才能更好地完成工作任务

二、信息收集与分析

（一）脑图

电梯导轨的测量、拆卸和调整脑图如图 3-2 所示。

（二）信息的整理、组织和记录

对于收集的信息，要进行分析、了解概况，并理解文字的内容，标记出涉及维修工作或

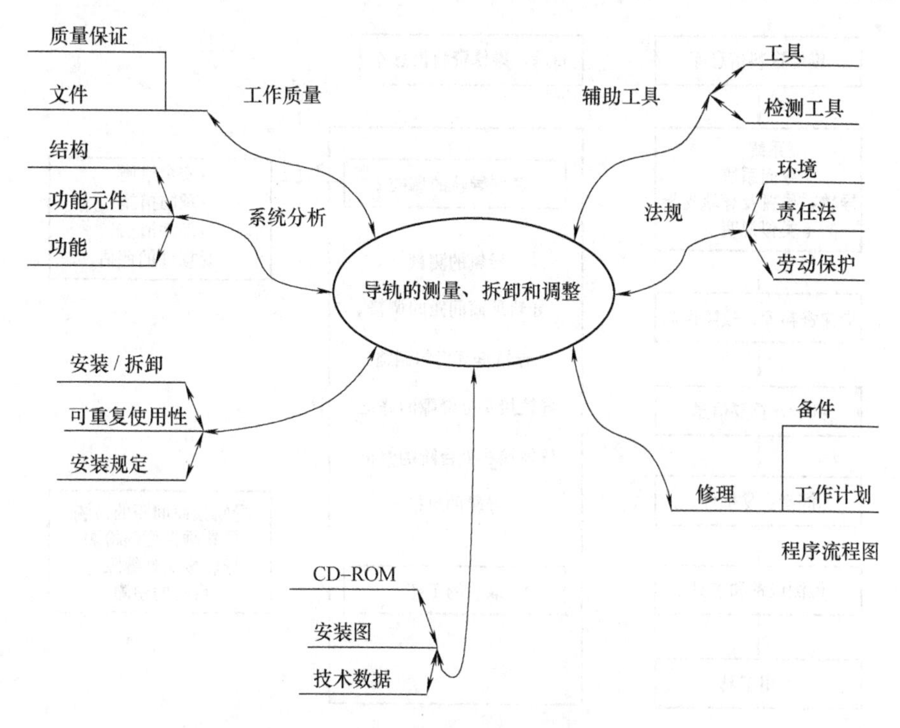

图 3-2　导轨的测量、拆卸和调整脑图

待维修部件的关键内容。将维修工作中需要使用的工具列出详细的清单，并对维修过程中的拆卸、安装和调整工艺进行深入了解。在工作前完成表 3-2 的填写。

表 3-2　导轨的测量、拆卸和调整信息整理、组织、记录表

1. 信息分析	
维修资料信息库针对导向系统给出了哪方面的信息？	导向系统由哪些功能元件组成？
2. 工具、检测工具	
执行任务时需要哪些工具？	执行任务时需要哪些检测工具？
3. 维修	
需要进行哪些拆卸和安装工作？	必须遵守哪些安装规定？

（三）维修站信息分析

维修资料信息库是电梯厂家针对本品牌电梯建立的电梯维修信息档案。该信息库不仅收录了电梯各类故障产生的原因，还收录了故障处理的方法及处理结果，具有很强的针对性。维修人员通过对维修资料信息库的检索，能够方便快捷地找到故障产生的原因，极大地提高了工作效率和工作质量。维修资料信息库简图如图 3-3 所示。

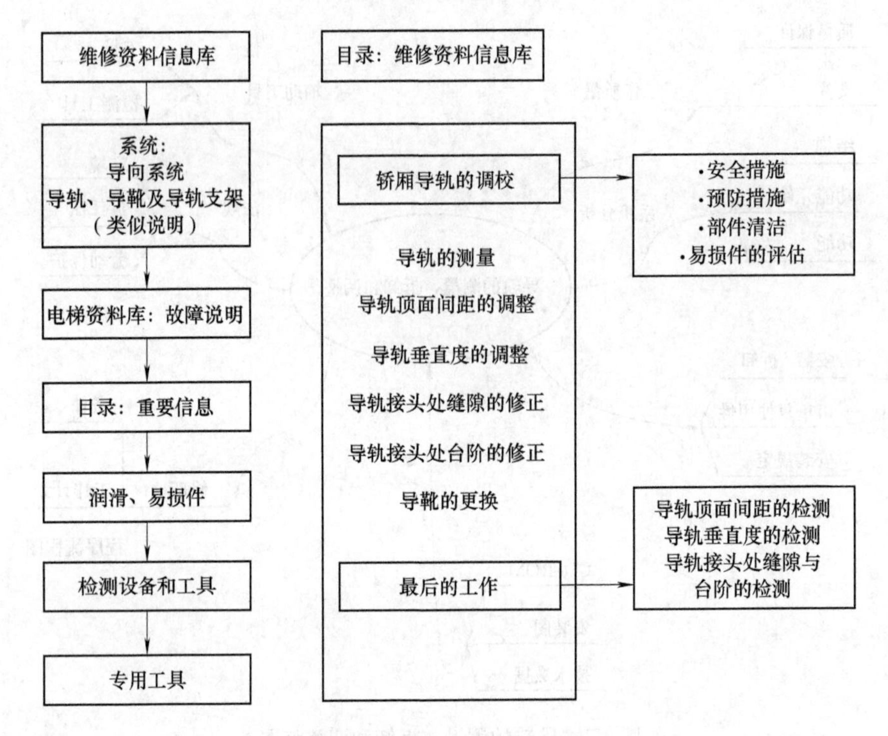

图 3-3　导轨调校的信息资料

（四）相关专业知识

1. 导轨

（1）电梯导轨在电梯系统中的重要性分析　电梯导轨的作用是在电梯运行时为轿厢和对重装置提供导向，同时还起到安全钳制动时的支撑作用，是电梯系统中的重要部件。下面从电梯的安全性和舒适度两方面分析导轨的重要性。

1）安全性。电梯导轨影响电梯安全的主要因素是导轨的材质。若导轨材质过硬或不均匀（局部过硬），则在安钳制动时将得不到足够的摩擦力，会造成制动失效，发生轿厢坠落，这是电梯事故中最严重的工况。此外，导轨要有足够的强度，以保证安全钳制动时对轿厢的支撑。

2）舒适度。电梯导轨影响电梯舒适度的因素有以下几个方面。

①　导轨的连接精度：实心导轨的连接精度是由导轨的端部尺寸及榫舌和榫槽的对称度来保证的，空心导轨及扶梯导轨的连接精度是由导轨的端部尺寸及形位公差来保证的。导轨的连接精度会直接影响电梯运行的平稳性及舒适度。

②　导轨导向面的粗糙度：导轨导向面的粗糙度直接影响导靴在导向面上能否平滑运行，同时也影响润滑油的储存，从而影响轿厢的运行质量。

③　导轨的直线度及扭曲度：导轨上任何一点的弯曲及扭曲都会给轿厢一个侧向力，影响轿厢上下的直线运动，使轿厢晃动。若导轨上有弯曲点或扭曲点，那么，随着电梯速度的提高，轿厢就会有振动感，从而影响舒适度。

（2）电梯导轨的分类及用途　电梯导轨分为两大类：T 形导轨和扶梯导轨。T 形导轨又分为 T 形实心导轨和 T 形空心导轨。T 形实心导轨又可分为普通 T 形实心导轨和高精度 T 形实心导轨。T 形空心导轨又可分为普通 T 形空心导轨和 T 形对重空心导轨。

目前，广泛使用的是普通 T 形实心导轨。普通 T 形实心导轨的主要规格参数是底宽 B_1、高度 H 和工作面厚度 K，其外形如图 3-4 所示。

普通 T 形实心导轨是机加工导轨。它是由导轨型材经机械加工导向面及连接部位而成的，其用途是在电梯运行中为轿厢的运行提供导向，小规格的实心导轨也用于对重。实心导轨的规格很多，按每米重量的不同可分为 8K、13K、18K、24K 和 30K 等；按导轨底板宽度的不同可分为 T50、T70、T75、T78、T82、T89、T90、T114、T127 和 T140 等。

图 3-4　普通 T 形实心导轨

高精度 T 形实心导轨是应用在高速电梯上的导轨，不但其精度要高于普通导轨，而且还要在工艺上消除导轨潜在的弯曲及扭曲变形因素。如在导向面加工前对导轨型材进行充分的时效处理，以降低导轨型材内的残余应力，在加工端部尺寸、精校前再次进行充分的时效处理，充分释放内应力，以避免在导轨安装之后应力引起的导轨变形。高精度导轨是在普通导轨的基础上提高各方面的精度，如导向面的尺寸公差、导轨的高度公差及榫槽的对称度公差都由原来的 0.1mm 变为 0.05mm，增加了多项端部形位公差要求，并提高了导轨的直线度及扭曲度要求。

普通 T 形空心导轨是用薄钢板滚轧而成的，其精度较低，有一定的刚度，多用于对重及无安全钳的低速电梯或快速电梯，其外形如图 3-5 所示。同一部电梯经常使用两种不同规格的导轨。通常，轿厢导轨在规格尺寸上大于对重导轨，故又称轿厢导轨为主轨，对重导轨为副轨。

T 形对重空心导轨是冷弯轧制导轨。它是用卷板材经过多道孔形模具冷弯成型的，主要用于对重。T 形对重空心导轨按每米重量的不同可分为 TK3、TK5；按导轨端面形状的不同可分为直边和翻边，即 TK5 和 TK5A。

图 3-5　普通 T 形空心导轨

扶梯导轨是冷弯轧制导轨，主要用于自动扶梯和自动人行道的梯级支承和导向。

导轨每段长度一般为 3～5m，导轨的两个端部分别有榫舌和榫槽，导轨底面有一加工平面，用于导轨连接板的安装，每根导轨的端部至少要用 4 个螺栓与连接板固定。导轨安装的好坏直接影响到电梯的安装质量。

（3）影响电梯导轨品质的因素分析　影响电梯实心导轨品质的因素是多方面的，主要的技术要素有导轨原材料（材质、型材及内应力）、导向面粗糙度、榫舌和榫槽的对称度及导轨的直线度与扭曲度等。而影响空心导轨、扶梯导轨品质的因素主要有导轨原材料（板材材质、板材平面度）、导轨截面形位公差及镀锌质量等。

1）导轨原材料。导轨材质是涉及电梯安全的因素之一。在冶金行业标准 YB/T 157—1999《电梯导轨用热轧型钢》中规定：“钢的牌号为 Q235A，根据需方要求，也可采用 Q255A 及其他牌号”。导轨材质涉及电梯运行的安全，既要求导轨有足够的强度，又要求导轨的材质不能过硬。足够的强度可以保证安全钳在电梯超速瞬间制停时对轿厢实现坚固的支撑；导轨材质过硬或不均匀（局部过硬），则会使安全钳夹紧瞬时得不到足够的摩擦力而造成制动失效。

在 JG/T 5072.3—1996《电梯对重用空心导轨》标准中规定：空心导轨宜采用冷轧优质钢板，抗拉强度不应小于 370MPa。

2）导向面粗糙度。导轨表面粗糙度在导轨技术参数中也是非常重要的，是关系到导靴在导轨上运行质量的一个重要的因素。使用滑动导靴的导轨表面应加润滑油，从而起到防锈的作用，且与导靴间能保持油膜润滑，还有利于安全钳的制停。

3）榫舌和榫槽的对称度。一般规定榫槽的对称度为 0.10mm，高精度导轨榫槽的对称度要求为 0.03mm。榫槽的尺寸公差与对称度偏差将直接影响到导轨接头处的连接精度，并将最终影响到导轨的运行质量。

4）导轨的直线度与扭曲度。导轨的直线度与扭曲度直接影响电梯运行的平稳性，该精度除了受导轨型材质量影响外，还与导轨的内应力、机加工时装夹平台定位面的精度及操作工艺有很大关系，如用铁锤敲打调正等都会造成加工后导轨的变形。

高速电梯和无机房电梯对电梯导轨提出了更高的要求，同时在生产工艺上也比普通导轨复杂，主要是焊接加强板、加工曳引机安装孔工序等比较复杂。

综上所述，可得出以下几点结论：

① 导轨导向宽度及高度的公差会影响端部的连接精度，并直接影响轿厢的运行质量。

② 导轨的直线度和扭曲度偏高会使轿厢在高速运行中产生振动。

③ 导轨的内应力会使导轨在安装之后产生变形，从而影响电梯的运行质量。

2. 导轨架

导轨架按其结构的不同分为整体式和组合式两种。整体式导轨架通常用扁钢制成，组合式导轨架常用角钢制成。导轨架的安装方法有如下几种。

（1）膨胀螺栓法　这种方法用于井道壁是混凝土，而且无预留埋件的情况，它是利用膨胀螺栓将钢板或支架托码紧固在井道壁上，每个托码或钢板至少应由两个膨胀螺栓固定。膨胀螺栓法安装的导轨架如图 3-6 所示。

膨胀螺栓只能用于具有足够强度的混凝土墙，不能用于砖墙。安装导轨架时，膨胀螺栓应垂直墙面，固定应牢固可靠。

（2）预埋钢板法　这种方法是将钢板预埋件按照要求先埋在井道壁上，电梯安装时将导轨架焊接在上面即可。该方法简单可靠，因而较为常用。预埋钢板法安装的导轨架如图 3-7 所示。在未焊接前，首先要检查预埋件是否坚实牢固，敲击时应没有空洞声。

（3）对穿螺栓法　当井道壁的厚度小于 100mm 而不能采用上述方法时，可用此方法安装。

图 3-6　膨胀螺栓法

图 3-7　预埋钢板法

3. 导靴

导靴有滑动导靴和滚动导靴两种。滑动导靴又分为固定滑动导靴和弹性滑动导靴。

（1）滑动导靴

1）固定滑动导靴。固定滑动导靴主要由靴衬和靴座组成。靴衬由耐磨材料构成，靴座用铸铁制成，其外形如图 3-8 所示。

固定滑动导靴的靴衬两侧与导轨作活动配合，与导轨端面的间隙应均匀，且不大于 1mm。由于这种导靴是刚性的，因此一般仅用于梯速在 0.5m/s 以下的轿厢或对重。

2）弹性滑动导靴。弹性滑动导靴由靴座、靴衬、弹簧及调节螺母等组成，其外形如图 3-9 所示。

图 3-8　固定滑动导靴

图 3-9　弹性滑动导靴

弹性滑动导靴的靴头只能在弹簧的压缩方向上作轴向浮动，因此又称为单向弹性导靴。橡胶弹性滑动导靴的靴头除了能作轴向浮动外，在其他方向上也能作适量的位置调整，因此具有一定的方向性。

弹性滑动导靴在弹簧力的作用下，靴衬的底部始终压贴在导轨端面上，因此能够使轿厢保持在较稳定的水平位置上，同时在运行中具有吸收振动与冲击的作用。

弹性滑动导靴常用于低速和快速电梯。在使用中，为了降低摩擦、减少磨损，在导靴上还设有专门的润滑装置。

（2）滚动导靴　滚动导靴是用三个滚轮代替靴衬的三个工作面，以滚动摩擦代替滑动摩擦，这样就大大降低了摩擦力。同时，由于三个滚轮各自都有一套弹簧机构，因此滚动导靴具有吸收冲击力、减少振动的功能。

滚动导靴三个滚轮的接触压力可通过弹簧机构加以调节，但必须注意滚轮相对导轨不应歪斜，并应在整个轮缘宽度上与导轨工作面均匀接触。导靴的规格随导轨而定，大导轨不能用小导靴，否则有脱落出导轨的危险。为了保证滚轮为纯滚动，在使用时，导靴工作面上不允许加润滑油。

这种导靴通常用于快速和高速电梯，其外形如图 3-10 所示。

图 3-10　滚动导靴

4. 专用检测工具——校轨尺

校轨尺是检查和调整导轨的专用工具，在使用前要先检查校轨尺。校轨尺的结构如图 3-11 所示。

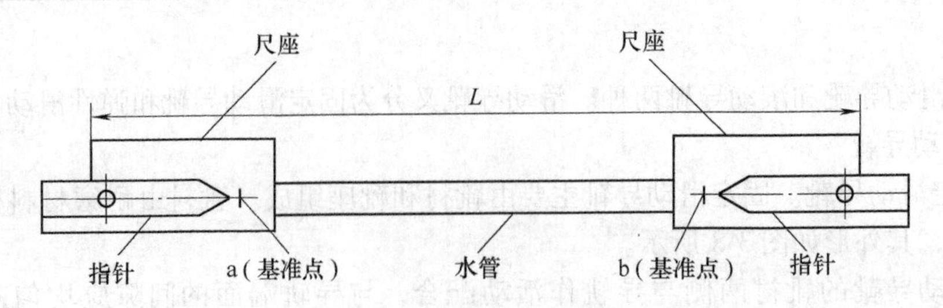

图 3-11　校轨尺的结构

检查校轨尺的要点如下：

1）测量部位的磨损程度。

2）指针是否转动灵活、间隙是否合理及针尖是否正常。

3）针尖所对的刻度是否清楚。

检查完校轨尺后，再将校轨尺调整准确，以保证导轨调校的精确度。调整方法如下：

1）将校轨尺座固定在外径为 ϕ26.75mm 的水管上，根据电梯两导轨的顶面距离确定尺寸 L。对于轿厢导轨的校轨尺，L 的大小应为标称尺寸减 1mm；对于对重导轨的校轨尺，L 应为标称尺寸减 2mm。

2）用一拉紧的细线检测两指针与导轨接触的部位是否在同一直线上时，两指针应同时指正基准点。若指针与基准点有偏差，则要调整指针指正基准点。

3）校核两样尺对应平面的平面误差在 0.2mm 以内。校核方法是：把校轨尺夹紧在台虎钳或固定在一平台上，测量两把样尺的平面误差均在 0.2mm 以内。

4）为保证样尺与水管的固定牢固性，在样尺调整好后，应把校轨尺座和水管用点焊固定，每边两点。

校轨尺应每年检修一次，所用仪器为钢卷尺，最大误差为 0.12mm。校轨尺自校记录见表 3-3。

表 3-3　校轨尺的自校记录

工地名称		校验时间	
电梯型号		合同号	
校验尺寸		校验结果	
操作人员		检验人员	

误差分析：

1）钢卷尺的最大测量误差为 0.12mm；视差为 0.4mm。

2）钢卷尺的最大测量误差 + 视差 ≤1/3 间距误差时，即可使用，0.12mm + 0.4mm = 0.52mm ≤1/3 × 2mm = 0.66mm。

5. 三菱、日立电梯导轨的修理工艺

（1）三菱电梯导轨的修理工艺　根据现场记录在《电梯导轨检测表》内的数据，以 15m 为一组，如果至少在两组内发现有两导轨间的距离不符合标准要求，则基本可认为导轨有扭曲、拱起等变形现象，导轨的直线度不符合要求。可借助 V 型工装对导轨进行调整。

通过 V 型工装可检查导轨的直线度及是否有扭曲现象。用 V 型工装进行检测，可有效保证调整后导轨的直线度。以下是通过 V 型工装调整导轨直线度的方法。

在每根导轨处均放两根钢丝作为基准线（共 4 根）。以 18K、24K 导轨为例，4 根基准线的放线位置如图 3-12 所示。

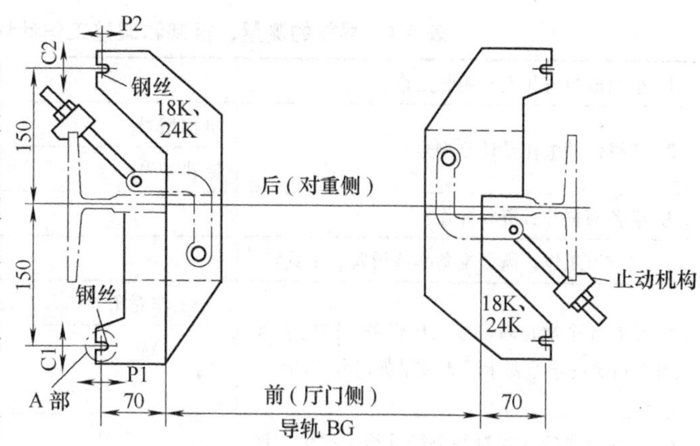

注：将 V 型量规固定在托架位置上面 100～200mm 的位置上。

图 3-12　用 V 型工装调整导轨

从样板架上放下的两根钢丝与 V 型量规沟槽上面滑出的线条位置应一致（若钢丝能放入 1mm 范围内，则扭曲和顶面间距都在基准值内）。在检查时，若发现导轨有扭曲现象，则可通过在导轨支架处、导轨连接板部分增减垫片进行修正，如图 3-13 所示。

如果导轨多处拱起且下部顶面间距数据大于上部数据，则底坑应按需要截断一小段导轨；然后在井道最低部分的三档导轨的压导板螺栓保持紧固的状态下，从下至上稍稍放松其余各导轨的压导板螺栓，直至导轨落下；再按国家标准调整导轨的尺寸，最后按规定力矩紧固压导板螺栓。

在每次修正后，均需采用工装进行复测，直到导轨符合要求为止。

调整垫片

图 3-13　导轨支架的调整

（2）日立电梯导轨的修理工艺　从样板架上悬下铅垂线，并将其准确地固定在底坑的样板架上。以此铅垂线为准，初校导轨。

将导轨与导轨连接板用螺栓联接牢固，压导板略微压紧，待校正后再行紧固。

左右导轨的接口不应在同一高度上。当电梯撞顶或蹲底时，各导靴均不应越出导轨。导轨工作面应无磕碰、毛刺和弯曲等现象，轿厢导轨的直线度应不大于 1/6000。

两导轨内表面距离 L（图 3-14 所示）的偏差在整个井道上应符合：轿厢导轨为 0 ~ +2mm，对重导轨为 0 ~ +3mm，以保证导靴在整个运行高度上不会被卡死。

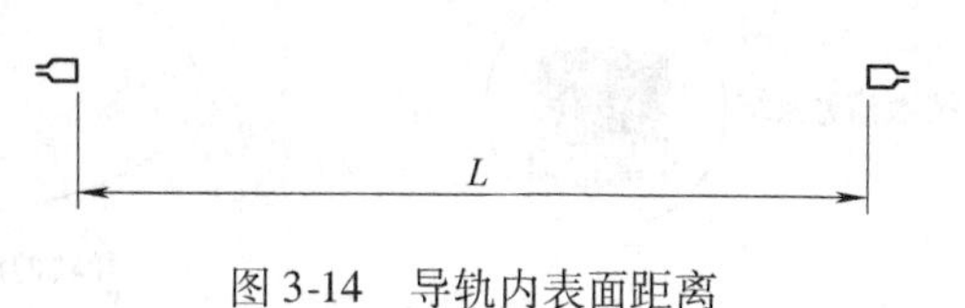

图 3-14　导轨内表面距离

导轨应用压板固定在导轨架上，不应采用焊接或螺栓联接。

轿厢两导轨的侧工作面对铅垂线的偏差不应超过 0.6mm/5m，对重两导轨的侧工作面对铅垂线的偏差不应超过 1mm/5m。

在顶部样板架上的轿厢与对重中心点处各悬下一根铅垂线，并将其稳固在底坑样板架上，用校轨尺校正导轨的平行度和相对位置。

还等什么？赶快制订出工作计划并实施它

三、制订工作计划

（一）工作计划

导轨的测量、拆卸和调整工作计划见表 3-4。

表 3-4 导轨的测量、拆卸和调整工作计划表（权重 0.1）

<table>
<tr><td>1. 小组成员有几人？组长是谁？</td><td colspan="4"></td></tr>
<tr><td rowspan="2">2. 所维修的电梯是什么型号？</td><td>电梯型号</td><td colspan="3"></td></tr>
<tr><td>导轨型号</td><td colspan="3"></td></tr>
<tr><td>3. 准备根据什么资料操作？</td><td colspan="4"></td></tr>
<tr><td>4. 完成该工作，需要准备哪些设备、工具？</td><td colspan="4"></td></tr>
<tr><td rowspan="2">5. 要在 8 个学时内完成工作任务，同时要兼顾每个组员的学习要求，人员是如何分工的？</td><td>工作对象</td><td>人员安排</td><td>计划工时</td><td>质量检验员</td></tr>
<tr><td>导轨</td><td></td><td></td><td></td></tr>
<tr><td>6. 工作完成后，要对每个组员给予评价，评价方案是什么？</td><td colspan="4"></td></tr>
</table>

（二）修理工作流程

导轨的测量、拆卸和调整工作流程如图 3-15 所示。

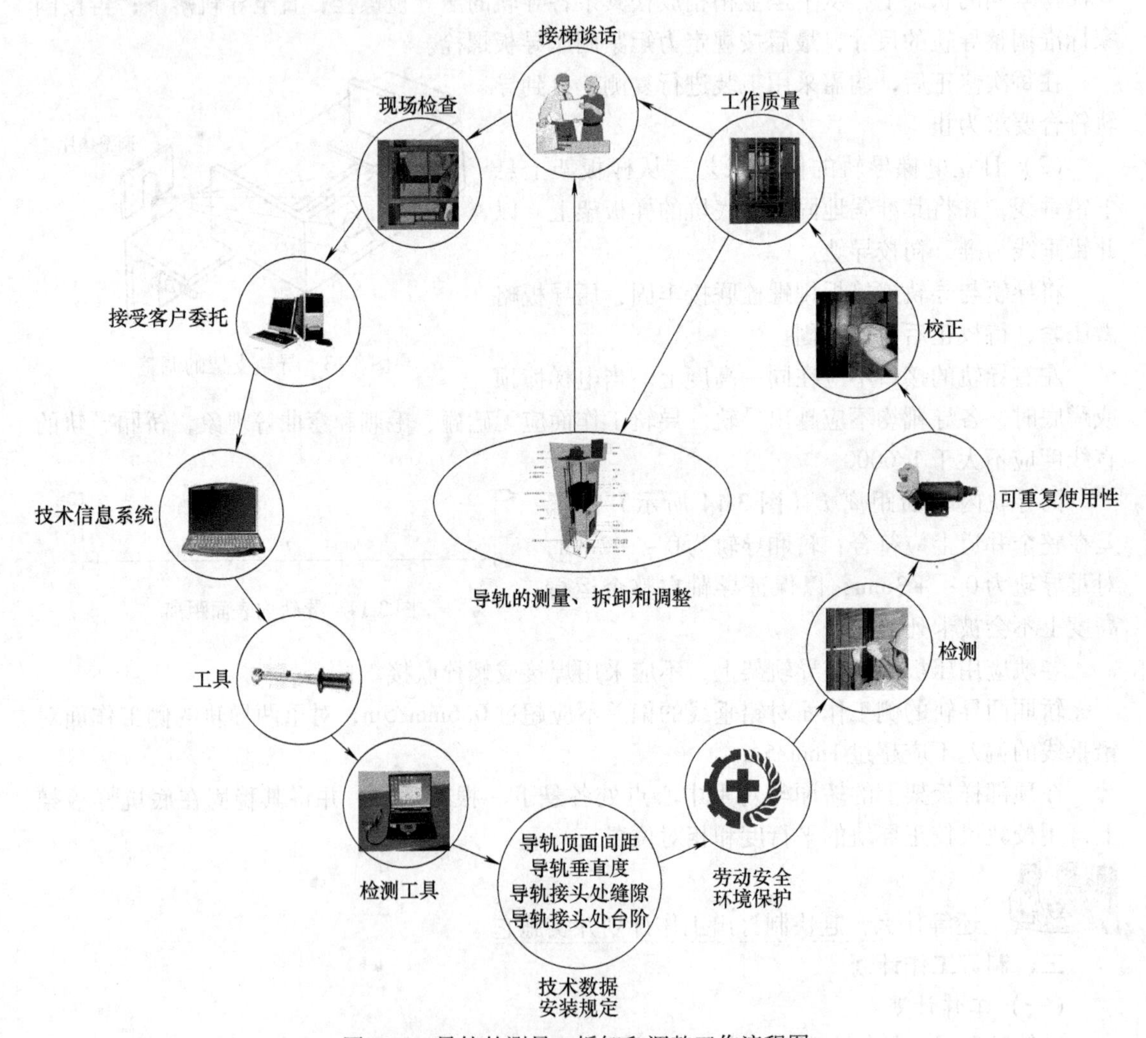

图 3-15 导轨的测量、拆卸和调整工作流程图

四、工作任务实施

（一）拆卸和安装指引

导轨的测量、拆卸和调整指引见表3-5。表中规范了导轨的测量、拆卸和调整的修理程序，细化了每一步工序。使用者可以根据指引的内容进行修理工作，从而使导轨处于良好的工作状态。

表3-5　导轨的测量、拆卸和调整指引

1. 导轨顶面间距的测量

（1）导轨顶面间距的测量（模拟井架）

将卷尺头顶在一侧导轨上，为减小尺头误差，一般从100mm处开始测量，读出另一侧导轨的测量数据（最小值）。

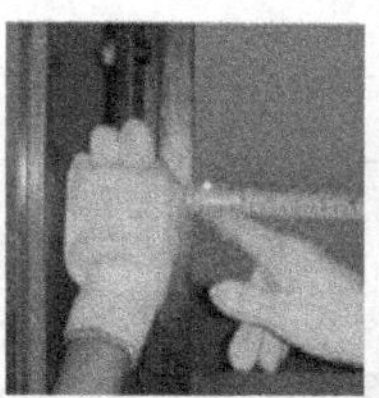

（2）导轨顶面间距的测量（货梯井道）

测量时，应避开钢丝绳，尽量减小测量误差。测量导轨支架、导轨接头和中间位置。

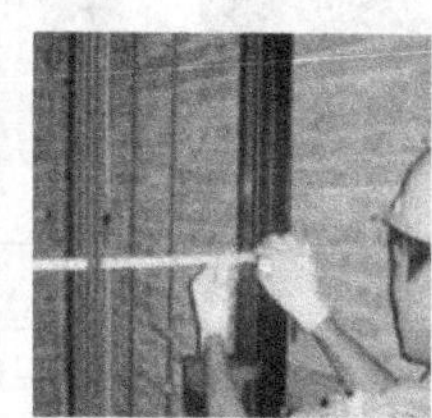

2. 导轨垂直度的测量

（1）导轨垂直度的测量（模拟井架）

将铅垂线磁力吸座吸在导轨顶面，测量顶端和底端的垂直度。

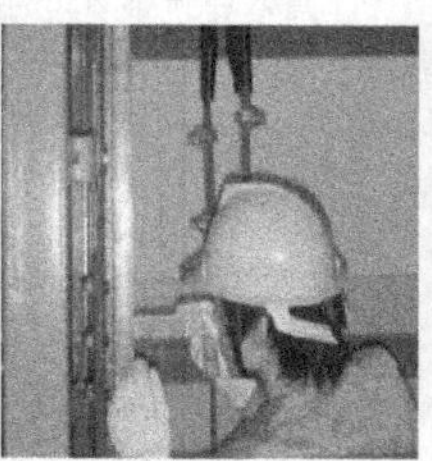
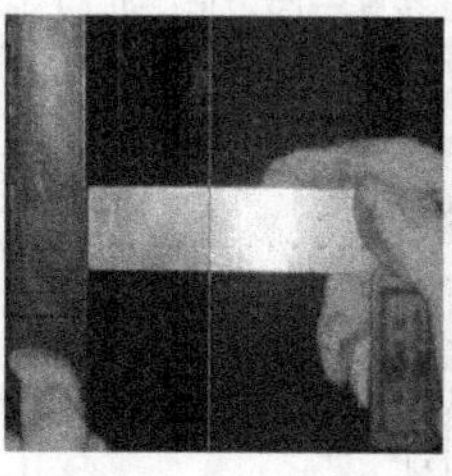

（2）导轨垂直度的测量（货梯井道）

现场测量时，磁力吸座要安装牢固，防止因坠落而伤害维修人员。测量顶面、两个侧面对垂直度的偏差。

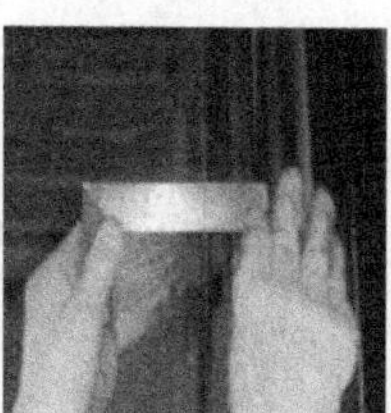

（续）

3. 导轨接头处缝隙的测量

用塞尺测量两列导轨顶面、侧面之间的缝隙。

4. 导轨接头处台阶的测量

将600mm水平尺放在两列导轨的接头处，用塞尺测量导轨平面和水平尺之间的间隙。

 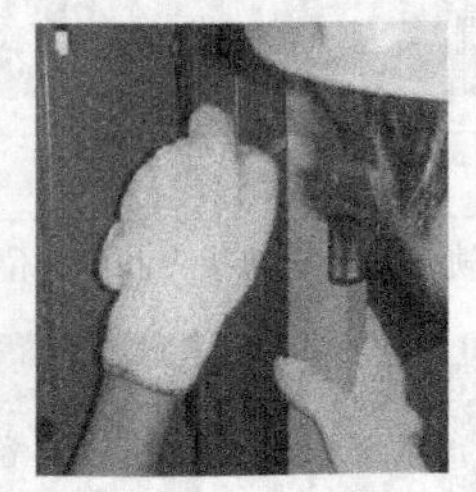  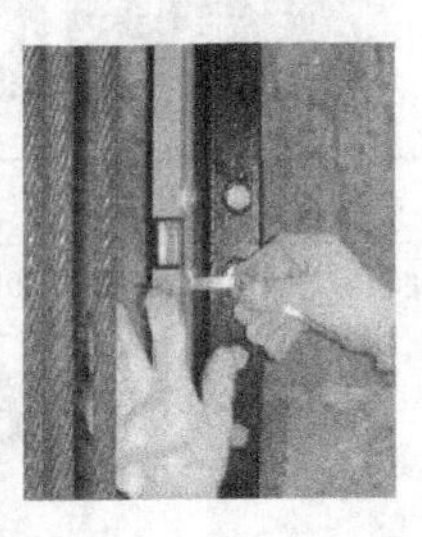

5. 修理

(1) 吊装导轨

1) 吊装导轨时应由下而上安装。最底下的轿厢导轨用150mm×100mm×10mm的钢板或木块垫底。

2) 用棉纱擦干净导轨的榫舌和榫槽。

3) 利用连接板的连接孔将导轨吊起。

4) 让上下两导轨的榫舌与榫槽连接在一起，把导轨与导轨连接板的联接螺栓装上，并旋紧至弹簧垫圈略有压缩，待导轨校正后再紧固。

5) 用压导板将导轨紧固在导轨支架上。

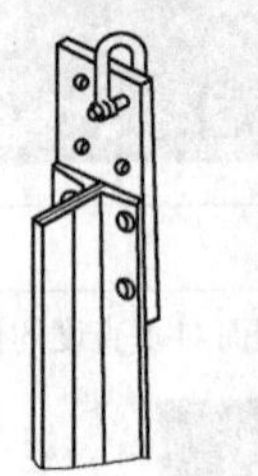 

(2) 轿厢导轨的校正

校正部位是导轨与导轨连接处以及导轨与导轨架的连接处。

1) 调整导轨顶面间距偏差：通过调整导轨支架与导轨底面间的垫片来保证尺寸要求。

2) 调整导轨垂直度偏差：用手锤敲正。

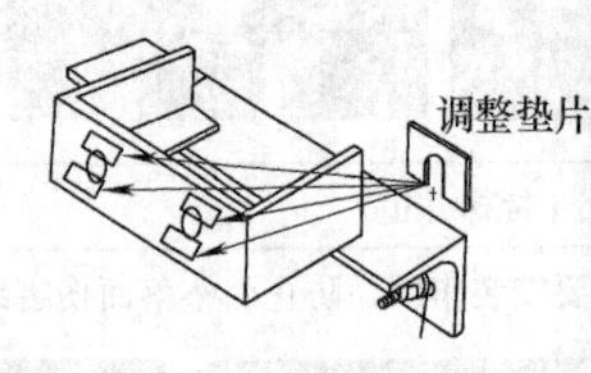

导轨压导板必须端正地压在导轨上，不允许外移，也不允许过于倾斜。

（续）

5. 修理

（3）轿厢导轨接头处缝隙的校正

轿厢或设有安全钳的对重导轨接头处的全长上不应有连续的缝隙，局部缝隙 *A* 不应大于 0.5mm。不设安全钳的对重导轨的接头处缝隙不得大于 1mm。

对于导轨的侧面缝隙，则需要修理榫舌与榫槽。导轨的顶面缝隙需通过添加垫片来调整，必要时，应进行修平。

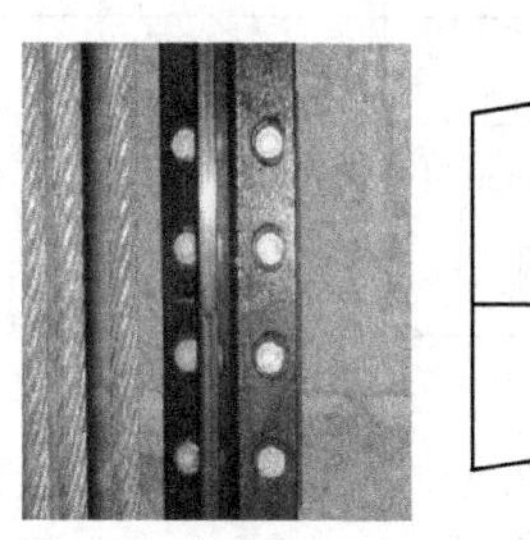

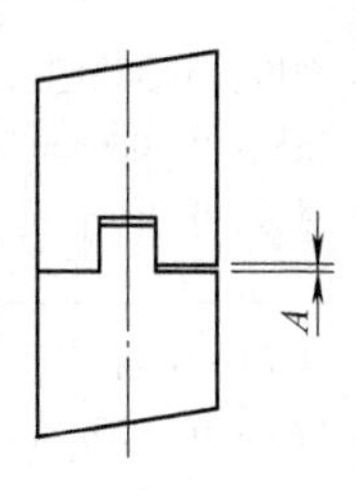

（4）轿厢导轨接头处台阶的校正

对于 F 缺陷（两列导轨在水平方向发生错位），可借助端部凸楔间隙进行调整。

对于 G 缺陷（两列导轨在垂直方向发生错位），可在接头部位增加垫片进行调整。

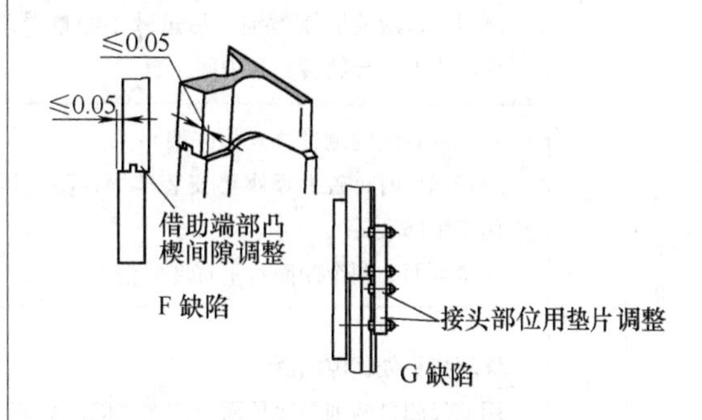

导轨接头处的台阶用直线度为 0.01mm/300mm 的平直尺或其他工具测量，应不大于 0.05mm，若超过该数值，则应修平，修平长度为 300mm 以上。导轨工作面接头处的台阶应不大于 0.15mm，若超过该数值，则应校正。

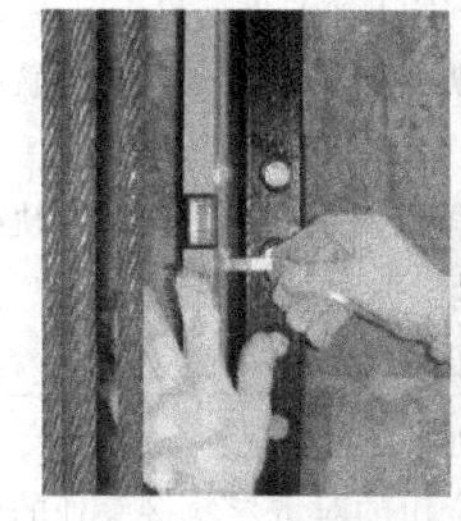

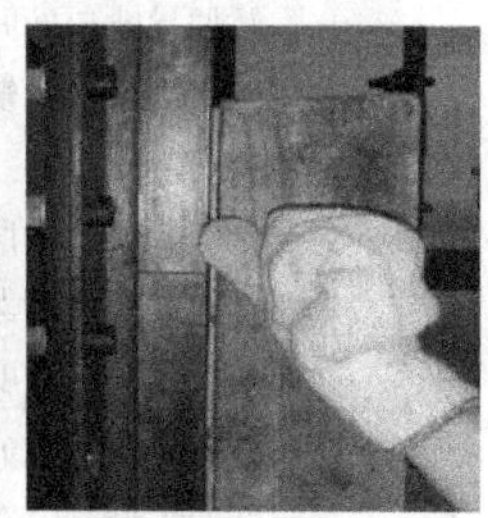

6. 注意事项

1）事故预防措施：遵守电梯安装维修工安全操作规程。

2）废弃处理：沾有机油的废弃物属于需要特别监控的废弃物，应将废弃物收集在合适的容器内。

3）辅助材料的准备：砂纸、润滑油液、垫片及棉纱等。

4）工具的准备：吊装设备、卷尺、路轨刨、木锤、铅锤及角尺等。

5）质量保证：符合 GB 7588—2003《电梯制造与安装安全规范》及 GB/T 10060—2011《电梯安装验收规范》的相关规定。

（二）导轨的测量、拆卸和调整实施记录

实施记录表是对修理过程的记录，保证修理任务按工序正确执行。根据实施记录表可对修理的质量进行判断。导轨的测量、拆卸和调整实施记录见表 3-6。

对电梯导轨的检测见表 3-7。

表 3-6　导轨的测量、拆卸和调整实施记录表（权重 0.3）

导轨的测量、拆卸和调整			检查人/日期		
步骤	序号	检查项目	技术标准	完成情况	分值
现场检测	1	导轨顶面间距的测量（模拟井架）： 将卷尺头顶在一侧导轨上，为减小尺头误差，一般从100mm处开始测量。读出另一侧导轨的测量数据（最小值） 测量时，应避开钢丝绳，尽量减小测量误差。测量导轨支架、导轨接头和中间位置	合格□不合格□ 轿厢：0～+2mm 对重：0～+3mm	工作是否完成____	6
	2	导轨垂直度的测量（模拟井架）： 现场测量时，磁力吸座要安装牢固，防止因坠落而伤害维修人员 测量顶面、两个侧面对垂直度的偏差	合格□不合格□ 轿厢：0～0.6mm 对重：0～1mm	工作是否完成____	6
	3	导轨接头处缝隙的测量 用塞尺测量两列导轨顶面、侧面之间的缝隙	合格□不合格□ 轿厢：0～0.5mm 对重：0～1mm	工作是否完成____	6
	4	导轨接头处台阶的测量 将600mm水平尺放在两列导轨接头处，用塞尺测量导轨平面和水平尺之间的间隙	合格□不合格□ 轿厢：0～0.05mm 对重：0～0.15mm	工作是否完成____	6
校正	5	轿厢导轨顶面间距及垂直度的校正： 校正部位是导轨与导轨连接处以及导轨与导轨架连接处 调整导轨顶面间距偏差：通过调整导轨架与导轨底面间的垫片来保证尺寸要求 调整导轨垂直度偏差：用手锤敲正	合格□不合格□	工作是否完成____	★
	6	轿厢导轨接头处缝隙的校正： 轿厢或设有安全钳的对重导轨接头处的全长上不应有连续的缝隙，局部缝隙不应大于0.5mm。不设安全钳的对重导轨接头缝隙不得大于1mm 对于导轨的侧面缝隙，则需要修理榫舌与榫槽。导轨的顶面缝隙需通过添加垫片来调整，必要时，应进行修平	合格□不合格□	工作是否完成____	★
	7	轿厢导轨接头处台阶的校正： 导轨接头处的台阶用直线度为0.01mm/300mm的水平尺或其他工具测量，应不大于0.05mm，若超过应修平，修平长度为300mm以上 导轨台阶用路轨刨修平，每侧导轨的修平长度不小于300mm	合格□不合格□	工作是否完成____	★
运行	8	清洁导轨 电梯在中间层运行时，检查电梯的运行情况。	合格□不合格□	工作是否完成____	6

评分依据：★项目为重要项目，一项不合格，检验结论为不合格。其他项目为一般项目，扣分不超过20分（包括20分），检验结论为合格；超过20分，为不合格。

表 3-7　电梯导轨检测表

导轨编号	支架编号	间距			备注
		支架	中间	接头	
1					
2					
3					

完成了，仔细验收，客观评价，及时反馈

五、工作验收、评价与反馈

（一）工作验收

维修工作结束后，电梯维修工应确认是否所有部件和功能都正常。维修站应会同客户对电梯进行检查，确认所委托电梯修理工作已全部完成，并达到客户的修理要求。导轨的测量、拆卸和调整工作交接验收见表 3-8。

表 3-8　导轨的测量、拆卸和调整工作验收表（权重 0.1）

<table>
<tr><td colspan="2">1. 工作验收</td></tr>
<tr><td>验收步骤</td><td>验收内容</td></tr>
<tr><td>（1）是否按工作计划进行了所有工作？</td><td>（1）把工作计划中的所有项目检查一遍，确认所有项目都已经圆满完成，或者在解释说明范围内给出了详细的解释。</td></tr>
<tr><td>（2）哪些工作项目必须以现场直观检查的方式进行检查？</td><td>（2）检查以下工作项目<table><tr><td>现场检查</td><td>结果</td></tr><tr><td>导轨顶面间距的检查</td><td></td></tr><tr><td>导轨垂直度的检查</td><td></td></tr><tr><td>导轨接头处台阶的检查</td><td></td></tr><tr><td>导轨接头处缝隙的检查</td><td></td></tr></table></td></tr>
<tr><td>（3）是否遵守规定的维修工时？</td><td>（3）导轨的测量、拆卸和调整的规定时间是 60min。
合格□不合格□</td></tr>
<tr><td>（4）导轨、导靴是否干净整洁？</td><td>（4）检查导轨、导靴是否干净整洁，各种保护罩是否已经装好。
合格□不合格□</td></tr>
<tr><td>（5）哪些信息必须转告客户？</td><td>（5）指出需要更换导靴或下次维修保养时必须排除的其他已经确认的故障。</td></tr>
</table>

（续）

1. 工作验收	
验收步骤	验收内容
（6）对质量改进的贡献？	（6）考虑一下，维修和工作计划准备，工具、检测工具、工作油液和辅助材料的供应情况，时间安排是否已经达到最佳程度。 提出改善建议并在下次修理时予以考虑。
2. 记录	
（1）是否记录了配件和材料的需求量？ （2）是否记录了工作开始和结束的时间？	
3. 大修后的咨询谈话	
客户接收电梯时期望维修人员对下述内容作出解释： （1）检查表。 （2）已经完成的工作项目。 （3）结算单。 （4）移交维修记录本。	在维修后谈话时，应向客户转告以下信息： （1）导轨的使用情况。 （2）电梯导轨日常保养中应注意之处。 （3）在什么情况下需要对导轨进行调校。
4. 对解释说明的反思	
（1）是否达到了预期目标？ （2）与相关人员的沟通效率是否很高？ （3）组织工作是否很好？	

（二）工作任务评价与总结

导轨的测量、拆卸及调整的自检、互检记录见表 3-9。

表 3-9　导轨的测量、拆卸和调整的自检、互检记录表（权重 0.1）

自检、互检记录	备注
各小组学生按技术要求检测设备并记录 检测问题记录：________________________________ ________________________________ ________________________________。	自检
各小组分别派代表按技术要求检测其他小组设备并记录 检测问题记录：________________________________ ________________________________ ________________________________。	互检
教师检测问题记录：________________________________ ________________________________ ________________________________。	教师检验

（三）小组总结报告

各小组总结本次任务中出现的主要问题和难点及其解决方案，报告见表3-10。

表3-10　小组总结报告（权重0.1）

<table>
<tr><td colspan="2">维修任务简介：____
____
____。</td></tr>
<tr><td>学习目标</td><td></td></tr>
<tr><td>维修人员及分工</td><td></td></tr>
<tr><td>维修工作开始时间和结束时间</td><td></td></tr>
<tr><td colspan="2">维修质量：____
____
____。</td></tr>
<tr><td>预期目标</td><td></td></tr>
<tr><td>实际成效</td><td></td></tr>
<tr><td>维修中最有特色的部分</td><td></td></tr>
<tr><td colspan="2">维修总结：____
____
____。</td></tr>
<tr><td>维修中最成功的是什么？</td><td></td></tr>
<tr><td>维修中存在哪些不足？应作哪些调整？</td><td></td></tr>
<tr><td>维修中所遇问题与思考？（提出自己的观点和看法）</td><td></td></tr>
</table>

（四）填写评价表

维修工作结束后，维修人员填写工作任务评价表，并对本次维修工作进行打分，见表3-11。

表3-11　导轨的测量、拆卸和调整评价表

<table>
<tr><td colspan="8">×××学院评价表</td></tr>
<tr><td colspan="3">项目三　导向系统的修理
任务一　导轨的测量、拆卸和调整</td><td colspan="2">班级：________
小组：________
姓名：________</td><td colspan="3">指导教师：________

日期：________</td></tr>
<tr><td rowspan="2">评价项目</td><td rowspan="2">评价标准</td><td rowspan="2">评价依据</td><td colspan="3">评价方式</td><td rowspan="2">权重</td><td rowspan="2">得分小计</td></tr>
<tr><td>学生自评（15%）</td><td>小组互评（60%）</td><td>教师评价（25%）</td></tr>
<tr><td>职业素养</td><td>（1）遵守企业规章制度、劳动纪律
（2）按时按质完成工作任务
（3）积极主动承担工作任务，勤学好问
（4）人身安全与设备安全</td><td>（1）出勤
（2）工作态度
（3）劳动纪律
（4）团队协作精神</td><td></td><td></td><td></td><td>0.3</td><td></td></tr>
</table>

六、拓展知识——故障实例（电梯运行时有明显晃动）

电梯运行时有明显晃动的故障实例见表3-12。

表3-12　故障实例——电梯运行时有明显晃动

1. 现场直接观察	2. 检查项目
电梯运行时，人体感觉轿厢在水平方向有晃动，但整体舒适感尚可。	1）检查导靴的安装尺寸。 2）检查各螺栓、螺母的固定情况。 3）检查导靴和衬垫的磨损情况。 4）在电梯以正常速度上下运行时，检查轿厢运行是否平顺（是否有异常的声音和振动）。 5）检查导轨表面和导靴的润滑情况。

3. 信息收集：导靴

（1）滑动导靴

固定滑动导靴：左右两侧的导靴和导轨的间隙的合计为0.5～1.0mm。

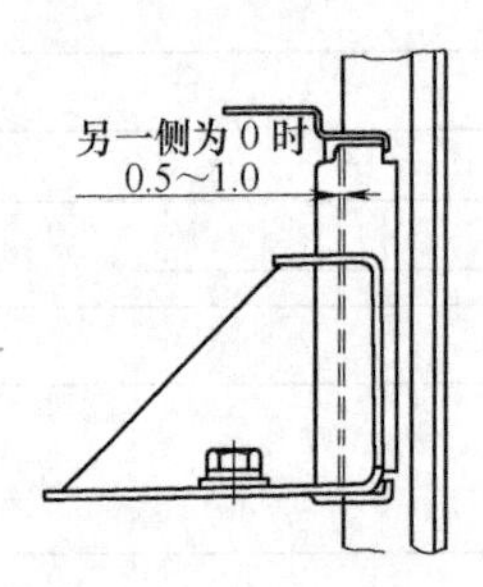

导靴安装板相对导轨左右尺寸均等。

靴衬安装板相对导轨左右尺寸均等。

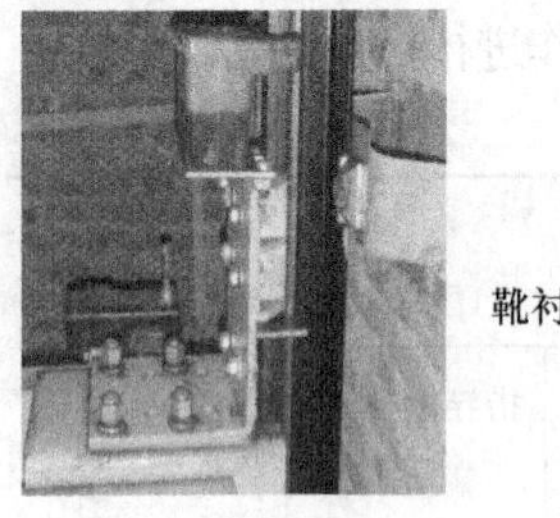

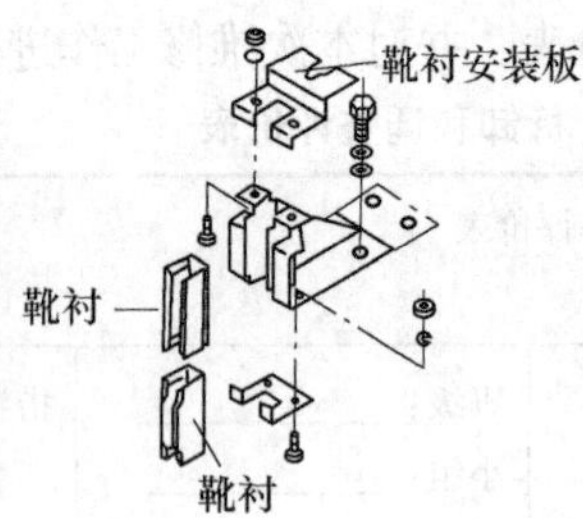

导靴相对导轨左右尺寸均等。

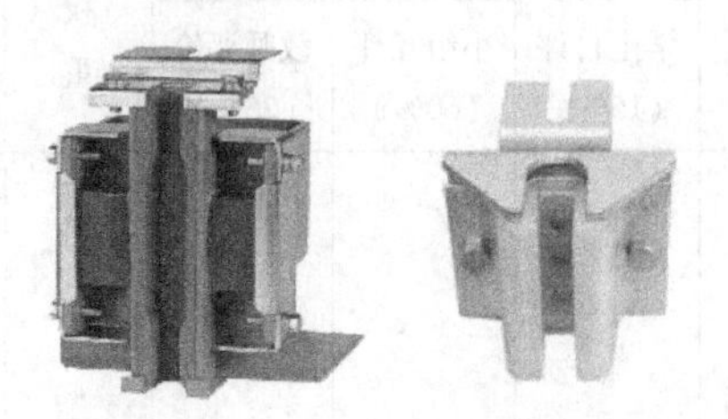

（2）滚动导靴

滚动导靴：确认当端面轮子的中心和导轨中心对准，且一侧的端面轮接触到导轨时，另一侧的端面轮到导轨的间隙应为1.5mm。

侧面滚轮的间隙可按下表调整。

导轨尺寸	侧面滚轮的间隙
5K、13K、18K、24K	17.5mm（+0～-0.2）
8K	23.5mm（+0～0.2）

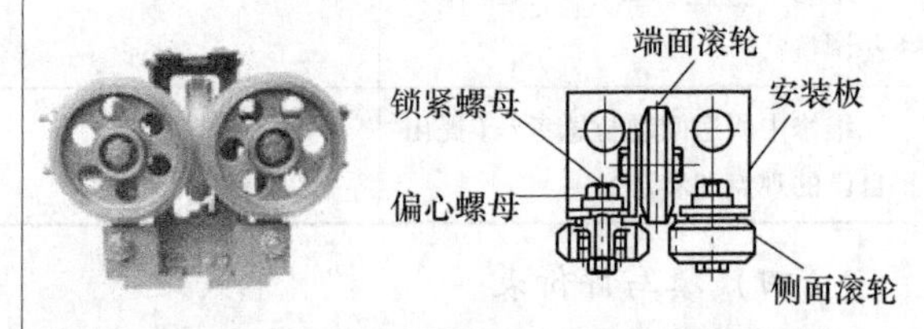

检查压导板螺栓是否紧固、错位。根据规定力矩调整压导板螺栓，可按下表进行调整。

导板螺栓规格	紧固力矩/（N·m）
M12	40～54
M16	95～129

（续）

4. 现场检测		
1）检查导靴上是否有锈蚀和灰尘。 2）检查靴衬的磨损情况，如果靴衬磨损超过1mm，则需要更换靴衬。 3）检查固定导轨架底座的膨胀螺栓是否紧固。		
5. 原因：导靴锈蚀或沾有灰尘		
6. 修理		
（1）清洁导靴	（2）导靴的润滑	（3）调整导靴
清除导轨和导靴上的锈蚀，如果由于导靴上沾有灰尘或锈蚀而造成电梯不正常的振动，应拆下导靴并清洁它。 	由于导靴上粘有灰尘而造成不正常的振动和噪声，则需要拆开导靴清洗。清洗完后，应在导靴上加润滑油（滚动导靴只能在轴承处加润滑油）。 	如果导靴振动且发出不正常的声音，则应调整有关尺寸。
7. 注意事项		
1）事故预防措施：遵守电梯安装维修工安全操作规程，滚动导靴的工作面不能加润滑油。 2）废弃处理：沾有机油的废弃物属于需要特别监控的废弃物，应将废弃物收集在合适的容器内。 3）辅助材料的准备：砂纸、润滑油液、棉纱、除锈剂及清洁剂。 4）工具的准备：套装工具、卷尺、路轨刨、木锤、铅锤及角尺等。 5）质量保证：符合 GB 7588—2003《电梯制造与安装安全规范》及 GB/T 10060—2011《电梯安装验收规范》的相关规定。		

练习

1. 轿厢导轨的顶面间距不应超过________mm，对重导轨的顶面间距不应超过________mm。

2. 轿厢导轨对5m铅垂线的偏差不应超过________mm，对重导轨对5m铅垂线的偏差不应超过________mm。

3. 轿厢导轨接头处的台阶不应超过________mm，对重导轨接头处的台阶不应超过________mm。

4. 轿厢导轨接头处的缝隙不应超过________mm，对重导轨接头处的缝隙不应超过________mm。

任务二　电梯舒适感的调整

一、接收修理任务或接收客户委托

本次工作任务为电梯舒适感的调整，包括平衡系数的测量、电梯起动加速度的测量、电梯振动的测量、导轨的修复及舒适感的调整等工作。在接收本项工作任务之前，需要向客户了解电梯的详细信息以及需要大修部件的工作状况，从而制定大修工作的目标和任务。接收电梯大修或修理委托信息见表3-13。

表3-13 接收电梯大修或修理委托信息表（电梯舒适感的调整）

<table>
<tr><th>工作流程</th><th>任务内容</th></tr>
<tr><td>接收电梯前与客户的沟通</td><td>见表1-1中对应的部分。</td></tr>
<tr><td>接收修理委托的过程</td><td>可按照以下方式与客户交流：向客户致以友好的问候并进行自我介绍；认真、积极、耐心地倾听客户意见；询问客户有哪些问题和要求。
客户委托或报修内容：电梯舒适感的调整
<table>
<tr><th>向客户询问的内容</th><th>结　果</th></tr>
<tr><td>电梯运行是否正常?</td><td></td></tr>
<tr><td>电梯上下运行时是否有异常的响声?</td><td></td></tr>
<tr><td>电梯上下运行时是否有异常的振动?</td><td></td></tr>
<tr><td>乘坐电梯时的舒适感如何?</td><td></td></tr>
</table>
1. 接收电梯维修任务过程中的现场检查
（1）检查电梯的运行情况。
（2）检查电梯的平衡系数。
（3）对电梯运行的加速度、振动进行测量。
（4）告诉客户电梯舒适感的调整的状况。
2. 接收修理委托
（1）询问用户单位、地址。
（2）请客户提供电梯准运证、铭牌。
（3）根据铭牌识别电梯生产厂家、型号、控制方式、载重量及速度。
（4）向客户解释故障产生的原因和工作范围，指出必须进行电梯舒适感的调整。
（5）询问客户是否还有其他要求。
（6）确定交接电梯的日期。
（7）询问客户的电话号码，以便进行回访。
（8）与客户确认修理内容并签订维修合同。
客户在维修合同上签字表示规定合同双方权利和义务的“一般性交易条件”成为合同的要件。
通常情况下，与客户争论、未按规定执行维修工作会影响电梯经销商的服务形象，而且可能导致客户向经销商提出更换部件或赔偿要求。</td></tr>
<tr><td>任务目标</td><td>完成电梯舒适感的调整。</td></tr>
</table>

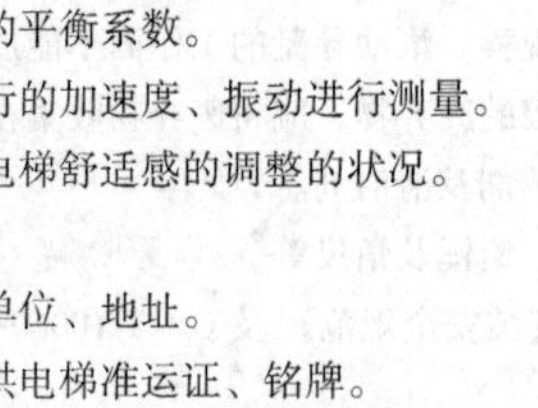

（续）

工作流程	任务内容
任务要求	（1）正确进行平衡系数的测试。 （2）正确进行电梯起动、制动时加速度的测试。 （3）调整电梯的舒适感。
对完工电梯进行检验	符合 GB 7588—2003《电梯制造与安装安全规范》及 GB/T 10060—2011《电梯安装验收规范》的相关规定。
对工作进行评估	先以小组为单位，共同分析、讨论装配工艺并完成试装；小组成员独力完成装配调试操作；各小组上交一份所有小组成员都签名的实习报告。

你可能需要获得以下的资讯，才能更好地完成工作任务

二、信息收集与分析

（一）信息的整理、组织和记录

对于收集的信息，要进行分析、了解概况，并理解文字的内容，标记出涉及维修工作或待维修部件的关键内容。将维修工作中需要使用的工具列出详细的清单，并对维修过程中电梯舒适感的调整的工艺进行深入了解。在工作前完成表 3-14 的填写。

表 3-14　电梯舒适感的调整信息整理、组织、记录表

1. 信息分析	
什么是平衡系数？	平衡系数如何测量？
2. 工具、检测工具	
执行任务时需要哪些工具？	执行任务时需要哪些检测工具？
3. 维修	
需要进行哪些调整工作？	必须遵守哪些技术规定？

（二）相关专业知识

1. 平衡系数

电梯的驱动有曳引驱动、强制驱动及液压驱动等多种方式，曳引驱动是现代电梯应用最普遍的驱动方式。平衡系数是曳引式驱动电梯的重要性能指标之一，利用对重平衡部分轿厢及轿内负载的重量，可减少曳引机的运行负荷。

电梯的平衡系数定义为

$$W = P + KQ$$

式中，P 为轿厢的自重；W 为对重的重量；Q 为轿厢的额定载重；K 为平衡系数。

国家标准 GB/T 10058—2009《电梯技术条件》3.3.8 条规定：曳引式电梯的平衡系数应在 0.4 ~0.5 范围内。

平衡系数的测量方法主要有以下几种。

1）直接称量 P 与 W。平衡系数 K 是由配置对重的重量大小决定的，因此测定平衡系数 K 最直接、最简单的办法就是直接称量对重的整体重量 W 和轿厢的自重 P，由此便可计算出平衡系数 $K=(W-P)/Q$。这种方法操作起来比较麻烦，一般不太使用。

2）手动盘车法。在轿厢内均匀放置 40% ~50% 的额定载重砝码，使轿厢和对重处于同一位置，切断电梯电源。用机械方法打开抱闸，手动盘车。感知对重侧与轿厢侧重量是否大致平衡。适当增减对重块或砝码，直至两侧基本平衡。此时，轿厢内所放砝码重量与电梯额定载重的比值即为平衡系数。这种方法操作简便，具有以下优点：

① 电梯处于静止状态，避免因轿厢运动而造成的阻力。

② 可以保证轿厢与对重处于同一水平位置上。

③ 测试简便、快捷且调整方便。

④ 人的感觉误差一般在几公斤，其可信度较高。

但是，利用该方法测量平衡系数容易受到导靴、导轨调整尺寸的影响。

3）电流法这是国家质量监督检验检疫总局 2002 年发布的《电梯监督检验规程》采用的方法。其中，8.3.1 项检验方法为：轿厢分别承载 0、25%、50%、75%、100% 的额定载荷，进行沿全程直驶运行试验，分别记录轿厢上下行至与对重同一水平面时的电流、电压或速度值。平衡系数的电流测量法见表 3-15。取其上、下行曲线交汇点的载荷系数，便是该梯的平衡系数，交汇点在 40% ~50% 范围内为合格，如图 3-16 所示。

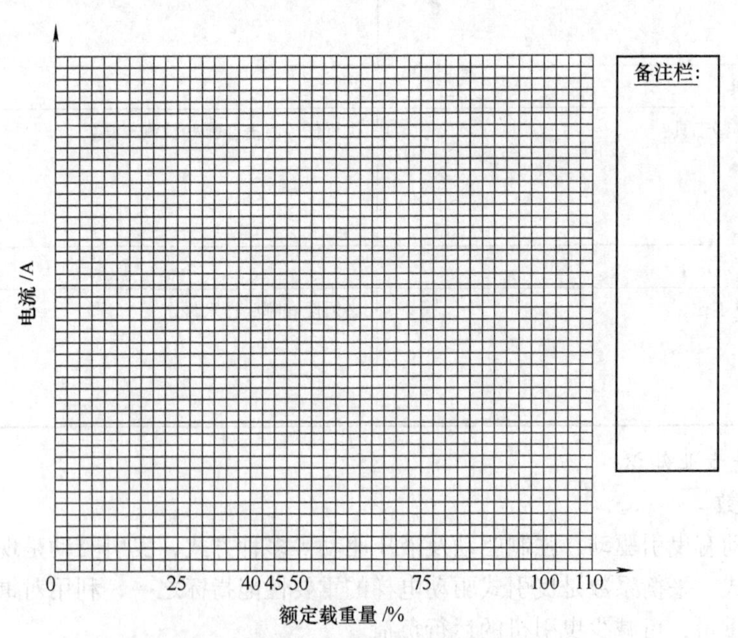

图 3-16 平衡系数曲线图

电流法的关键是利用测量电流来判断是否平衡。在平衡状态下：假定轿厢上行与下行时的阻力是一样的，电梯上、下行输出转矩也相同，这时测得电动机的电流应相等。以上、下行电流相等来判定平衡（**注意：**不是电流最小），这就是电流法的原理。

以测量电流来判定转矩，这是一种间接的测量方法。电流与转矩之间的关系是从电动机上的功率平衡关系间接获得的，因此，采用电流法测量时，对于交流电动机则要保持转速、频率一定（用钳形电流表从变频器的输入端测量）；对于直流电动机则要保持电压一定。

不论 K 取何值，平衡只是相对的，而不平衡是绝对的。实际应用中，只希望系统尽可能地接近平衡。一种简单的办法便是取轿厢载荷变化的平均值，因为轿厢载荷的变化为 0 ~ 100%，因此取 $K=50\%$ 左右都是合理的。

表 3-15　平衡系数的电流测量法

轿厢额定载荷的百分比/（%）	0	25	40	45	50	75	100	110
上行电流/A								
下行电流/A								

注意点：1. 检测时的三相电源电压：U_{ab}：________ U_{bc}：________ U_{ac}：________

2. 电源状况：正式□；临时□

3. 甲方是否对轿厢进行过装潢：是□；否□

4. 对重（高度）数量：________

2. TET 型电梯加速度测试仪

运行过程中，电梯水平方向的晃动与轿厢侧导轨的安装情况有着直接的联系。因此在消除电梯水平方向的晃动时，首先要对导轨的安装情况进行检查。

在电梯安装检测时，一般测量的部位是有支架的部位，不会在意无支架部位的导轨尺寸。考虑到电梯运行后导轨、导轨架的热胀冷缩及材质不均等造成的静应力变形，或者楼房沉降等造成的受力变形，都会使导轨出现扭曲、拱起等变形。变形的部位主要是导轨上没有支架固定的部位。只检查某一段达到标准，并不代表导轨已达标。因此在测量时，对于每根导轨应测量三个位置，即支架位置、导轨接头位置及中间位置，并将测量数据进行记录（电梯导轨检测表）。

电梯加速度测试仪是电梯生产厂家、自动扶梯生产厂家的安装队、维修队或检验单位常用的一种检测设备。它可以测定电梯的起动及制动的加、减速度，轿厢的水平、垂直振动，以及自动扶梯的振动等。该仪器可以将电梯运行全过程的加速度、速度以曲线的形式描绘出来，为电梯参数的调节提供直观而有效的依据。TET 型加速度测试仪如图 3-17 所示。

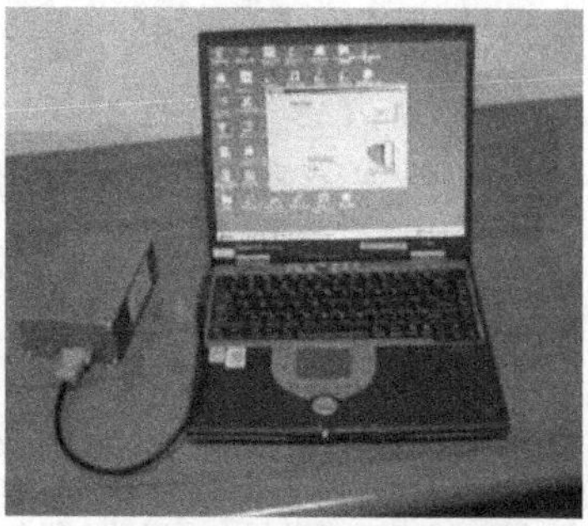

图 3-17　TET 型电梯加速度测试仪

TET 型电梯加速度测试仪的使用见表 3-16。

表 3-16 电梯加速度测试仪使用表

1. 选择测试产品类型

在开始新的试验时，首先要选择测试产品的类型。在下面两种情况下，均会打开“产品类型”对话框。(1) 在程序首次起动时。(2) 在打开新文件时。

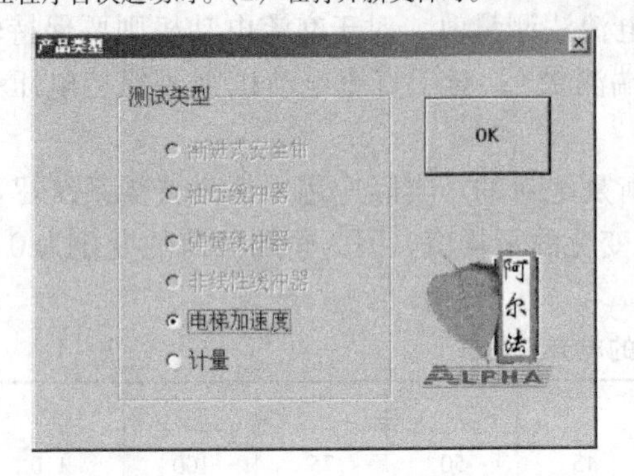

2. 基本试验参数

选择测试类型便可进入相应的测试模式界面，例如：选择“电梯加速度”（默认。单击“OK”按钮，进入基本实验参数界面。在该界面可以输入一些试验的基本信息，也可以不输入，单击“OK”按钮，便进入电梯加速度测试界面。

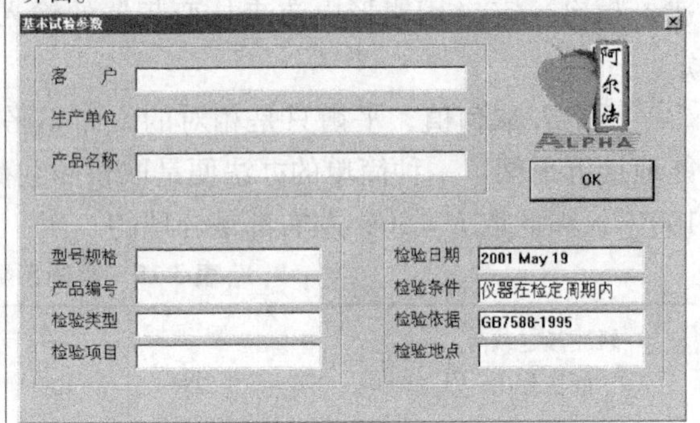

3. 电梯起动及制动的加速度性能测试

(1) 将传感器水平放置，等到电梯轿厢平稳时，进入第 2 步操作。

(2) 用鼠标单击工具条中的 [图标] 键或按下快捷键“Ctrl + R”，系统将自动调零。

(3) 输入“试验质量”和“运行区间”值。

(4) 用鼠标单击工具条中的 [图标] 或按下快捷键“Ctrl + T”，系统便开始测试电梯的起动和制动加速度，电梯选层运行。

(5) 系统能够对电梯的运行状态自动判断，并自动开始读入数据与停止测试，也可以按下“SPACE”（空格）键（手动），结束系统的测试状态。

(6) 重复 2 ~ 5 或 3 ~ 5 步测试电梯另外一个运行区间的性能。

4. 电梯振动性能测试

(1) 将传感器水平（测垂直振动）或垂直（测水平振动）放置。等到电梯轿厢平稳时，进入第 2 步操作。

(2) 用鼠标单击工具条中的 [图标] 键或按下快捷键“Ctrl + R”，系统将自动调零。

(3) 输入“试验质量”和“运行区间”值。

(4) 电梯选层运行，在电梯加速过程结束后，用鼠标单击工具条中的 [图标] 或按下快捷键“Ctrl + T”，系统开始测试电梯的振动加速度。

(5) 系统能够对电梯的运行状态自动判断，并自动开始读入数据与停止测试，也可以按下“SPACE”（空格）键（手动）结束系统的测试状态。

(6) 重复 2 ~ 5 或 3 ~ 5 步测试电梯另外一个运行区间的性能。

5. 电梯加速度测试界面（主界面）

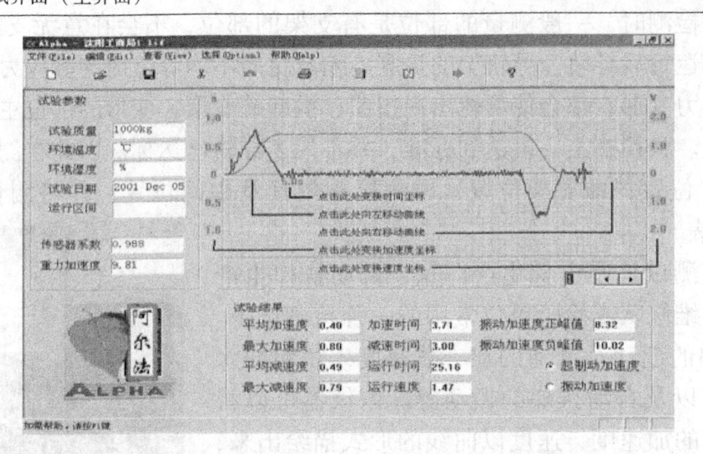

乘客电梯起动加速度和制动减速度最大值均不应大于 1.5m/s^2。乘客电梯轿厢运行在恒加速区域内，垂直振动的最大加速度（峰值）不应大于 0.30m/s^2；乘客电梯轿厢运行期间，水平振动加速度最大值（峰值）不应大于 0.20m/s^2。分别检测轻载和重载单层、多层及全层各种工况下，轿厢在额定速度运行过程中的垂直方向和水平方向的振动加速度，以其峰值作为计算与评定依据。

还等什么？赶快制订出工作计划并实施它

三、制订工作计划

电梯舒适感的调整工作计划见表3-17。

表3-17　电梯舒适感的调整工作计划表（权重0.1）

<table>
<tr><td>1. 小组成员有几人？组长是谁？</td><td colspan="4"></td></tr>
<tr><td rowspan="2">2. 所维修的电梯是什么型号？</td><td colspan="2">电梯型号</td><td colspan="2"></td></tr>
<tr><td colspan="2">控制柜、导轨及导靴型号</td><td colspan="2"></td></tr>
<tr><td>3. 准备根据什么资料操作？</td><td colspan="4"></td></tr>
<tr><td>4. 完成该工作，需要准备哪些设备、工具？</td><td colspan="4"></td></tr>
<tr><td rowspan="2">5. 要在8个学时内完成工作任务，同时要兼顾每个组员的学习要求，人员是如何分工的？</td><td>工作对象</td><td>人员安排</td><td>计划工时</td><td>质量检验员</td></tr>
<tr><td>控制柜
轿厢及导轨</td><td></td><td></td><td></td></tr>
<tr><td>6. 工作完成后，要对每个组员给予评价，评价方案是什么？</td><td colspan="4"></td></tr>
</table>

四、工作任务实施

（一）检测和调整指引

电梯的舒适感问题，特别是振动和晃动问题，往往涉及的原因比较复杂，因此准确的分析和判断及用正确的对策排除是非常重要的。维修人员需要有极大的耐心，而且在客观上应具有丰富的经验积累。

用综合振动仪测量电梯的运行曲线，并在计算机中对运行曲线进行分析。根据现行国家标准GB/T 10058—2009《电梯技术条件》可知，乘客电梯在运行时，水平方向的振动加速度不应大于$0.15m/s^2$，否则，电梯水平方向的晃动将非常明显。电梯在运行时，垂直方向的振动加速度不应大于$0.20m/s^2$（在运行过程中，如果垂直方向的振动加速度大于$0.20m/s^2$，电梯垂直方向的振动必然非常明显）。在某些情况下，虽然在运行曲线中水平方向的振动加速度符合标准，但人体感觉电梯水平方向有晃动的感觉时，也需要进行调整。

电梯舒适感的调整指引见表3-18。表中规范了电梯舒适感调整的修理程序，细化了每一步工序。使用者可以根据指引的内容，进行修理工作，使电梯处于良好的工作状态。

表3-18　电梯舒适感的调整指引

1. 准备工作
1）将电梯置于检修状态下，维修人员将电梯轿厢和对重开至同一位置（平衡轿厢和对重侧钢丝绳的重量），并在机房主机钢丝绳上做好标记。 2）维修人员出轿顶，将电梯恢复正常状态，开至基站平层。 3）调整好加速度测试仪。
2. 检查
1）检查导轨是否有锈蚀、损伤及污垢。 2）检查导轨的缺油状况，检查油杯上羊毛毡与导轨尺寸及羊毛毡的渗油量。 3）检查对重侧导轨上是否有污垢、是否缺油。

（续）

3. 平衡系数的测试

1）检测人员用钳形电流表夹住电源线（变频器输入端）中的任意一根（三根都夹一下，选择波动小的线为测试线）。

2）电梯上、下行全程运行，在轿厢和对重完全平齐时（钢丝绳标记处），依次测试0、25%、40%、50%、75%、100%及110%额定载荷时上、下行的电流值。

3）根据测量电流值绘图，如果平衡系数小于40%，则说明对重轻了，需要加大对重重量；如果平衡系数大于50%，则说明对重重了，需要减小对重重量。然后再进行测试，直至符合要求。

4. 电梯起动加、减速度和水平振动加、减速度

1）测量电梯单层、多层及全程运行的起动加速度和制动减速度。

序号	单层运行		多层运行		全程运行	
	起动加速度	制动减速度	起动加速度	制动减速度	起动加速度	制动减速度
1						
2						
3						

2）电梯在单层、多层及全程稳定运行时的水平振动加速度和减速度。

序号	单层运行		多层运行		全程运行	
	水平加速度	水平减速度	水平加速度	水平减速度	水平加速度	水平减速度
1						
2						
3						

5. 修整

1）对导轨、导靴进行清洁、润滑。电梯全程运行5min，对运行曲线进行分析。从运行曲线上看，不是曲线整体都超过了标准要求，而是曲线上有一定数量的超过了标准要求的点（俗称毛刺）。一般来讲，通过对导轨、导靴的清洁和润滑后，毛刺将大大减少，但还会有部分毛刺存在。

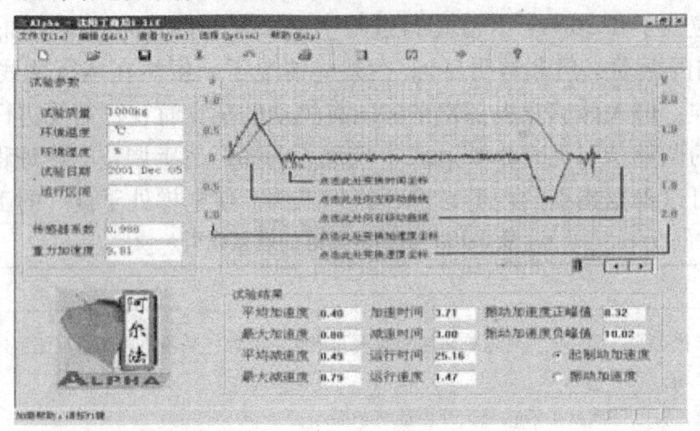

2）观察毛刺的位置是否固定，如果不固定，进一步清洁导轨和导靴；如果固定，根据运行曲线上毛刺的位置，计算在导轨上的位置，并检查导轨上该位置处是否有伤痕。如果有伤痕，则进行修正；如果伤痕严重，则应更换此根导轨；如果没有伤痕，则检查此根导轨的导轨接头的台阶是否超过标准要求，然后根据要求进行调整。

3）根据现场情况，清除导轨污垢。用锉刀、砂纸打磨、修整导轨，如果无法现场修整，则需要更换导轨。

4）如果导轨缺油，则检查油杯的缺油状况，在油杯内增加相应的机油。根据现场情况，确定是否需要更换羊毛毡或油杯。

（续）

6. 复位

1）电梯检修上行，维修人员离开轿顶和底坑。

2）舒适感调整完毕后，应由上至下和由下至上分别以检修速度和额定速度单层和多层试运行。经检查无异常情况后，再以额定速度全程试运行数次，确定无异常响声和振动后，方可恢复电梯的正常使用。

7. 注意事项

1）事故预防措施：遵守电梯安装维修工安全操作规程。

2）废弃处理：沾有机油的废弃物属于需要特别监控的废弃物，应将废弃物收集在合适的容器内。

3）辅助材料的准备：砂纸、润滑油液、垫片及棉纱等。

4）工具的准备：TET 型电梯加速度测试仪、钳形电流表、套装工具、砝码、粉笔及油漆等。

5）质量保证：符合 GB 7588—2003《电梯制造与安装安全规范》及 GB/T 10060—2011《电梯安装验收规范》的规定，电梯的平衡系数在40% ~50%范围内。电梯水平方向的振动加速度不应大于0.15m/s^2，垂直方向的振动加速度不应大于0.20m/s^2。

（二）电梯舒适感的调整实施记录

实施记录表是对修理过程的记录，保证修理任务按工序正确执行。根据实施记录表可对修理的质量进行判断。电梯舒适感的调整实施记录见表3-19。

表3-19　电梯舒适感的调整实施记录表（权重0.3）

<table>
<tr><td colspan="3">电梯舒适感的调整</td><td>检查人/日期</td><td colspan="2"></td></tr>
<tr><td>步骤</td><td>序号</td><td>检查项目</td><td>技术标准</td><td>完成情况</td><td>分值</td></tr>
<tr><td rowspan="3">准备工作</td><td>1</td><td>将电梯置于检修状态下，维修人员将电梯轿厢和对重开至同一位置（平衡轿厢和对重侧钢丝绳的重量），并在机房主机钢丝绳上做好标记</td><td>合格□不合格□</td><td rowspan="3">工作是否完成____</td><td>★</td></tr>
<tr><td>2</td><td>维修人员出轿顶，将电梯恢复正常状态，开至基站平层</td><td>合格□不合格□</td><td>6</td></tr>
<tr><td>3</td><td>调整好加速度测试仪</td><td>合格□不合格□</td><td>★</td></tr>
<tr><td rowspan="3">检查</td><td>4</td><td>检查导轨是否有锈蚀、损伤和污垢</td><td>合格□不合格□</td><td rowspan="3">工作是否完成____</td><td>6</td></tr>
<tr><td>5</td><td>检查导轨的缺油状况，检查油杯上羊毛毡与导轨尺寸及羊毛毡的渗油量</td><td>合格□不合格□</td><td>6</td></tr>
<tr><td>6</td><td>检查对重侧导轨上是否有污垢、是否缺油</td><td>合格□不合格□</td><td>6</td></tr>
<tr><td rowspan="2">测试电梯平衡系数</td><td>7</td><td>检测人员用钳形电流表夹住电源线（变频器输入端）中的任意一根（三根都夹一下，选择波动小的线为测试线）</td><td>合格□不合格□</td><td rowspan="2">工作是否完成____</td><td>★</td></tr>
<tr><td>8</td><td>电梯上、下行全程运行，在轿厢和对重完全平齐时（钢丝绳标记处），依次测试0、25%、40%、50%、75%、100%及110%额定载荷时上、下行的电流值</td><td>合格□不合格□</td><td>6</td></tr>
<tr><td rowspan="2">电梯加速度减速度</td><td>9</td><td>测量电梯单层、多层及全程运行的起动加速度和制动减速度</td><td>合格□不合格□</td><td rowspan="2">工作是否完成____</td><td>6</td></tr>
<tr><td>10</td><td>电梯在单层、多层及全程稳定运行时的水平振动加速度和减速度</td><td>合格□不合格□</td><td>6</td></tr>
</table>

（续）

电梯舒适感的调整			检查人/日期		
步骤	序号	检查项目	技术标准	完成情况	分值
修整	11	对导轨导靴进行清洁、润滑	合格□不合格□	工作是否完成____	6
	12	用锉刀、砂纸打磨、修整导轨，如果无法现场修整，则需要更换导轨	合格□不合格□		6
	13	更换油杯羊毛毡，注入导轨润滑油	合格□不合格□		6
复位	14	电梯检修上行，维修人员离开轿顶和底坑 舒适感调整完毕后，应由上至下和由下至上分别以检修速度和额定速度单层和多层试运行。经检查无异常情况后，再以额定速度全程试运行数次，确定无异常响声和振动后，方可恢复电梯的正常使用	合格□不合格□	工作是否完成____	★

评分依据：★项目为重要项目，一项不合格，检验结论为不合格。其他项目为一般项目，总分不超过20分（包括20分），检验结论为合格；超过20分，为不合格

完成了，仔细验收，客观评价，及时反馈

五、工作验收、评价与反馈

（一）工作验收

维修工作结束后，电梯维修工应确认是否所有部件和功能都正常。维修站应会同客户对电梯进行检查，确认所委托电梯修理工作已全部完成，并达到客户的修理要求。电梯舒适感的调整工作交接验收见表3-20。

表3-20　电梯舒适感的调整工作验收表（权重0.1）

1. 工作验收	
验收步骤	验收内容
（1）是否按工作计划进行了所有工作？	（1）把工作计划中的所有项目检查一遍，确认所有项目都已经圆满完成，或者在解释说明范围内给出了详细的解释。
（2）哪些工作项目必须以现场直观检查的方式进行检查？	（2）检查以下工作项目 现场检查 / 结果 平衡系数的测定 / 起动加速度的测定 / 停车减速度的测定 / 水平振动加速度的测定 /
（3）是否遵守规定的维修工时？	（3）电梯舒适感的调整的规定时间是120min。 合格□不合格□
（4）电梯平衡系数是否正常？导轨上是否有毛刺？导轨是否磨损？	（4）检查电梯平衡系数和舒适感。 合格□不合格□

（续）

1. 工作验收	
验收步骤	验收内容
（5）哪些信息必须转告客户？	（5）指出需要何时进行电梯舒适感的调整和必须排除的其他已经确认的故障。
（6）对质量改进的贡献？	（6）考虑一下，维修和工作计划准备，工具、检测工具、工作油液和辅助材料的供应情况，时间安排是否已经达到最佳程度。 提出改善建议并在下次修理时予以考虑。
2. 记录	
（1）是否记录了配件和材料的需求量？ （2）是否记录了工作开始和结束的时间？	
3. 大修后的咨询谈话	
客户接收电梯时期望维修人员对下述内容作出解释： （1）检查表。 （2）已经完成的工作项目。 （3）结算单。 （4）移交维修记录本。	在维修后谈话时，应向客户转告以下信息： （1）导轨的使用情况。 （2）电梯导轨日常保养中应注意之处。 （3）在什么情况下需要对电梯舒适感进行调整。
4. 对解释说明的反思	
（1）是否达到了预期目标？ （2）与相关人员的沟通效率是否很高？ （3）组织工作是否很好？	

（二）工作任务评价与总结

电梯舒适感的调整自检、互检记录见表3-21。

表3-21　电梯舒适感的调整自检、互检记录表（权重0.1）

自检、互检记录	备注
各小组学生按技术要求检测设备并记录 检测问题记录：____________________ ____________________ ____________________。	自检
各小组分别派代表按技术要求检测其他小组设备并记录 检测问题记录：____________________ ____________________ ____________________。	互检
教师检测问题记录：____________________ ____________________ ____________________。	教师检验

（三）小组总结报告

各小组总结本次任务中出现的主要问题和难点及其解决方案，报告见表3-22。

表3-22　小组总结报告（权重0.1）

维修任务简介：____。	
学习目标	
维修人员及分工	
维修工作开始时间和结束时间	
维修质量：____。	
预期目标	
实际成效	
维修中最有特色的部分	
维修总结：____。	
维修中最成功的是什么？	
维修中存在哪些不足？应作哪些调整？	
维修中所遇问题与思考？（提出自己的观点和看法）	

（四）填写评价表

维修工作结束后，维修人员填写工作任务评价表，并对本次维修工作进行打分，见表3-23。

表3-23　电梯舒适感的调整评价表

×××学院评价表

项目三　导向系统的修理
任务二　电梯舒适感的调整

班级：________　指导教师：________
小组：________
姓名：________　日期：________

评价项目	评价标准	评价依据	评价方式			权重	得分小计
			学生自评（15%）	小组互评（60%）	教师评价（25%）		
职业素养	（1）遵守企业规章制度、劳动纪律 （2）按时按质完成工作任务 （3）积极主动承担工作任务，勤学好问 （4）人身安全与设备安全	（1）出勤 （2）工作态度 （3）劳动纪律 （4）团队协作精神				0.3	

六、拓展知识——故障实例

在本次任务实施过程中，如果电梯平衡系数不符合要求，会造成什么后果？

故障实例见表3-24。

表3-24　故障实例

例1　故障现象：电梯起动时有明显的台阶感	
故障分析： 维修人员对导轨、导靴进行了调整和检查，故障没有消除。调试人员对电梯的平衡系数进行了测试，小于40%。由于对重过轻，轿厢和对重的重量差过大，造成电梯起动时有明显的台阶感。	排除方法： 增加对重的重量，调整平衡系数至50%，电梯恢复正常。
例2　故障现象：电梯运行到中间层，水平方向有明显的晃动	
故障分析： 维修人员对导轨、导靴进行了调整和检查，没有发现问题。调试人员对电梯进行了舒适感的测试，通过对电梯运行曲线的分析，发现电梯运行到12F、24F及25F等层站，电梯水平振动加速度较大。仔细检查后，发现导轨表面有毛刺和刮痕。	排除方法： 对导轨进行修复后，电梯恢复正常。

练习

1. 根据GB 7588—2003《电梯制造与安装安全规范》及GB/T 10060—2011《电梯安装验收规范》的规定，电梯的平衡系数在________范围内。

2. 根据GB 7588—2003《电梯制造与安装安全规范》及GB/T 10060—2011《电梯安装验收规范》规定的要求，乘客电梯运行时水平方向的振动加速度不应大于________ m/s^2，垂直方向的振动加速度不应大于________ m/s^2。

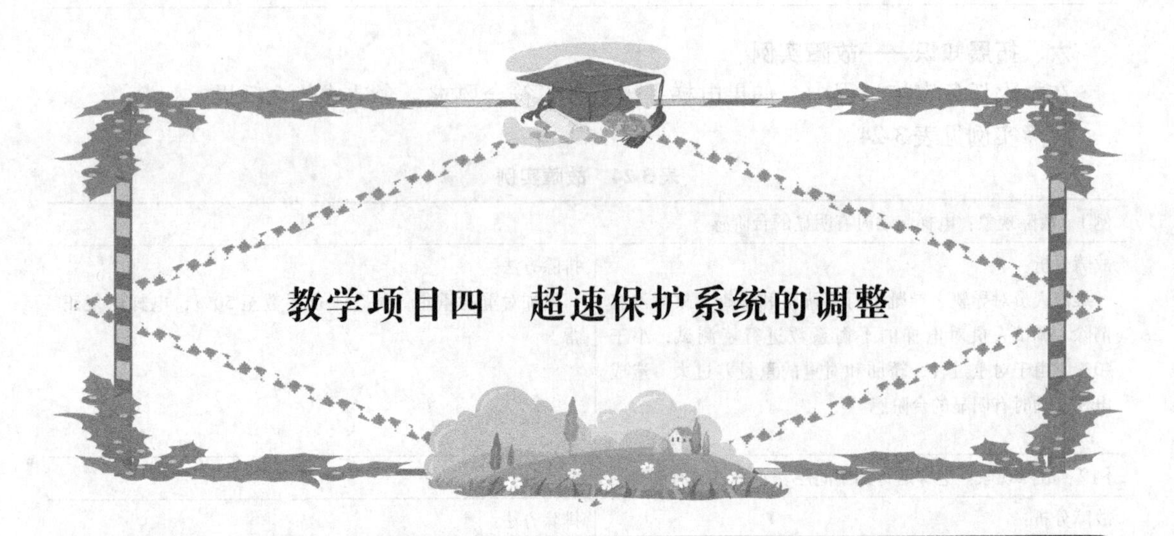

教学项目四　超速保护系统的调整

项目描述

1）超速保护系统的维护是电梯维修的重要内容之一。作为电梯维修工，对超速保护系统进行大修是重要的修理工作之一。

2）通过本项目的学习，学员应能独立规范地完成超速保护系统的调整工作并掌握超速保护系统的基本结构和工作原理，能做到举一反三。

3）通过本项目的学习，学员应熟悉维修作业的基本工作方法和工作流程，养成良好的职业习惯。

项目准备

1. 资源要求

1）电梯实训室、模拟井架两台及实训安全钳4套。

2）各类检测仪器与仪表，通用维修工具10套。

3）多媒体教学设备。

2. 原材料准备

润滑脂、除锈剂、清洁剂、砂纸及纱布等材料。

3. 相关资料

日立、三菱、奥的斯电梯维修手册，电子版维修资料。

工作任务

按企业工作过程（即资讯-决策-计划-实施-检验-评价）要求完成所提供电梯超速保护系统的修理工作。其中包括以下几方面：

1）限速器的调整。

2）安全钳的调整。

预备知识

一、超速保护系统在电梯上的位置

在图 4-1 中给出了超速保护系统在电梯上的位置。

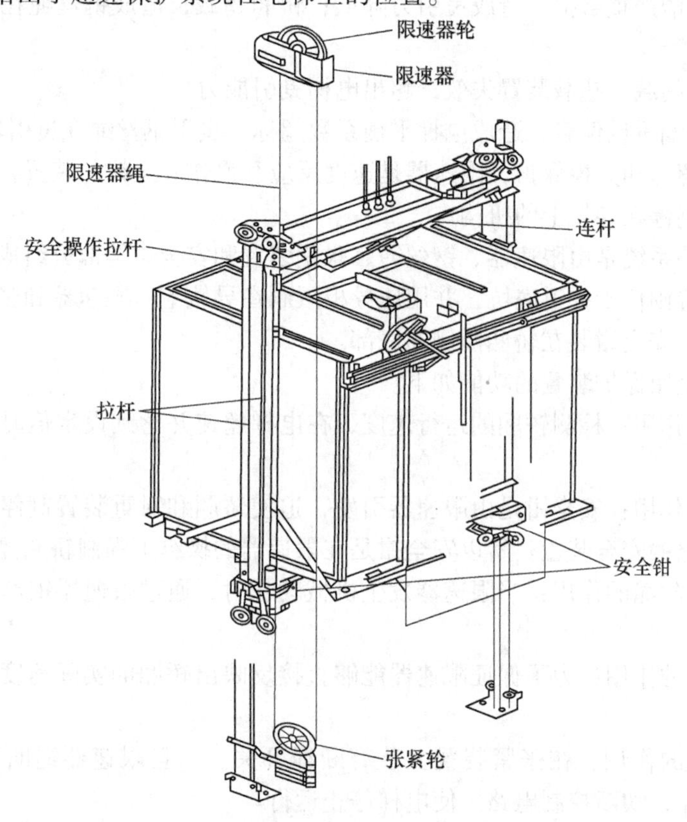

图 4-1　超速保护系统在电梯上的位置

练习

1. 作为电梯的超速和失控保护，________是速度反应和操作安全钳的装置，________是以机械动作将电梯强行制停在导轨上的机构。

2. 限速器主要由________、________、________及________等部件组成。

3. 安全钳主要由________、________、________及________等部件组成。

二、超速保护系统的组成与工作原理

在电梯的安全保护系统中，提供最后安全保障的装置是限速器、安全钳和缓冲器。当在电梯运行中轿厢发生超速，甚至坠落的危险状况，而所有其他安全保护装置（电磁制动器、急停开关等）均不起作用的情况下，则依靠限速器、安全钳（轿厢在运行途中起作用）和缓冲器（轿厢到达终端位置时起作用）的作用也能够使轿厢停住而不使乘客受到伤害和及损坏设备。

限速器和安全钳是不可分隔的一套装置，正常情况下，电梯轿厢不可能发生坠落事故，只有在下列特殊情况下才有可能发生。

1）曳引钢丝绳意外破断。

2）轿厢端绳头板或对重端绳头板与轿厢横梁或对重架脱离，绳头板破碎，用定位销联接的销钉磨断。

3）曳引机蜗轮蜗杆的轮、轴、键、销等发生折断。

4）曳引轮绳槽严重磨损，造成曳引力降低；轿厢超载，造成钢丝绳在曳引轮绳槽内打滑。

5）轿厢严重超载，超载装置失效，超出电梯曳引能力。

6）对重重量偏重或偏轻，造成电梯平衡系数超标，曳引钢丝绳在曳引轮上打滑。

作为电梯的超速和失控保护，限速器是速度反应和操作安全钳的装置，安全钳是以机械动作将电梯强行制停在导轨上的机构。

整个超速保护系统是由限速器、钢丝绳、张紧装置和安全钳等部分组成。限速器安装在机房内，张紧装置则位于井道底坑，并用压导板限制在导轨上。限速器和张紧装置之间是用钢丝绳连接起来，安全钳装在轿厢两侧的底部。

限速器和安全钳保护装置的功能如下。

1）限速器的作用：检测轿厢的运行速度，在电梯超速并达到设定值时，发出电气和机械动作信号。

2）安全钳的作用：安全钳是由限速器引发，迫使轿厢和对重装置制停在导轨上，同时切断电梯控制电路的安全装置。所以安全钳是在限速器的操纵下强制轿厢停住的执行机构。

3）限速器钢丝绳的作用：当限速器发生机械动作时，通过限速器钢丝绳拉动安全钳的联动机构。

4）张紧装置的作用：为了保证限速器能够直接反映出轿厢的实际速度，在井道底部装有张紧装置。

5）断绳开关的作用：在张紧装置上装有断绳开关。一旦限速器绳断裂或张紧装置失效，断绳开关动作，切断控制电路，使电梯停止运行。

任务一　限速器的调整

一、接收修理任务或接收客户委托

本次工作任务为限速器的调整，包括限速器的拆卸、限速器的电气机械动作速度的调整及限速器的清洁和润滑等工作。在接收本项工作任务之前，需要向客户了解电梯的详细信息，以及需要大修部件的工作状况，从而制定大修工作目标和任务。接收电梯大修或修理委托信息见表 4-1。

表 4-1　接收电梯大修或修理委托信息表（限速器的调整）

工作流程	任务内容
接收电梯前与客户的沟通	见表 1-1 中对应的部分。

（续）

<table>
<tr><th>工作流程</th><th>任务内容</th></tr>
<tr><td>接收修理委托的过程</td><td>可按照以下方式与客户交流：向客户致以友好的问候并进行自我介绍；认真、积极、耐心地倾听客户意见；询问客户有哪些问题和要求。
客户委托或报修内容：限速器的调整
<table>
<tr><td>向客户询问的内容</td><td>结果</td></tr>
<tr><td>电梯运行是否正常？</td><td></td></tr>
<tr><td>电梯运行中限速器及张紧装置是否有异常的响声和振动？</td><td></td></tr>
<tr><td>限速器可动部件的动作是否灵活？</td><td></td></tr>
<tr><td>限速器钢丝绳是否与夹绳钳摩擦？</td><td></td></tr>
</table>
1. 接收电梯维修任务过程中的现场检查
（1）检查电梯的运行情况。
（2）检查限速器开关动作是否可靠，开关触头的磨损情况。
（3）检查电梯运行时限速器是否发出不正常的声音。
（4）告诉客户限速器安全钳联动试验的情况。
2. 接收修理委托
（1）询问用户单位、地址。
（2）请客户提供电梯准运证、铭牌。
（3）根据铭牌识别电梯生产厂家、型号、控制方式、载重量及速度。
（4）向客户解释故障产生的原因和工作范围，指出必须进行限速器的调整。
（5）询问客户是否还有其他要求。
（6）确定电梯交接日期。
（7）询问客户的电话号码，以便进行回访。
（8）与客户确认修理内容并签订维修合同。
客户在维修合同上签字表示规定合同双方权利和义务的“一般性交易条件”成为合同的要件。
通常情况下，与客户争论、未按规定执行维修工作会影响电梯经销商的服务形象，而且可能导致客户向经销商提出更换部件或赔偿要求。</td></tr>
<tr><td>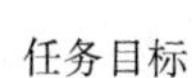
任务目标</td><td>完成限速器的调整。
 </td></tr>
<tr><td>任务要求</td><td>（1）熟悉限速器的基本结构。
（2）了解限速器的工作原理。
（3）掌握限速器的调节方法。
（4）能描述限速器维修与调节的技术标准。</td></tr>
<tr><td>对完工电梯进行检验</td><td>符合 GB 7588—2003《电梯制造与安装安全规范》及 GB/T 10060—2011《电梯安装验收规范》的相关规定。</td></tr>
<tr><td>对工作进行评估</td><td>先以小组为单位，共同分析、讨论装配工艺并完成试装；小组成员独力完成装配调试操作；各小组上交一份所有小组成员都签名的实习报告。</td></tr>
</table>

你可能需要获得以下的资讯，才能更好地完成工作任务

二、信息收集与分析

（一）信息的整理、组织和记录

对于收集的信息，要进行分析、了解概况，并理解文字的内容，标记出涉及维修工作或待维修部件的关键内容。将维修工作中需要使用的工具列出详细的清单，并对维修过程中电梯舒适感的调整工艺进行深入了解。在工作前完成表 4-2 的填写。

表 4-2　限速器的调整信息整理、组织、记录表

1. 信息分析	
限速器由哪些部件组成？	如何进行限速器的调节？
2. 工具、检测工具	
执行任务时需要哪些工具？	执行任务时需要哪些检测工具？
3. 维修	
需要进行哪些拆卸和安装工作？	必须遵守哪些安装规定？

（二）相关专业知识

1. 限速器

（1）限速器概述　限速器和安全钳是电梯最重要的安全保护装置之一，也称之为断绳保护装置和超速保护装置。限速器钢丝绳通过绳轮和底坑中的张紧轮形成一个闭环，其绳头与轿厢紧固在一起，并通过机械连杆与安全钳连接。如果轿厢超速，限速器立即动作，触发夹绳装置夹紧钢丝绳。当轿厢下降时，钢丝绳拉动安全钳，使安全钳对导轨产生摩擦力，把轿厢迅速制动在导轨上，如图 4-2 所示。

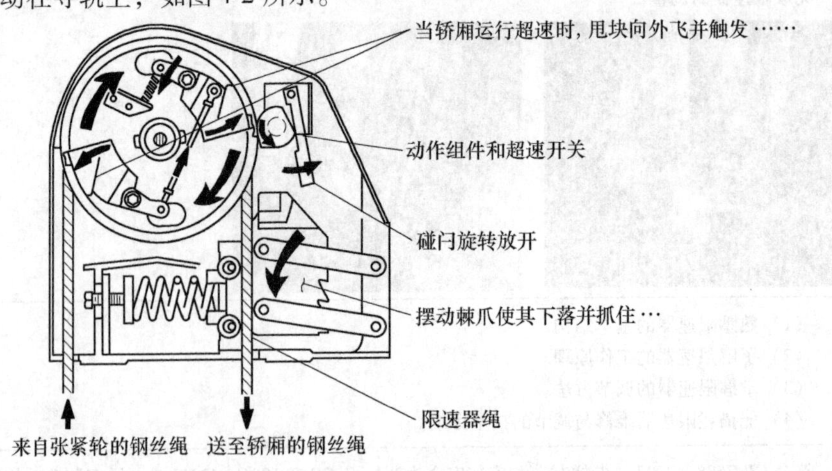

图 4-2　限速器

电梯速度不同，使用的限速器也不同，额定速度不大于 0.63m/s 的电梯，常采用刚性夹持式限速器，配用瞬时安全钳。额定速度大于 0.63m/s 的电梯，采用弹性夹持式限速器，

配用渐进式安全钳。常见的限速器包括凸轮式限速器、甩块式限速器和甩球式限速器。甩块式限速器又分为刚性夹持式限速器和弹性夹持式限速器。其中，刚性夹持式限速器适用于1m/s以下的电梯，弹性夹持式限速器动作可靠，适用于1m/s以上的快速电梯和高速梯，是目前电梯采用的最普遍的一种限速器，其外形如图4-3所示。

限速器安装在机房水泥基础或承重梁上。限速器绳的公称直径应不小于6mm，安全系数不小于8，限速器绳轮的节圆直径与绳公称直径之比不应小于30。限速器绳轮垂直度不应超过0.5mm，安装时可在限速器底座塞垫片调整。限速器钢丝绳至导轨导向面与顶面两个方向的偏差均不应超过10mm。

限速器钢丝绳应用张紧轮张紧，张紧轮（或其配重）应有导向装置。在安全钳动作期间，即使制动距离大于正常值，限速器钢丝绳及其附件也应保持完好无损。

限速器钢丝绳的检查和维护与曳引钢丝绳相同，具有同等重要性。检查时，维修人站在轿顶上，电梯慢速在井道内运行，仔细检查绳与绳套。此时维修人员应抓紧护栏，防止坠落井底。

电梯正常运行时，限速器夹绳钳与限速器钢丝绳的间隙为2～3mm。夹绳钳动作时，其工作面均匀紧贴在钢丝绳上，动作解脱后应仔细检查被压绳区段有无断丝、压痕及折曲，并用油漆做记号。

限速器动作时，限速器绳的张力不得小于以下两个值的较大值：①安全钳起作用所需力的两倍；②300N。

限速器钢丝绳在电梯正常运行时不应触及夹绳钳。限速器的旋转部分每周加油一次，每年清洗一次。

（2）限速器超速保护开关　对于速度大于1m/s的电梯，限速器上都设有超速保护开关，在限速器的机械保护装置动作之前，此开关就得动作，切断安全回路，使电梯停止运行。

图4-3　甩块式限速器

对于速度大于1m/s的电梯，其限速器上的电气安全开关最迟在限速器达到其动作速度时起作用。

电梯速度不同，所配备的限速器也不相同，对限速器动作速度的要求也不相同，否则将起不到安全保护的作用。GB 7588—2003《电梯制造与安装安全规范》规定，操作轿厢安全钳的限速器动作速度应不低于额定速度的115%（下限值），且应不小于下列数值（上限值）。

1）对于除了不可脱落滚柱式以外的瞬时式安全钳装置，为0.8m/s。

2）对于不可脱落滚柱式瞬时式安全钳装置，为1m/s。

3）对于额定速度小于或等于1m/s的渐进式安全钳装置，为1.5m/s。

4）对于额定速度大于1m/s的渐进式安全钳装置，为$1.25v+0.25/v$（v表示速度，这里只取数值）。

对重限速器的动作速度应大于轿厢限速器的动作速度，但不应超过其10%。

（3）限速器绳的张紧装置　限速器绳的张紧装置包括限速器绳、张紧轮、重锤和限速器断绳开关等，它安装在底坑内。限速器绳由轿厢带动运行，限速器绳将轿厢运行速度传递给限速器轮，限速器轮反映出电梯的实际运行速度。限速器张紧装置使限速器绳张紧，以保证将轿厢的运动情况正确的传给限速器，如图4-4所示。

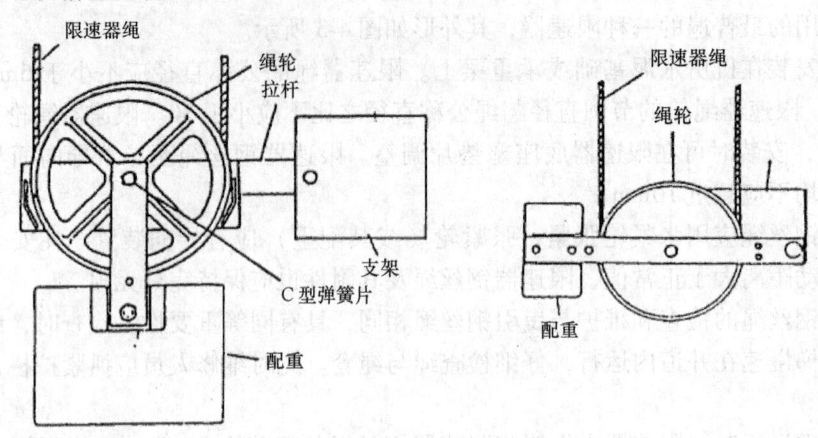

图4-4　限速器张紧轮

在电梯运行过程中，一旦发生限速器安全钳动作、轿厢夹持导轨的情况，应经过有关部门鉴定、分析，找出故障原因，解决后才能恢复运行。

为防止限速器安全钳联动失效或误动作，限速器还设置了限速器断绳开关。当限速器绳发生断裂或伸长时，张紧装置的重锤下落，将限速器断绳开关断开，切断电梯控制电路，使电梯停止。

张紧装置应工作正常，绳轮和导轮装置与运动部位均应润滑良好，每周加油一次，每年进行拆卸检查和清洗换油。

（4）甩块型限速器的检查和维护

1）检查甩块、棘轮、夹绳钳和其他可动部件的动作是否灵活，轴、销有无生锈。

2）检查限速器开关调整螺栓和弹簧等的锁紧螺母是否紧固。

3）检查甩块、弹簧销的安装等情况。

4）检查超速开关触头的损坏情况。

5）检查超速开关的接线和安装螺栓是否紧固。

6）确认在超速动作顶杆动作时，超速开关触头断开。

7）检查电梯运行时限速器是否发出不正常的声音。

8）检查限速器钢丝绳是否与夹绳钳摩擦。

9）限速器运转应平稳，出厂时其动作速度整定封记应完好无拆动痕迹，限速器安装位置应正确、底座牢固，当与安全钳联动时无颤动现象。

在正常情况下，限速器的运转声音十分轻微而又均匀，没有时松时紧的感觉。在电梯运行时，若发现限速器有异常撞击声或响声，应检查甩块与绳轮和固定板的联接螺栓有无松动，检查甩块轴孔的磨损和变形，轴孔间隙扩大会造成不平衡，两个甩块重量不一致会使噪声和振动加剧。

定时清理限速器和钢丝绳的油灰污垢，对转动轴加注多用途油脂，传动轴加注润滑剂，对滑动部分进行清理。修复摩擦损伤处，用除锈剂对转动不顺畅的轴进行清洗。

（5）限速器张紧轮的检查和维护

1）检查各元件的固定螺栓、螺钉是否紧固。

2）检查钢丝绳防跳装置的安装情况。

3）在电梯运行中，检查张紧轮装置转动是否灵活，是否有异常声音或振动。

4）检查张紧轮底部距井道地面距离。为了防止限速器绳过分伸长使张紧装置碰到地面而失效，张紧装置底部距底坑应有合适的高度，见表4-3。

表4-3　张紧轮底部与井道地面距离

电梯类型	高速梯	快速梯	低速梯
距离底坑高度/mm	750±50	550±50	400±50

5）检查张紧装置开关打板的固定螺栓是否松动或产生位移，保证打板能碰动开关触头。

6）在运行中，若绳有断续抖动，则表明绳轮或张紧轮轴孔已磨损变形，应更换轴套。

（6）限度器动作速度调整　限速器甩块在离心力作用下张开，而弹簧压紧甩块阻止其张开。拧紧弹簧，增大弹簧力，甩块需克服的弹簧阻力增大，要求的离心力大，故动作速度高；拧松弹簧，减小弹簧压力，甩块需克服的弹簧阻力减小，要求的离心力小，故动作速度低。

在实际调整中，动作速度应比表4-4中的规定值稍高。产品出厂时已调好，不宜重调。

限速器应校验正确，在轿厢下降速度超过限速器规定速度时应立即作用，带动安生钳钳住导轨不使轿厢坠落，限速器动作与轿厢极限速度见表4-4。

表4-4　限速器动作速度表　（单位：m/s）

轿厢额定速度	限速器最大动作速度	轿厢额定速度	限速器最大动作速度
<0.5	0.85	1.75	2.26
0.75	1.05	2.00	2.55
1.00	1.40	2.50	3.13
1.50	1.98	3.00	3.70

限速器出厂时，均经过严格的检查和试验，维修时不准随意调整限速器的弹簧压力，不准随意调整限速器的速度，否则会影响限速器的性能，危及电梯的安全保护系统。另外，对于限速器出厂时的铅封不要私自拆动，若发现问题不能彻底解决，应送到厂家修理或更换。

（7）限速器安全钳联动试验

1）额定速度大于0.63m/s并且轿厢装有数套安全钳时，应采用渐进式安全钳，其余可采用瞬时式安全钳。

2）限速器与安全钳电气开关在联动试验中应动作可靠，且应能使曳引机立即制动。

3）对于瞬时式安全钳，轿厢应载有均匀分布的额定载荷，短接限速器与安全钳电气开关，轿内无人，并在机房操作下行检修速度时，人为让限速器动作。复验或定期检验时，各种安全钳均采用空轿厢在平层或检修速度下试验。

4）对于渐进式安全钳，轿厢应载有均匀分布125%的额定载荷，短接限速器与安全钳电气开关，轿内无人。在机房操作平层或检修速度下行，人为让限速器动作。

以上试验轿厢应可靠制动，且在载荷试验后相对于原正常位置轿厢底倾斜度不超过5%。

2. 电梯限速器测试仪XC—3

该仪器用于检测电梯限速器轮盘线速度及限速器动作速度。适用于电梯安装部门对电梯限速器的现场检测，同时适用于电梯及限速器生产厂家的在线检测，如图4-5所示。

(1) XC—3电梯限速器测试仪的组成　电梯限速器测试仪由两大部分组成：驱动部分（见图4-6）和控制检测部分。

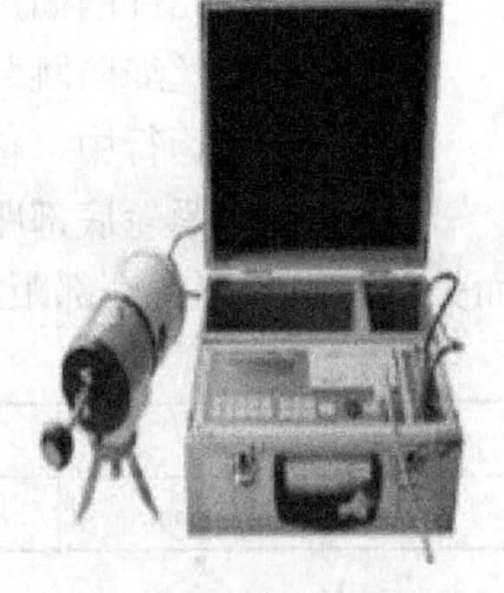

图4-5　电梯限速器测试仪

控制检测部分包括控制面板及电气开关接口线、测速传感器及动作检测传感器等。面板上有各种接口、打印机、显示屏及键盘等。检测传感器如图4-7所示。

1) 电气开关接口线：用于将限速器电气动作开关送给控制板。

2) 通信口：用于连接计算机，将检测数据导入到计算机中。

3) 测速传感器：用于速度检测，同时将速度信号送给控制面板。

4) 动作检测传感器：用于将限速器机械动作转换成电信号，并将电信号送给控制面板。

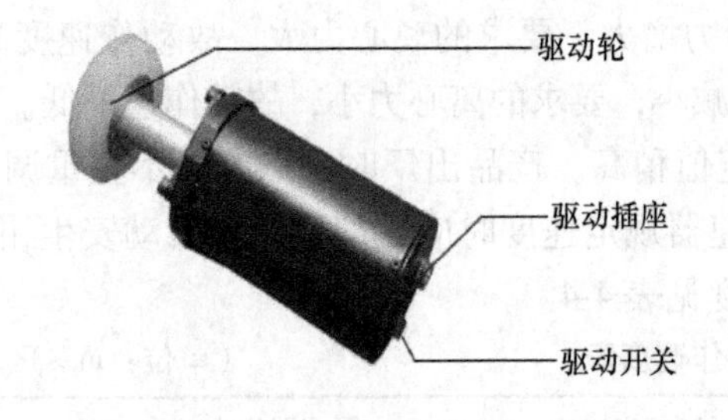

图4-6　驱动部分

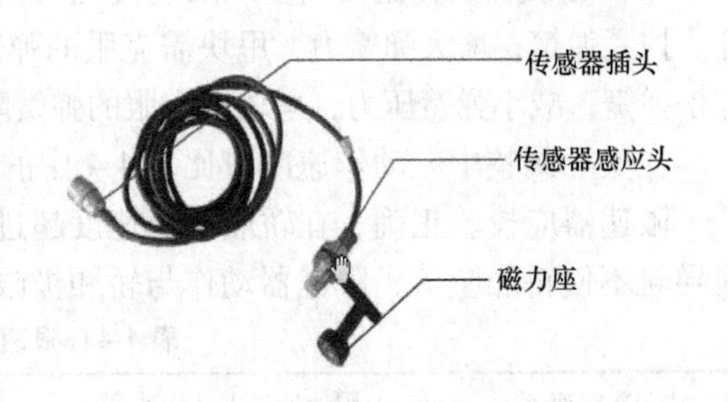

图4-7　检测传感器

(2) 主要功能

1) 可测量动作速度为0.5～10m/s的各种限速器。

2) 可测量含有电触头开关的限速器在其开关动作时的限速器轮盘线速度。

3) 能自动捕捉限速器的动作速度，并立即停止电动机的转动。

4) 可自动打印出限速器的动作速度（包括电触头开关动作时的轮盘线速度），并可重复打印。

5) 可选配不同转矩（功率）的电动机，以满足各种限速器的检测要求。

(3) 技术指标

1) 调速范围为0.5～10m/s（分段设定）。

2) 测试时，伺服加速度不大于0.02m/s^2。

3) 速度测量误差不大于1%。

4) 电源AC220×(1±10%)V，50×(1±2%)Hz。

5) 驱动电动机转速为3000r/min。

还等什么？赶快制订出工作计划并实施它

三、制订工作计划

(一) 工作计划表

限速器的调整工作计划见表4-5。

表 4-5　限速器的调整工作计划表（权重 0.1）

<table>
<tr><td>1. 小组成员有几人？组长是谁？</td><td colspan="4"></td></tr>
<tr><td rowspan="2">2. 所维修的电梯是什么型号？</td><td>电梯型号</td><td colspan="3"></td></tr>
<tr><td>限速器</td><td colspan="3"></td></tr>
<tr><td>3. 准备根据什么资料操作？</td><td colspan="4"></td></tr>
<tr><td>4. 完成该工作，需要准备哪些设备、工具？</td><td colspan="4"></td></tr>
<tr><td rowspan="2">5. 要在 8 个学时内完成工作任务，同时要兼顾每个组员的学习要求，人员是如何分工的？</td><td>工作对象</td><td>人员安排</td><td>计划工时</td><td>质量检验员</td></tr>
<tr><td>限速器</td><td></td><td></td><td></td></tr>
<tr><td>6. 工作完成后，要对每个组员给予评价，评价方案是什么？</td><td colspan="4"></td></tr>
</table>

（二）修理工作流程

限速器的调整工作流程如图 4-8 所示。

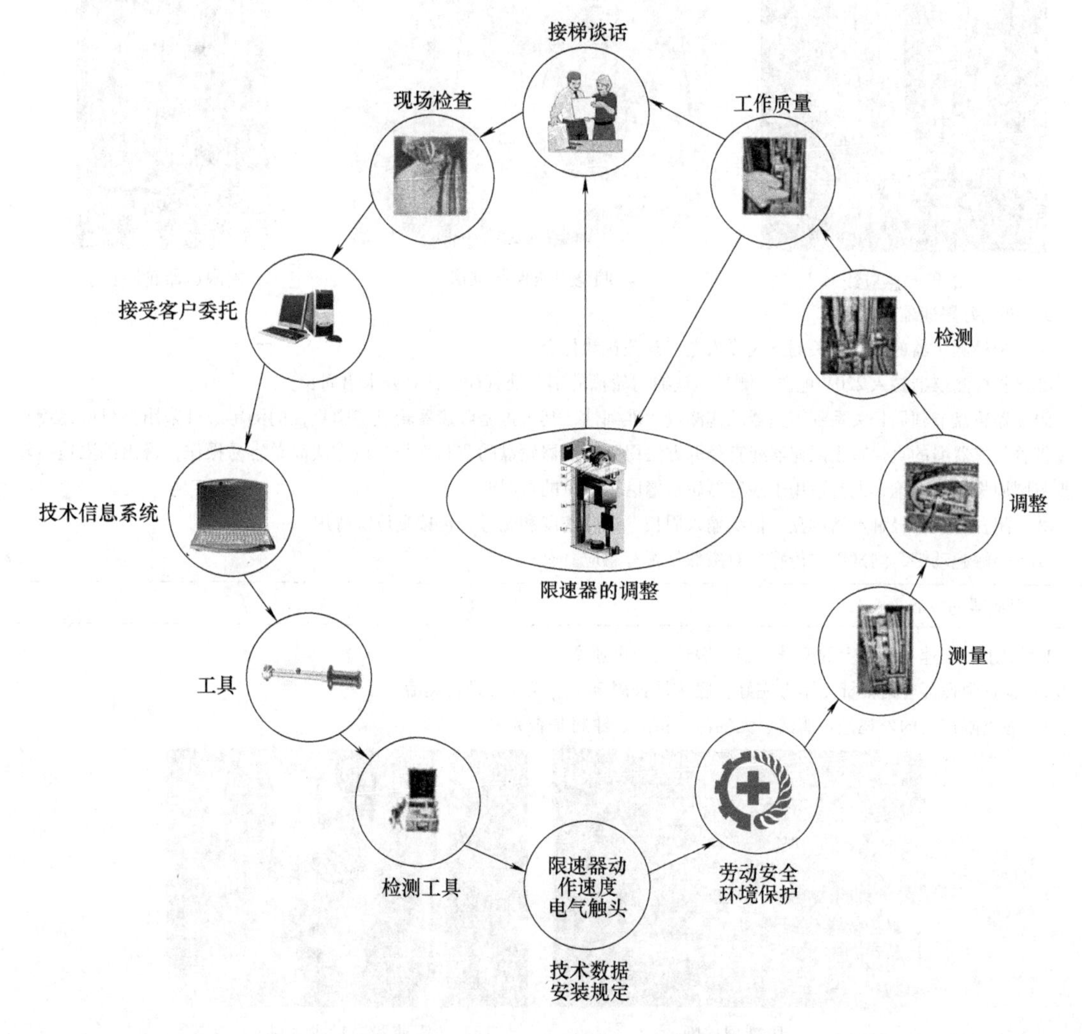

图 4-8　限速器的调整工作流程图

四、工作任务实施

（一）拆卸和安装指引

甩块式限速器适用于低速和快速电梯，维修和保养安全钳时，主要调整或更换其工作部分。限速器的调整见表4-6。表中规范了限速器的调整与修理程序，细化了每一步工序。使用者可以根据指引的内容进行修理工作，从而使限速器处于良好的工作状态。

表4-6　限速器的调整指引

1. 准备工作

1）维修人员将电梯开至次顶层。

2）由维修人员进入底坑托起张紧轮，再由轿顶维修人员配合将钢丝绳向上传递。用大力钳将限速器钢丝绳从上行处夹起与轮槽完全脱开后，用大力钳将钢丝绳在下行处夹住，使限速器钢丝绳与轮槽完全脱开并能自由转动。

3）切断电梯主电源。

4）将一枚磁钢有记号的一面朝外放在轮槽外缘平面处，将感应探头平面置于距磁钢5mm之内。限速器旋转一圈，感应探头与磁钢的距离小于5mm。

磁钢和感应线

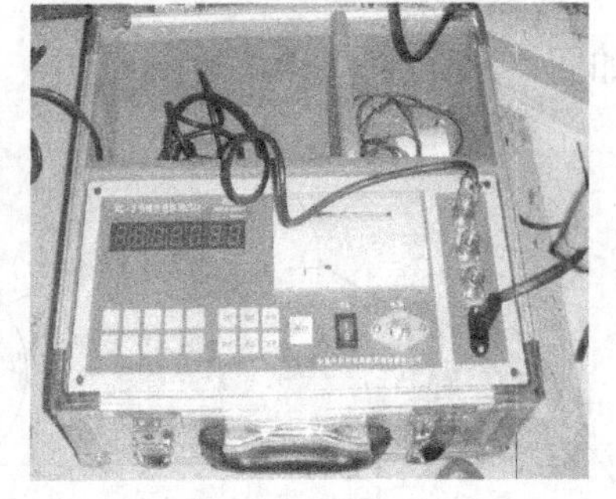

调整限速器测试仪

测限速器轮周长

5）调整好限速器测试仪。

① 把检测仪器的电气开关测试线接入电气开关接线柱上。

② 将检测仪器接入220V电源，测量钢丝绳与轮槽的结节处直径，计算并求出周长。

限速器轮盘节圆周长关系到限速器动作测量的准确性，其关键是限速器轮盘节圆直径的测定。可采用测量限速器轮盘带着限速器绳的直径减去限速器绳直径的方法得到限速器轮盘的节圆直径。该方法简单容易操作，得出的限速器轮盘节圆周长相对准确，尤其适用于限速器轮盘槽磨损严重的情况。

③ 闭合开关，轻触仪器键盘，依次输入周长、试验速度和轮号，再按复位键待用。

④ 轻触起动键，测试霍尔传感器对磁珠是否有感应。

2. 限速器的检查

1）记录下限速器铭牌上的型号、出厂编号及额定速度。

2）检查限速器合格证标签是否完好，底座是否固定，电气开关是否灵活。

3）检查限速器的外观是否清洁、无油污，铅封、漆封是否完好。

限速器铭牌

限速器铅封或漆封

（续）

3. 限速器的测试、调整及修理

1）轻按起动键，电动机轻靠限速器轮，并确认限速器被动向下转动，观察感应探头测到的轮槽速度达到试验速度时，轻按测试键为限速器被动轮加速。

2）当速度达到电气开关动作的速度后，断开电气开关电源线，电动机继续转动加速至机械动作后，测试仪打印机自动打印出电气、机械动作速度。

3）调整电气开关打板；清洗和调节摆锤轴、传动臂及棘爪轴；校正摆锤与棘爪的平衡；调整限速器电气与机械动作速度。

4）机械动作主弹簧的调整，更换、定位、封铅、转动部分的拆卸和调整，主转轮的拆卸和主、副弹簧的调整。

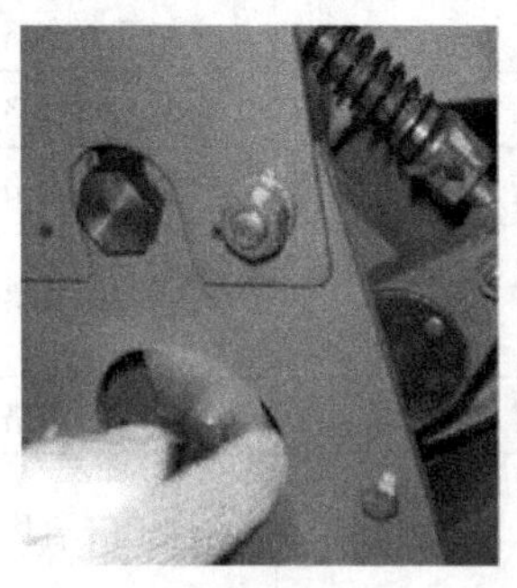

调整打板

调整主弹簧

5）重复1）~4）步直至完全符合要求。

序号	额定速度	电气动作速度	机械动作速度

4. 复位

1）将磁钢从轮槽上取下放好，将限速器钢丝绳复位，取下大力钳。

2）清点、整理工具。

3）电梯检修上行，维修人员离开轿顶和底坑。

4）限速器校验合格后，维修人员对限速器及相关电气开关进行恢复。在检查无误后，应由上至下和由下至上分别以检修速度和额定速度单层和多层试运行。检查无异常后，再以额定速度全程试运行数次，确定无异常声响和振动等现象后，方可恢复电梯的正常使用。

5. 注意事项

1）事故预防措施：遵守电梯安装维修工安全操作规程。

2）废弃处理：沾有机油的废弃物属于需要特别监控的废弃物，应将废弃物收集在合适的容器内。

3）辅助材料的准备：砂纸、润滑油液、垫片及棉纱等。

4）工具的准备：XC—3 电梯限速器测试仪、套装工具、角尺、塞尺及大力钳等。

5）质量保证：符合 GB 7588—2003《电梯制造与安装安全规范》及 GB/T 10060—2011《电梯安装验收规范》的相关规定，操作轿厢安全钳的限速器动作速度应不低于额定速度的115%。

（二）限速器调整实施记录

实施记录表是对修理过程的记录，保证修理任务按工序正确执行。根据实施记录表可对修理的质量进行判断。限速器的调整实施记录见表4-7。

表 4-7 限速器的调整实施记录表（权重 0.3）

限速器的调整			检查人/日期		
步骤	序号	检查项目	技术标准	完成情况	分值
准备工作	1	维修人员将电梯开至次顶层	合格□不合格□	工作是否完成__	6
	2	由维修人员进入底坑托起张紧轮，再由轿顶维修人员配合将钢丝绳向上传递。用大力钳将限速器钢丝绳从上行处夹起与轮槽完全脱开后，用大力钳将钢丝绳在下行处夹住，至限速器钢丝绳与轮槽完全脱开并能自由转动	合格□不合格□		★
	3	切断电梯主电源	合格□不合格□		6
	4	调整限速器测试仪	合格□不合格□		★
检查	5	记录下限速器铭牌上的型号、出厂编号和额定速度	合格□不合格□	工作是否完成__	6
	6	检查限速器合格证标签是否完好、底座是否固定、电气开关是否灵活。	合格□不合格□		6
	7	检查限速器的外观是否清洁、无油污、铅封、漆封是否完好。	合格□不合格□		6
测试	8	测试限速器的电气、机械动作速度	合格□不合格□	工作是否完成__	★
清洁润滑	9	清理限速器和钢丝绳的油灰污垢，对转动轴加注多用途油脂，传动轴加注润滑剂，对滑动部分进行清理	合格□不合格□	工作是否完成__	6
		修复摩擦损伤处，用除锈剂对转动不顺畅的轴进行清洗	合格□不合格□		6
调整和维修	10	调整电气开关打板	合格□不合格□	工作是否完成__	6
	11	摆锤轴、传动臂、棘爪轴的清洗和调节	合格□不合格□		6
	12	摆锤与棘爪的平衡校正	合格□不合格□		6
	13	电气与机械动作速度的调整	合格□不合格□		6
	14	机械动作主弹簧的调整，更换、定位、封铅、转动部分的拆卸和调整，主转轮的拆卸和主、副弹簧的调整	合格□不合格□		6
复位	15	将磁钢从轮槽上取下放好，将限速器钢丝绳复位，取下大力钳	合格□不合格□	工作是否完成__	★
	16	清点整理工具	合格□不合格□		6
	17	电梯检修上行，维修人员离开轿顶和底坑	合格□不合格□		6
	18	维修人员对电梯运行状况进行检查	合格□不合格□		6

评分依据：★项目为重要项目，一项不合格，检验结论为不合格。其他项目为一般项目，总分不超过 20 分（包括 20 分），检验结论为合格；超过 20 分，为不合格。

完成了，仔细验收，客观评价，及时反馈

五、工作验收、评价与反馈

（一）工作验收

维修工作结束后，电梯维修工应确认是否所有部件和功能都正常。维修站应会同客户对电梯进行检查，确认所委托电梯修理工作已全部完成，并达到客户的修理要求。限速器的调整工作交接验收见表 4-8。

表4-8　限速器的调整工作验收表（权重0.1）

<table>
<tr><td colspan="2">1. 工作验收</td></tr>
<tr><td>验收步骤</td><td>验收内容</td></tr>
<tr><td>（1）是否按工作计划进行了所有工作？</td><td>（1）把工作计划中的所有项目检查一遍，确认所有项目都已经圆满完成，或者在解释说明范围内给出了详细的解释。</td></tr>
<tr><td>（2）哪些工作项目必须以现场直观检查的方式进行检查？</td><td>（2）检查以下工作项目
<table><tr><td>现场检查</td><td>结果</td></tr><tr><td>限速器的清洁度</td><td></td></tr><tr><td>限速器轴、转动部件等磨损程度</td><td></td></tr><tr><td>限速器运行是否顺畅，无异常响声</td><td></td></tr></table></td></tr>
<tr><td>（3）是否遵守规定的维修工时？</td><td>（3）限速器调整的规定时间是60min。
合格□不合格□</td></tr>
<tr><td>（4）限速器是否干净？</td><td>（4）检查限速器是否干净。
合格□不合格□</td></tr>
<tr><td>（5）哪些信息必须转告客户？</td><td>（5）指出需要调整限速器或下次维修保养时必须排除的其他已经确认的故障。</td></tr>
<tr><td>（6）对质量改进的贡献？</td><td>（6）考虑一下，维修和工作计划准备，工具、检测工具、工作油液和辅助材料的供应情况，时间安排是否已经达到最佳程度。
提出改善建议并在下次修理时予以考虑。</td></tr>
<tr><td colspan="2">2. 记录</td></tr>
<tr><td colspan="2">（1）是否记录了配件和材料的需求量？
（2）是否记录了工作开始和结束的时间？</td></tr>
<tr><td colspan="2">3. 大修后的咨询谈话</td></tr>
<tr><td>客户接收电梯时期望维修人员对下述内容作出解释：
（1）检查表。
（2）已经完成的工作项目。
（3）结算单。
（4）移交维修记录本。</td><td>在维修后谈话时应向客户转告以下信息：
（1）发现的异常情况，如限速器转动轴的磨损、压缩弹簧的断裂等。
（2）电梯日常使用中应注意之处。
（3）多久需要进行限速器的调整。</td></tr>
<tr><td colspan="2">4. 对解释说明的反思</td></tr>
<tr><td colspan="2">（1）是否达到了预期目标？
（2）与相关人员的沟通效率是否很高？
（3）组织工作是否很好？</td></tr>
</table>

（二）工作任务评价与总结

限速器调整的自检、互检记录见表4-9。

表 4-9　限速器调整的自检、互检记录表（权重 0.1）

自检、互检记录	备注
各小组学生按技术要求检测设备并记录 检测问题记录：________________ ________________ ________________。	自检
各小组分别派代表按技术要求检测其他小组设备并记录 检测问题记录：________________ ________________ ________________。	互检
教师检测问题记录：________________ ________________ ________________。	教师检验

（三）小组总结报告

各小组总结本次任务中出现的主要问题和难点及其解决方案，报告见表 4-10。

表 1-10　小组总结报告（权重 0.1）

维修任务简介：________________ ________________ ________________。	
学习目标	
维修人员及分工	
维修工作开始时间和结束时间	
维修质量：________________ ________________ ________________。	
预期目标	
实际成效	
维修中最有特色的部分	
维修总结：________________ ________________ ________________。	
维修中最成功的是什么？	
维修中存在哪些不足？应作哪些调整？	
维修中所遇问题与思考？（提出自己的观点和看法）	

（四）填写评价表

维修工作结束后，维修人员填写工作任务评价表，并对本次维修工作进行打分，见表4-11。

表 4-11　限速器调整的评价表

<table>
<tr><td colspan="8">×××学院评价表</td></tr>
<tr><td colspan="3">项目四　超速保护系统的调整
任务一　限速器的调整</td><td colspan="2">班级：________
小组：________
姓名：________</td><td colspan="3">指导教师：________
日期：________</td></tr>
<tr><td rowspan="2">评价项目</td><td rowspan="2">评价标准</td><td rowspan="2">评价依据</td><td colspan="3">评价方式</td><td rowspan="2">权重</td><td rowspan="2">得分小计</td></tr>
<tr><td>学生自评（15%）</td><td>小组互评（60%）</td><td>教师评价（25%）</td></tr>
<tr><td>职业素养</td><td>（1）遵守企业规章制度、劳动纪律
（2）按时按质完成工作任务
（3）积极主动承担工作任务，勤学好问
（4）人身安全与设备安全</td><td>（1）出勤
（2）工作态度
（3）劳动纪律
（4）团队协作精神</td><td></td><td></td><td></td><td>0.3</td><td></td></tr>
</table>

六、拓展知识——故障实例

思考：在本次任务的实施过程中，如果限速器绳轮磨损，会造成什么后果？

故障实例见表4-12。

表 4-12　故障实例

<table>
<tr><td colspan="2">故障现象：电梯突然停止，无法再起动
限速器张紧轮距底坑地面的距离：低速电梯为 400mm ± 50mm；快速电梯为 550mm ± 50mm；高速电梯为 750mm ± 50mm</td></tr>
<tr><td>故障分析：</td><td>排除方法：</td></tr>
<tr><td>1）经过维修人员仔细检查后，安全回路断开。由于电梯用钢丝绳冷胀热缩的特性，在天气变冷的情况下，限速器钢丝绳伸长，导致张紧轮下滑，与底坑地面距离减小，底坑限速器张紧轮断绳开关断开。</td><td>1）截短限速器钢丝绳后故障排除。</td></tr>
<tr><td>2）经过维修人员仔细检查后，安全回路断开。由于限速器绳槽磨损严重，导致限速器开关误动作，切断控制电路。</td><td>2）更换限速器绳轮后，故障排除。</td></tr>
</table>

练习

1. 电梯速度不同，使用的限速器也不同，额定速度不大于________的电梯，常采用刚性夹持式限速器，配用瞬时安全钳。

2. 限速器绳的公称直径不应小于________，限速器绳轮的节圆直径与绳公称直径之比不应小于30。

3. 操作轿厢安全钳的限速器动作速度应不低于额定速度的________（下限值），对于除了不可脱落滚柱式以外的瞬时式安全钳装置为________。

任务二 安全钳的调整

一、接收修理任务或接收客户委托

本次工作任务为安全钳的调整，包括安全钳的拆卸、安全钳的装配、安全钳的调整及限速器安全钳的联动试验等工作。在接收本项工作任务之前，需要向客户了解电梯的详细信息，以及需要大修部件的工作状况，从而制定大修工作目标和任务。接收电梯大修或修理委托信息见表4-13。

表4-13 接收电梯大修或修理委托信息表（安全钳的调整）

<table>
<tr><th>工作流程</th><th>任务内容</th></tr>
<tr><td>接收电梯前与客户的沟通</td><td>见表1-1中对应的部分。</td></tr>
<tr><td>接收修理委托的过程</td><td>可按照以下方式与客户交流：向客户致以友好的问候并进行自我介绍；认真、积极、耐心地倾听客户意见；询问客户有哪些问题和要求。
客户委托或报修内容：安全钳的调整
<table>
<tr><th>向客户询问的内容</th><th>结果</th></tr>
<tr><td>电梯运行是否正常？</td><td></td></tr>
<tr><td>电梯上下运行时是否有异常的响声？</td><td></td></tr>
<tr><td>是否定期进行安全钳的调整？</td><td></td></tr>
</table>
1. 接收电梯维修任务过程中的现场检查
（1）检查电梯的运行情况。
（2）检查限速器、安全钳、安全钳开关、安全钳拉杆、轿顶安全钳联动机构和张紧轮的使用情况。
2. 接收修理委托
（1）询问用户单位、地址。
（2）请客户提供电梯准运证、铭牌。
（3）根据铭牌识别电梯生产厂家、型号、控制方式、载重量及速度。
（4）向客户解释故障产生的原因和工作范围，指出必须进行安全钳的调整。
（5）询问客户是否还有其他要求。
（6）确定电梯交接日期。
（7）询问客户的电话号码，以便进行回访。
（8）与客户确认修理内容并签订维修合同。
客户在维修合同上签字表示规定合同双方权利和义务的“一般性交易条件”成为合同的要件。
通常情况下，与客户争论、未按规定执行维修工作会影响电梯经销商的服务形象，而且可能导致客户向经销商提出更换部件或赔偿要求。</td></tr>
<tr><td>任务目标</td><td>完成安全钳的调节。
 </td></tr>
</table>

（续）

工作流程	任务内容
任务要求	（1）熟悉安全钳的基本结构。 （2）了解安全钳的工作原理。 （3）掌握安全钳的调整方法。 （4）能描述安全钳维修与调整的技术标准。
对完工电梯进行检验	符合 GB 7588—2003《电梯制造与安装安全规范》及 GB/T 10060—2011《电梯安装验收规范》的相关规定
对工作进行评估	先以小组为单位，共同分析、讨论装配工艺并完成试装；小组成员独力完成装配调试操作；各小组上交一份所有小组成员都签名的实习报告。

你可能需要获得以下的资讯，才能更好地完成工作任务

二、信息收集与分析

（一）信息的整理、组织和记录

对于收集的信息，要进行分析、了解概况，并理解文字的内容，标记出涉及维修工作或待维修部件的关键内容。将维修工作中需要使用的工具列出详细的清单，并对维修过程中的拆卸、安装和调整工艺进行深入了解。在工作前完成表 4-14 的填写。

表 4-14　安全钳的调整信息整理、组织、记录表

1. 信息分析	
安全钳由哪些部件组成？	如何进行安全钳的调整？
2. 工具、检测工具	
执行任务时需要哪些工具？	执行任务时需要哪些检测工具？
3. 维修	
需要进行哪些拆卸和安装工作？	必须遵守哪些安装规定？

（二）相关专业知识

轿厢或对重向下运动时，因发生打滑、断绳及失控而出现超速向下的情况时，安全钳与限速器产生联动，使拉杆被提起，使安全钳锲块或滚珠等产生上升或水平移动，同时使曳引机和制动器断电，使轿厢减速并被安全钳制停在导轨上，这个过程就是安全钳的动作过程，其动作示意图如图 4-9 所示。

安全钳主要由连杆机构、拉杆、钳块及钳座等组成。轿厢下横梁两端各设置一只安全钳，对重一般不设置安全钳，但在特殊情况下，如井道下方有人能达到的建筑物或有空间存在时，则必须设置对重安全钳。

安全钳是设置在轿厢上的重要安全装置，一般采用双楔块式。调整上梁上安全钳联动机构的安全开关，使安全钳装置动作的同时断开控制电路。安全钳在绳头处的提升拉力

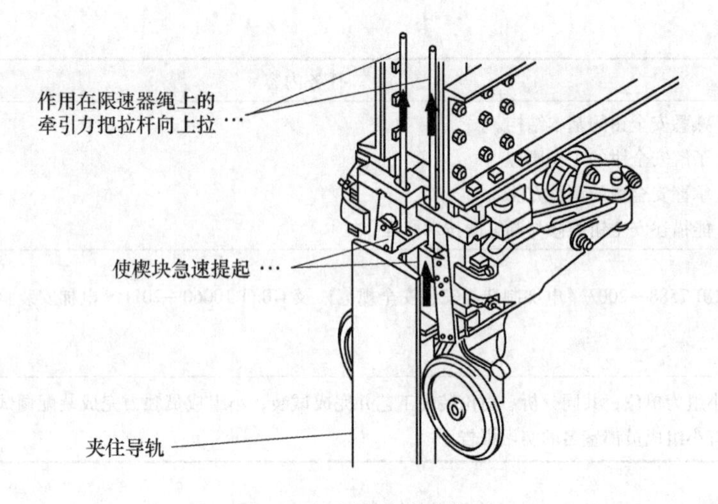

图 4-9　安全钳动作示意图

一般为 150N。

安全钳的动作顺序如图 4-10 所示。

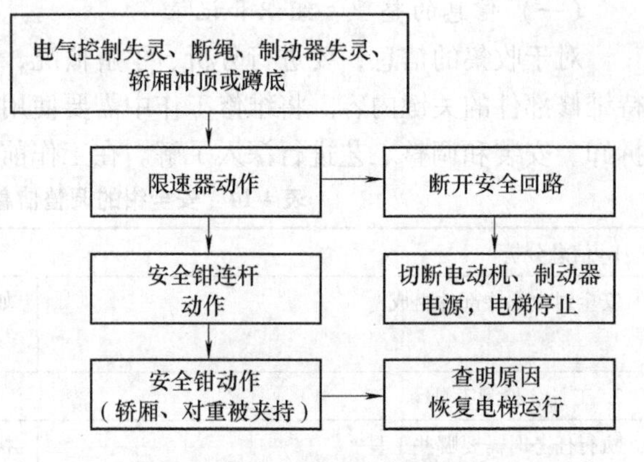

图 4-10　安全钳的动作顺序图

1. 安全钳的分类

（1）根据速度分类　根据动作速度的不同，安全钳可分为瞬时式安全钳和渐进式安全钳。

瞬时式安全钳的钳座是简单的整体式结构，因此又称为刚性安全钳，由于钳座是刚性的，锲块从夹持导轨到电梯制停，时间极短，因而造成很大的冲击力。这种安全钳适宜于速度小于等于 0.63m/s 的电梯，如图 4-11 所示。

瞬时式安全钳由钳座、制动元件等组成。制动元件与导轨接触部位为齿纹状，并淬硬。钳座连接在电梯轿厢上，制动元件位于电梯导轨的侧面，钳座和制动元件间设有滚柱，或在制动元件的表面上开槽。钳座与制动元件间设有坚硬的滚动体，其表面光滑，借助较大的比压，挤入钳座和楔块内，造成钳座和楔块的局部塑性变形吸收能量。

渐进式安全钳包括具有制动槽的钳体，紧固于钳体上面的左、右盖板，在左、右盖板下面的制动槽内分别安装有弹性元件、活动楔块和固定楔块、滑块，弹性元件是由若干根板簧组成的板簧组。

渐进式安全钳的钳座是弹性的，又称为弹性安全钳，如图 4-12 所示。楔块从夹持导轨到电梯停止时，钳座受力张开，使楔块与钳座斜面发生位移，从而大大缓冲了制动时的冲击力，适宜于任何速度的电梯。

（2）根据钳块的形式分类　常见的有偏心式、单楔块式、滚子式及双楔块式等。其中，双楔块式安全钳在作用过程中轿厢两侧受力均匀，对导轨的损伤较小，因此应用最为广泛，目前大都采用此类型的安全钳。

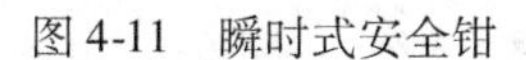

图 4-11　瞬时式安全钳

图 4-12　渐进式安全钳

2. 安全钳的安装要求

1）安全钳与导轨两侧间隙应符合要求。

2）安全钳钳块高度差应符合要求。

3）两侧钳块应同步动作。

3. 安全钳的刹车距离及制停减速度

安全钳的刹车距离指从限速器夹绳钳动作起，至轿厢被制停在导轨上止，轿厢所滑行的距离。这段距离由下列两部分组成：一是限速器钢丝绳被夹持时的滑移距离，即拉杆被提起到钳块夹住导轨的距离；二是钳块夹住导轨不动后，钳座相对于钳块的滑移距离。

制停减速度是电梯被安全钳制停过程中的平均减速度，过大的制停减速度会造成剧烈的冲击，人体及电梯结构均会受到损伤，因此必须加以限制，其值应不大于（0.2～1）g。

对于瞬时式安全钳，因钳座是刚性的，刹车距离极小，必须严格限制电梯的运行速度不得超过0.63m/s。但对于渐进式安全钳来说，则可以通过限制刹车距离来控制减速度，一般刹车距离规定有最小值与最大值，最小值限制了减速度，最大值限制了滑移距离。

4. 安全钳的维护保养

将所有的机件除掉灰尘、污垢及旧有的润滑材料，摩擦面用煤油清洗并涂上机油。从钳座内取出楔块，清理闸瓦和楔块的工作面，涂上刹车油，再安装复位。

利用水平拉杆和垂直拉杆上的张紧接头调整楔块的位置，使每个楔块和导轨间的间隙保持在2～3mm，然后使拉杆的张紧接头定位。

检查安全钳动作力是否符合要求，必须缓缓抬起杠杆（杠杆与安全钳限速器钢丝绳相连接），使楔块同时夹紧在导轨上。楔块与导轨之间的间隙用带弹簧的螺栓调整，螺栓的位置用止动螺母定位。

为了使轿厢被安全钳制停不致产生过大的冲击力，同时也不会产生太长的滑动，因而对刹车距离作了规定，见表4-15。

表 4-15　轿厢刹车距离

额定速度/（m/s）	最小刹车距离/mm	最大刹车距离/mm	额定速度/（m/s）	最小刹车距离/mm	最大刹车距离/mm
1.50	330	840	2.50	640	1730
1.75	380	1020	3.00	840	2320
2.00	460	1220			

还等什么？赶快制订出工作计划并实施它

三、制订工作计划

（一）工作计划表

安全钳的调整工作计划见表4-16。

表4-16 安全钳的调整工作计划表（权重0.1）

<table>
<tr><td colspan="5">1. 小组成员有几人？组长是谁？</td></tr>
<tr><td rowspan="2">2. 所维修的电梯是什么型号？</td><td colspan="2">电梯型号</td><td colspan="2"></td></tr>
<tr><td colspan="2">安全钳型号</td><td colspan="2"></td></tr>
<tr><td>3. 准备根据什么资料操作？</td><td colspan="4"></td></tr>
<tr><td>4. 完成该工作，需要准备哪些设备、工具？</td><td colspan="4"></td></tr>
<tr><td rowspan="2">5. 要在8个学时内完成工作任务，同时要兼顾每个组员的学习要求，人员是如何分工的？</td><td>工作对象</td><td>人员安排</td><td>计划工时</td><td>质量检验员</td></tr>
<tr><td>安全钳</td><td></td><td></td><td></td></tr>
<tr><td colspan="5">6. 工作完成后，要对每个组员给予评价，评价方案是什么？</td></tr>
</table>

（二）修理工作流程安全钳的调整工作流程如图4-13所示。

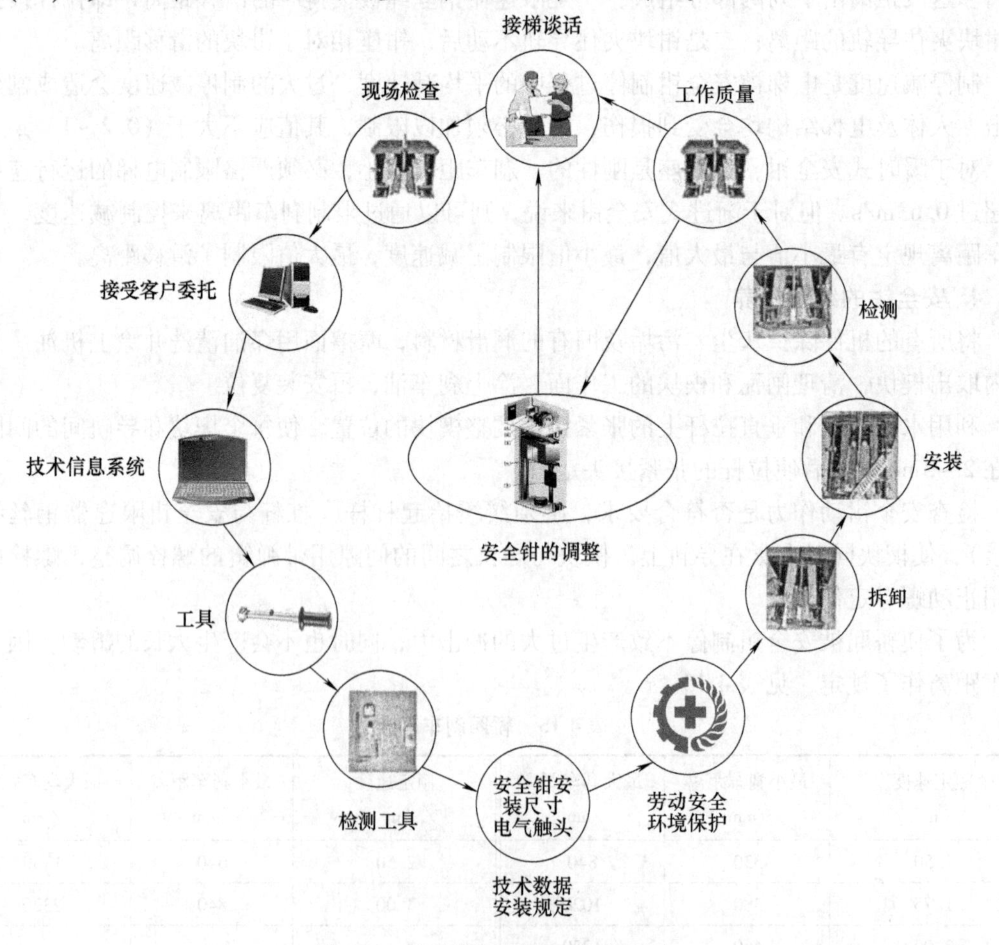

图4-13 安全钳的调整工作流程图

四、工作任务实施

（一）拆卸和安装指引

安全钳是刚性急停性安全钳，适用于快速和高速电梯，维修和保养安全钳时，主要调整或更换其工作部分。安全钳的调整指引见表4-17。表中规范了安全钳的修理程序，细化了每一步工序。使用者可以根据指引的内容进行修理工作，从而使安全钳处于良好的工作状态。

表4-17　安全钳调整指引

1. 准备工作

1）将轿厢开至底层位置，维修人员安全进入底坑。

2）将轿厢完全压在轿厢缓冲器上，直至电梯不能下行。

3）切断电梯主电源。

2. 安全钳的拆卸

1）维修人员在底坑，分别将轿厢底两侧的导靴卸下（在卸下导靴之前划出位置线，以便减少复位的工作量）。导靴卸下后，安全钳明显露出。

2）在轿顶将固定在立杆上的锁紧螺母拧下，在轿底将安全钳分解，将拉簧滚柱板垫片拆下，立拉杆上端脱开拨架。

拆卸楔块盖板

拆卸楔块

拆卸U形弹簧板

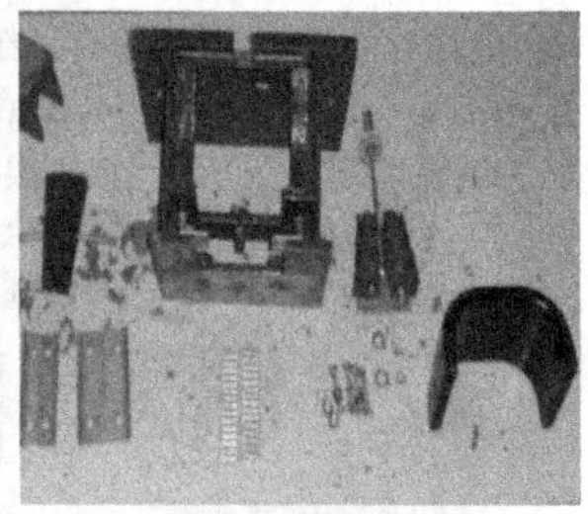

安全钳分解

3）在底坑中的维修人员待楔块上的连接拉杆脱开后，将楔块取下，并将立拉杆从轿顶拿出，检查立拉杆有无弯曲，须调整备用。

4）清洁横拉杆、拨架及连接架各活动部位并加油。用清洗剂清洗楔块。将滚柱板的滚子上加适量润滑脂

3. 安全钳的组装

1）安全钳开关的滚轮臂倾斜角应不小于45°，调节安全钳开关的水平位置，使安全钳制动时连接架能可靠将安全钳开关打开，同时不应超过开关的行程范围。

钳座

安装U形弹簧板

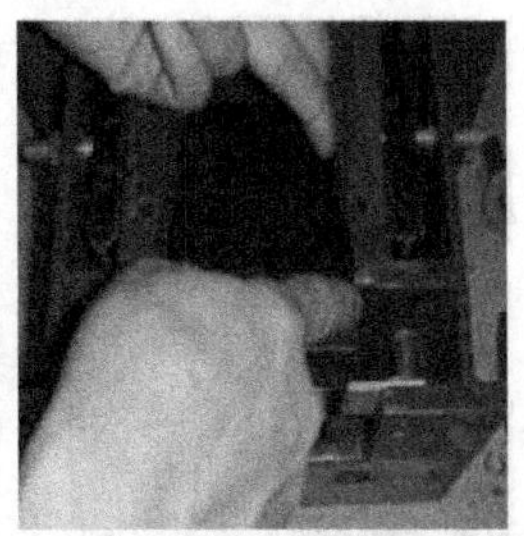

安装滑块

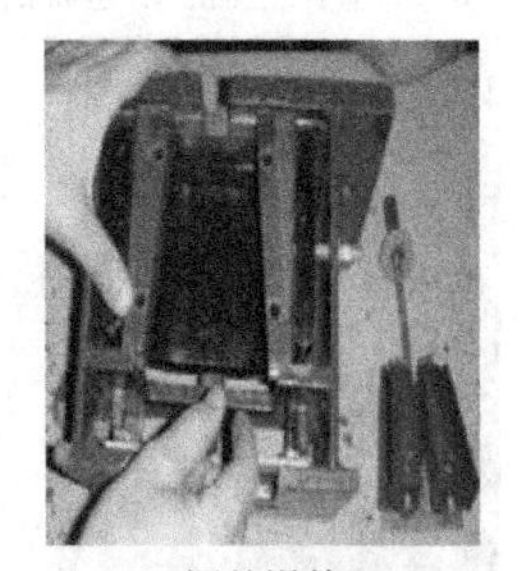

调整滑块

2）将立拉杆与楔块组装，上紧钳座各部位螺钉，然后将拉杆穿过拨架。用锁紧螺母粗调后锁紧，检查楔块及滚柱板，应能上下灵活滑动，无卡阻现象。调整两楔块的中心与外壳定位口的中心重合，最大偏差不大于0.5mm。

3）检查调整外壳定位口与导轨工作面之间的间隙，当轿厢向一侧偏压使导靴衬板与导轨之间的间隙为零时，受压侧的定位口与导轨间隙应不小于2.5mm。

4）调节安全钳楔块的滑动面间隙，可以垫上一定厚度的钢垫片。

5）在轿顶调整两侧拨架的轴向位置，使每个拨架与导轨工作面之间的间隙不小于10mm，同时拨架轮绕轴转动时应不能碰撞轿厢架上梁，然后拧紧定位螺钉。

6）调整立拉杆螺母，使两楔块工作面之间的距离为导轨厚度加4～6mm，每侧应有2～3mm的间隙。

（续）

3. 安全钳的组装

安装板簧　　安装盖板　　调节定位螺钉　　调节楔块间隙

7）立拉杆的调节还应基本保证两组安全楔块能同时制动。安全钳小拉簧应能使楔块在动作后恢复到原调整位置上。

4. 复位

1）电梯检修上行，维修人员离开轿顶和底坑。

2）电梯开慢车，检查安全钳是否与导轨发生擦碰。

5. 试验

电梯开至次底层，维修人员在轿厢内将电梯置于检修状态下。

1）电梯检修下行，检测人员在机房控制限速器电气开关动作，切断控制电路，使电梯可靠停止。

2）短接限速器开关，放下限速器夹绳钳。

3）电梯继续慢车下行，安全钳开关动作，切断控制电路，使电梯可靠停止。

4）短接安全钳开关，电梯继续慢车下行，安全钳夹住导轨，曳引钢丝绳在曳引轮上打滑。

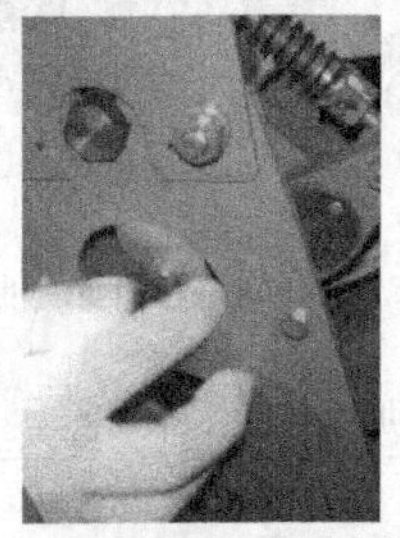
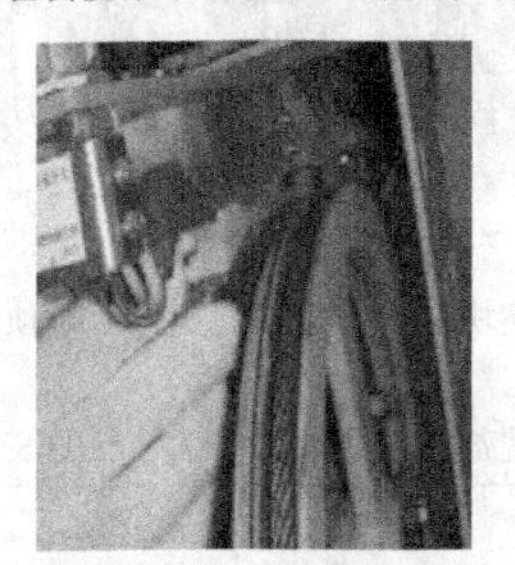

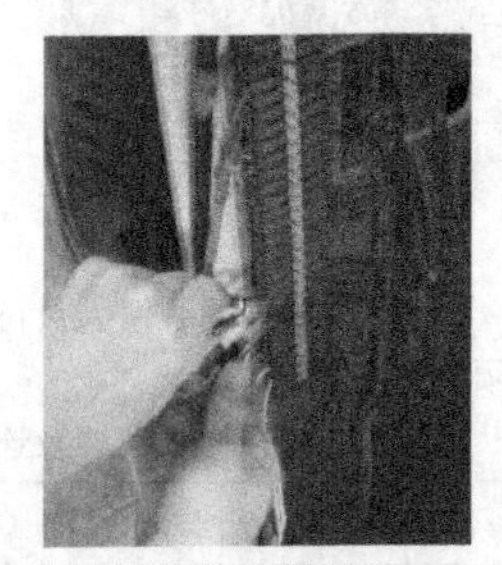

控制限速器开关动作　　短接限速器开关　　放下夹绳钳　　短接安全钳开关

5）电梯慢车上行，复位安全钳开关、限速器。

6）检查限速器、限速器钢丝绳、安全钳、安全钳拉杆及导轨等，全部正常后，恢复电梯运行。

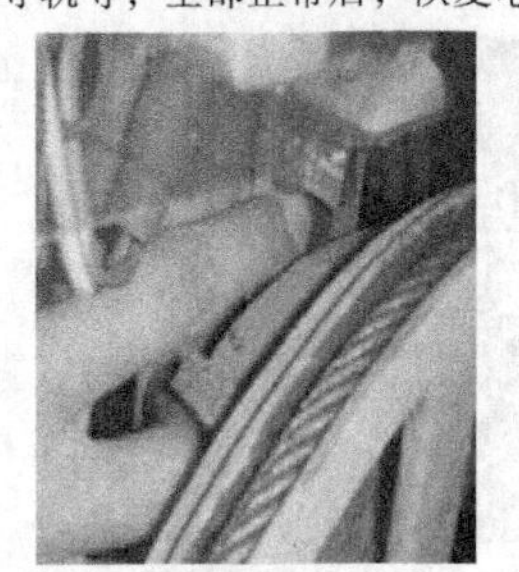
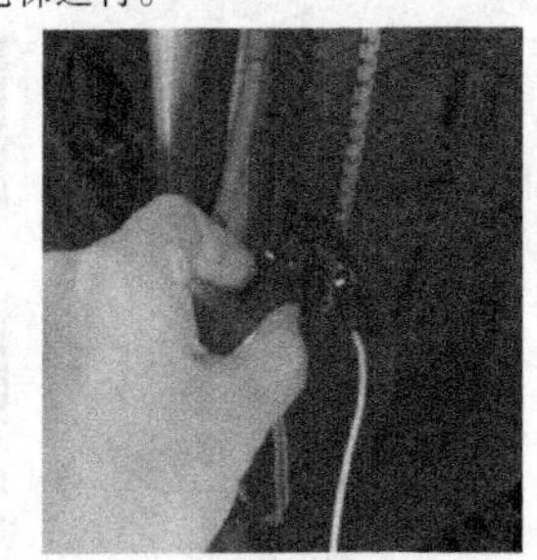

复位安全钳开关　　复位夹绳钳　　复位限速器开关　　拆除安全钳短接线

6. 注意事项

1）事故预防措施：遵守电梯安装维修工安全操作规程。

2）废弃处理：沾有机油的废弃物属于需要特别监控的废弃物，应将废弃物收集在合适的容器内。

3）辅助材料的准备：砂纸、润滑油液、垫片及棉纱等。

4）工具的准备：套装工具、卷尺、铅锤及塞尺等。

5）质量保证：符合 GB 7588—2003《电梯制造与安装安全规范》及 GB/T 10060—2011《电梯安装验收规范》的相关规定。进行限速器安全钳联动试验，电梯应能可靠制停。

（续）

6. 注意事项

① 额定速度大于0.63m/s及轿厢装有数套安全钳时，应采用渐进式安全钳，其余可采用瞬时式安全钳。

② 限速器与安全钳电气开关在联动试验中动作应可靠，且应能使曳引机立即制动。

③ 对于瞬时式安全钳，轿厢应载有均匀分布的额定载荷，短接限速器与安全钳电气开关，轿内无人，并在机房操作下行检修速度时，人为让限速器动作。复验或定期检验时，各种安全钳均采用空轿厢在平层或检修速度下试验。

④ 对于渐进式安全钳，轿厢应载有均匀分布125%的额定载荷，短接限速器与安全钳电气开关，轿内无人。在机房操作平层或检修速度下行，人为让限速器动作。

以上试验轿厢应可靠制动，且在载荷试验后相对于原正常位置轿厢底倾斜度不超过5%。

（二）安全钳调整实施记录

实施记录表是对修理过程的记录，保证修理任务按工序正确执行。根据实施记录表可对修理的质量进行判断。安全钳的调整实施记录见表4-18。

表4-18　安全钳的调整实施记录表（权重0.3）

安全钳的调整			检查人/日期		
步骤	序号	检查项目	技术标准	完成情况	分值
准备工作	1	将轿厢开至底层，维修人员安全进入底坑	合格□不合格□	工作是否完成__	★
	2	将轿厢完全压在轿厢缓冲器上，直至电梯不能下行	合格□不合格□		6
	3	切断电梯主电源	合格□不合格□		6
拆卸	4	拆卸轿厢底两侧的导靴	合格□不合格□	工作是否完成__	6
		拆卸安全钳座及安全钳连杆，检查连杆有无弯曲	合格□不合格□		6
清洁润滑	5	用清洗剂清洗楔块	合格□不合格□	工作是否完成__	6
	6	清洁横拉杆、拨架及连接架各活动部位	合格□不合格□		6
	7	在活动部位加适量润滑油	合格□不合格□		6
装配	8	将立拉杆与楔块组装，上紧钳座各部位螺钉，然后将拉杆穿过拨架	合格□不合格□	工作是否完成__	6
	9	用锁紧螺母粗调后锁紧，检查楔块及滚柱板，应能上下灵活滑动，无卡阻现象	合格□不合格□		6
调整	10	调整两楔块的中心与外壳定位口的中心重合，最大偏差不大于0.5mm	合格□不合格□	工作是否完成__	6
	11	检查调整外壳定位口与导轨工作面之间的间隙 调整立拉杆螺母，使两楔块工作面之间的距离为导轨厚度加4~6mm，每侧应有2~3mm间隙	合格□不合格□		6
复位	12	电梯检修上行，维修人员离开轿顶和底坑	合格□不合格□	工作是否完成__	★
	13	电梯开慢车，检查安全钳是否与导轨发生擦碰	合格□不合格□		6
试验	14	轿厢空载，短接限速器与安全钳电气开关，轿内无人，并在机房操作下行检修速度时，人为让限速器动作，安全钳应可靠将轿厢夹持在导轨上	合格□不合格□	工作是否完成__	★

评分依据：★项目为重要项目，一项不合格，检验结论为不合格。其他项目为一般项目，总分不超过20分（包括20分），检验结论为合格；超过20分，为不合格。

完成了，仔细验收，客观评价，及时反馈

五、工作验收、评价与反馈

（一）工作验收

维修工作结束后，电梯维修工应确认是否所有部件和功能都正常。维修站应会同客户对电梯进行检查，确认所委托电梯修理工作已全部完成，并达到客户的修理要求。安全钳的调整工作交接验收见表4-19。

表4-19　安全钳的调整工作验收表（权重0.1）

<table>
<tr><td colspan="2">1. 工作验收</td></tr>
<tr><td>验收步骤</td><td>验收内容</td></tr>
<tr><td>（1）是否按工作计划进行了所有工作？</td><td>（1）把工作计划中的所有项目检查一遍，确认所有项目都已经圆满完成，或者在解释说明范围内给出了详细的解释。</td></tr>
<tr><td>（2）哪些工作项目必须以现场直观检查的方式进行检查？</td><td>（2）检查以下工作项目<table><tr><td>现场检查</td><td>结果</td></tr><tr><td>安全钳的清洁度</td><td></td></tr><tr><td>安全钳楔块的磨损程度</td><td></td></tr><tr><td>安全钳连杆的工作状态</td><td></td></tr></table></td></tr>
<tr><td>（3）是否遵守规定的维修工时？</td><td>（3）安全钳调节的规定时间是60min。
合格□不合格□</td></tr>
<tr><td>（4）安全钳是否干净？</td><td>（4）检查安全钳是否干净。
合格□不合格□</td></tr>
<tr><td>（5）哪些信息必须转告客户？</td><td>（5）指出需要调节安全钳或下次维修保养时必须排除的其他已经确认的故障。</td></tr>
<tr><td>（6）对质量改进的贡献？</td><td>（6）考虑一下，维修和工作计划准备，工具、检测工具、工作油液和辅助材料的供应情况，时间安排是否已经达到最佳程度。
提出改善建议并在下次修理时予以考虑。</td></tr>
<tr><td colspan="2">2. 记录</td></tr>
<tr><td colspan="2">（1）是否记录了配件和材料的需求量？
（2）是否记录了工作开始和结束的时间？</td></tr>
<tr><td colspan="2">3. 大修后的咨询谈话</td></tr>
<tr><td>客户接收电梯时期望维修人员对下述内容作出解释：
（1）检查表。
（2）已经完成的工作项目。
（3）结算单。
（4）移交维修记录本。</td><td>在维修后谈话时，应向客户转告以下信息：
（1）发现异常情况，如安全钳磨损、安全钳拉杆弯曲及安全钳联动机构绞死等。
（2）电梯日常使用中应注意之处。
（3）多久需要进行安全钳的调整。</td></tr>
<tr><td colspan="2">4. 对解释说明的反思</td></tr>
<tr><td colspan="2">（1）是否达到了预期目标？
（2）与相关人员的沟通效率是否很高？
（3）组织工作是否很好？</td></tr>
</table>

（二）工作任务评价与总结

安全钳调整的自检、互检记录见表4-20。

表4-20　安全钳调整的自检、互检记录表（权重0.1）

自检、互检记录	备注
各小组学生按技术要求检测设备并记录 检测问题记录：______________________________ ______________________________ ______________________________。	自检
各小组分别派代表按技术要求检测其他小组设备并记录 检测问题记录：______________________________ ______________________________ ______________________________。	互检
教师检测问题记录：______________________________ ______________________________ ______________________________。	教师检验

（三）小组总结报告

各小组总结本次任务中出现的主要问题和难点及其解决方案，报告见表4-21。

表4-21　小组总结报告（权重0.1）

维修任务简介：______________________________ ______________________________ ______________________________。	
学习目标	
维修人员及分工	
维修工作开始时间和结束时间	
维修质量：______________________________ ______________________________ ______________________________。	
预期目标	
实际成效	
维修中最有特色的部分	
维修总结：______________________________ ______________________________ ______________________________。	
维修中最成功的是什么？	
维修中存在哪些不足？应作哪些调整？	
维修中所遇问题与思考？（提出自己的观点和看法）	

（四）填写评价表

维修工作结束后，维修人员填写工作任务评价表，并对本次维修工作进行打分，见表4-22。

表 4-22　安全钳调整的评价表

<table>
<tr><td colspan="9">×××学院评价表</td></tr>
<tr><td colspan="3">项目四　超速保护系统的调整
任务二　安全钳的调整</td><td colspan="3">班级：________
小组：________
姓名：________</td><td colspan="3">指导教师：________
日期：________</td></tr>
<tr><td rowspan="2">评价项目</td><td rowspan="2">评价标准</td><td rowspan="2">评价依据</td><td colspan="3">评价方式</td><td rowspan="2">权重</td><td rowspan="2">得分小计</td></tr>
<tr><td>学生自评（15%）</td><td>小组互评（60%）</td><td>教师评价（25%）</td></tr>
<tr><td>职业素养</td><td>（1）遵守企业规章制度、劳动纪律
（2）按时按质完成工作任务
（3）积极主动承担工作任务，勤学好问
（4）人身安全与设备安全</td><td>（1）出勤
（2）工作态度
（3）劳动纪律
（4）团队协作精神</td><td></td><td></td><td></td><td>0.3</td><td></td></tr>
</table>

六、拓展知识——维修实例

限速器安全钳联动试验时，安全钳夹持不住导轨。

维修实例见表4-23。

表 4-23　维修实例

<table>
<tr><td colspan="2">故障现象：限速器安全钳联动试验时，安全钳夹持不住导轨</td></tr>
<tr><td>故障分析：</td><td>排除方法：</td></tr>
<tr><td>1）安全钳钳口内有沙子、灰尘及油泥等异物致，使安全钳钳块夹持不住导轨，造成失效</td><td>1）拆下安全钳，清理钳口内异物后故障排除。</td></tr>
<tr><td>2）安全钳间隙过大，当安全钳提拉机构拉到最大极限位置时，安全钳楔块还不能与导轨工作面接触，从而造成失效。</td><td>2）重新调整安全钳间隙，使其符合标准要求，两侧间隙均匀后故障排除。</td></tr>
</table>

练习

1. 常见的安全钳楔块有________、________、________及________等，其中，________在作用过程中轿厢两侧受力均匀，对导轨的损伤较小，因此应用最为广泛，目前大都采用此类型的安全钳。

2. 安全钳两楔块工作面之间的距离应为导轨厚度加________mm，每侧应有________mm的间隙。

3. 额定速度大于________及轿厢装有数套安全钳时，应采用渐进式安全钳，其余可采用瞬时式安全钳。

附　　录

附录 A　日立电梯大修施工方案

一、维修方案的要求

（一）维修方案的设计

电梯维修方案的设计应不改变电梯的额定速度、额定载重量及轿厢质量等参数，在保持原来规格的基础上进行更新、调整或更换。因此，进行电梯维修方案设计时，要对维修电梯现场勘查，找出存在的安全隐患，确定维修电梯的维修项目（参照有关电梯标准），选购需要更换的零部件，完成维修业务。维修方案的要求见表 A-1。

表 A-1　维修方案的要求

1. 维修方案的内容	2. 维修方案的编制依据
1）工程概况及特点说明，包括项目名称、工程特点、设备技术参数、工期、人数及安装设备等。	1）对电梯的现场勘查。
2）主要施工方法和技术措施（安装工艺的现场实施）。	2）设计图样（工程图样、产品图样）及说明、产品技术文件。
3）组织机构、质量计划的保证措施。	3）技术规范及标准、施工工期要求。
4）施工进度计划及保证措施。	4）施工组织对该项目的规定和要求。
5）安全文明生产保证措施。	5）土建项目施工作业计划及相互配合、交叉施工的要求。
6）主要劳力、机具、材料及加工件的使用计划。	6）安装用起重设备及工具清单。
7）施工平面图。	7）人员素质及相关资料。
8）进场计划。	8）类似项目的经验。
9）成本测算。	
3. 工程概况	

例如：某大厦总建筑面积约 18 万 m^2，由主、副塔楼和地下室构成，地下室共三层，副楼 23 层，高度 100m，主楼 51 层，高度约 200m。大厦进行物业管理，大厦有垂直电梯和自动扶梯，其中，垂直电梯的分布情况和相关参数如下。

设备	编号	品牌类型	用途	载重/kg	速度/(m/s)	数量	停层站	机房位置
垂直电梯								

（续）

4. 电梯维修的内容
1）中修和大修是对电梯进行分解、清洗、检修及调整，更换老化、失效、磨损严重、性能下降和不可用的部件，使电梯恢复或达到国家规定和厂家设计的技术指标。 2）大修周期一般为五年，视电梯性能情况可适当提前或延长，生产厂家有规定的按厂家规定维修；中修周期一般为三年，修理内容结合电梯状态选取大修项目中需要提前安排的项目。 3）专项修理是指大修项目中的单项或少量几项，其技术标准与大修相同。 4）电梯运行管理规定了电梯大修、中修及专项修理项目的内容与技术标准。原则上以国家标准为基础，厂家有特殊规定的依照厂家规定。

（二）电梯大修前期的跟踪记录

电梯大修前期的跟踪记录见表 A-2。

表 A-2 电梯大修前期跟踪记录表

1. 前期跟踪记录			
用户名称	××××	用户地址	××××
联系人		联系电话	
现场管理		联系电话	

2. 跟踪情况				
日期	设备状况	预计维修进场日期	监理员	备注
维修电梯位置图：请标识附近建筑物、公路及坐标。				

二、电梯维修保养安全施工管理

为保护电梯安装维修人员在维修保养过程中的生命安全与身体健康，预防事故的发生，各部门及人员应做到以下几点。

1）安全部门负责本公司电梯施工的安全检查与监督，发现安全隐患应及时开具事故隐患整改通知单，责令维修负责人限期整改，并制定电梯维修安全操作规程及有关管理规定，及时对维修人员进行安全教育。

2）工程部负责组织专业人员对维修保养工作进行安全技术交底和现场安全检查，确保维修人员的人身安全和设备安全。

3）安全员对安装现场和劳动防护用品进行安全检查，发现隐患应及时报告安全科。

4）电梯安装维修人员必须遵守国家有关法律、法规和电梯维修保养安全操作规程及有关规定，按规定使用劳动防护用品。

（一）电梯维修前的准备工作

1. 电工施工前的准备工作

1）电工人员应熟悉电气安全知识，经考核合格，持有操作证，方能上岗作业。

2）电工人员进入施工地应穿戴好绝缘鞋、安全帽和规定的劳动防护用品，并由班组安全员统一检查。

3）对未经验明的无电电气设备，或停电设备没做好安全措施的，均按带电处理。一般不允许带电作业，若情况特殊需经领导批准，按带电工作的安全制度，严格执行。

4）在线路设备上工作，要先切断电源，验明无电并挂好警告牌后，才能进行工作。

5）使用电气设备、器材及工具前应先检查。低压变压器、移动电动工具的金属外壳是否有效接地，是否漏电，外壳及插头是否破损，经检验完好后才能使用。对于有严重缺陷、外壳漏电、结构松脱、导线裸露和绝缘层损坏的电器、工具及器材等，严禁使用。

6）移动行灯要用36V低压电源，插头、插座必须齐全。对于有接地要求的插头，必须按要求配用三孔插座，不得将线头直接插入插座。

2. 焊工施工前的准备工作

1）经过安全技术考核合格后，持有操作证，方能上岗作业。

2）焊工人员在施工时应戴好劳动保护用品，并检查电焊机、焊钳及电线等是否完好。

3）电焊机设备外壳必须接地，接线必须牢靠，否则不准作业。

4）检查电焊机是否绝缘良好。发现有漏电现象时，应立即通知有关人员检修。

5）检查电焊场地10m以内是否有易爆及危险品，是否有严禁明火的标识。

6）检查施工地点是否潮湿，电焊机不可淋雨，也不可放在潮湿的地方。

3. 电梯维修人员施工前的准备工作

1）维修人员到达工地后，需由维修负责人将工地情况和注意事项向维修员进行详细讲解。

2）维修人员上岗前应穿戴好规定的劳动保护用品，采取必要的安全防护措施。

3）施工前，要认真检查工具，如果工具损坏，必须在修复或更换后才可进行施工，并应及时清理好工作场地的杂物。

4）检验人员和电气安装人员必须穿好绝缘鞋，选择安全位置，以防触电等事故发生。

5）井道内应有足够的照明，井道照明必须用36V的低压安全灯，并设有保护罩，严禁使用220V的高压照明。

6）施工现场要配备必要的消防器材，如灭火器等。

7）在安装、改装和拆卸井道导轨等大型工件时，必须搭建脚手架。脚手架搭建完工后，应由专业人员检查验收，确认安全牢固后才能使用。

8）在使用起重设备时，应先检查起重葫芦，必须认真检查链条、销子等是否正常，钢丝绳夹头、勾子是否牢固，起重葫芦的规定负荷与起重工件重量是否匹配。

注意：良好的准备工作是能否完成工程的重要保证，在施工前应认真做好。

（二）电梯维修保养阶段，各工种必须遵守的安全操作规程

1. 电工安全操作规程

1）在准备工作没有完成前，禁止通电。检查调整前必须切断电源，并戴好绝缘手套。

2）各项电气工作应做到装得安全，拆得彻底，经常检查并及时修整。

3）进入电梯机房进行维修保养时，应先切断电源，并在总电源处的明显位置挂上“有人工作，严禁合闸”的警告标识。

4）电源引入电梯机房后，必须通知电工认真检查。通电前，应先通知有关人员，然后进行施工，千万不能冒险作业。

5）使用电气设备必须由电工接线，必须使用安全可靠的电气装置。

6）为保证施工安全，一般不得带电作业。必须带电作业时，班组长必须指派两名以上技术熟练的电工担任，严禁单独操作，防止触电。

2. 焊工安全操作规程

1）井道内使用电焊、气焊时，要做好防护工作。

2）在井道脚手架上从事电焊、气焊时，首先应清除汽油、化纤及塑料等易燃易爆物品，要避开电线，工作完毕后，要严格检查现场，杜绝一切火灾隐患。

3）使用喷灯前，要检查四周有无易燃物体，煤油喷灯的装油量不得超过其容积的四分之三，严禁使用汽油。

4）电焊设备必须由专人负责保管，定期进行检查，工作完毕后必须切断电源。

3. 钳工安全操作规程

1）严格执行公司安全技术操作规章制度，上班必须穿戴整齐、袖口应扎紧，高空作业时，不得往下抛杂物。

2）使用锉刀、刮刀、錾子及扁铲等工具时，不可用力过猛；錾子、扁铲有卷边或裂纹时，不得使用，顶部有油污要及时清除。

3）使用手锤、大锤时，不准戴手套，锤头上不能有油污。大锤使用过程中，甩转方向不得有人。

4）使用活扳手时，其尺寸应与螺帽尺寸相符，不应在手柄上加套管。高空操作应使用固定扳手，必须使用活扳手时，要用绳子拴牢，人要系好安全带。

5）拆卸设备时，设备应放置稳固。装配设备时，严禁用手插入工作面或探摸螺孔。取放垫片时，手指应放在垫片两侧。

6）设备试运转时，严禁将头、手伸入机械行程范围内。

4. 电梯维修人员应遵守的安全操作规程

1）电梯维修人员进行施工操作前，必须穿着工作服，电工应穿上绝缘鞋，禁止赤脚和穿短裤。

2）工作人员进入电梯井道工作时，必须戴好安全帽，高空作业时应携带工具袋，以免工具坠落而造成事故。在井道作业时，施工人员思想必须集中，井道上下应密切联系，严禁上下抛掷物件及工具。

3）在井道竖立导轨和更换导轨时，必须有可靠的安全起吊设备，以防导轨坠落。

4）在井道内高空作业时，必须系好安全带，禁止井道上下同时施工。

5）进入电梯底坑作业时，必须断开急停开关或切断电梯总电源，并在层门口设置障碍和警告标示。底坑内作业人员须戴好安全帽。

6）修理轿厢或更换主机时，必须将轿厢吊起，绳头至少要用三只以上U形绳夹夹牢。起重葫芦的起吊重量必须大于轿厢重量，严禁超载使用。在起重过程中，当发现葫芦链条拉不动时，不要硬拉，应检查原因，排除故障后方可继续操作。完工后，应全面检查，先释放起重葫芦，不得强行拆除对重支撑物。

7）拆修机器时，四周不得堆放杂物，并随时注意机件坠落的可能。在拆卸大型机件时，如遇到无法用机械起重，只能用人力起重时，应加强管理，至少有三人以上操作且要有专人指挥。

8）维修人员严禁酒后作业，也不可过度加班赶工，必须注意劳逸结合。

9）在轿顶上安装、试车、检修和保养时，应注意四周情况，关闭风扇。不得将头、手、脚伸出轿顶边缘，在轿顶上工作时，必须注意下列三点：

① 要做好防止电梯突然起动的措施。

② 要与电梯驾驶人员密切联系，电梯驾驶人员未收到通知严禁起动电梯。

③ 电梯开动前，在轿厢顶部的工作人员要站在安全位置上，做好应付突发情况的准备。

10）用錾子凿水泥或其他机件时，要戴好防护眼镜，拿錾子的手要戴防护手套，拿锤子的手一般不准戴防护手套。

11）使用电钻时，应先检查其外壳是否有效接地，操作者须戴好绝缘手套，穿绝缘鞋或脚踏于绝缘毡垫或木板上，不得冒雨或在潮湿处使用。电钻使用时间过长或钻体发烫时，应暂停使用，待冷却后再继续使用。

12）非电工、电焊工、起重工、电梯安装维修工及未经特殊工种安全技术培训的人员，不准擅自操作电器、起重及焊接设备，学习人员必须在师傅的带领指导下才能操作。修理自动门时，要在有一定技术经验的驾驶人员配合下才能进行，驾驶人员必须服从操作人员的指挥。

5. 电梯修理完工清理阶段应遵守的安全操作规程

1）电梯安装完毕，应进行送电试车，要有人统一指挥。清除与电梯无关的设备和杂物。送电试车前必须确认安全装置、上下极限开关、限位开关、轿厢、厅门安全联锁开关及轿顶急停安全开关等能按指令正确动作。

2）试车时，一切人员服从指挥。机房内、轿厢内、轿顶上应各有一人，试车人员要紧密联系。电梯试车时，应慢车上下运行几次后，证明各项安全功能可靠正常，试车中发现的问题要逐项记录。

3）维修电梯时，进入轿厢的工作人员必须看清楚轿厢是否在本层，不要只看指示灯，在轿厢停稳之前，严禁从轿顶跳进跳出。维修电梯时，不能直接接触带电部分。在电梯维修过程中，严禁随意操作安全装置和电器开关，离开机房必须随手锁门，离开轿厢时必须关好轿门。对于未经维修验收的电梯，一切与维修无关的人员不得随意起动电梯。

电梯大修施工安全检查记录见表A-3。

表 A-3　电梯大修施工安全检查记录表

<table>
<tr><td colspan="5">电梯大修安全检查</td><td colspan="3">电梯大修安全检查依据</td></tr>
<tr><td colspan="5">安全部门对电梯大修施工方案执行情况实施监督、指导、检查。每年至少组织一次安全施工方案的重新评价工作。
当发生下列情况时，公司安全部门应按上述程序及时对安全施工方案进行评价工作。
（1）相关法律、法规发生变化时。
（2）公司的生产活动内容或工艺发生变化时。</td><td colspan="3">相关文件
GB 7588—2003《电梯制造与安装安全规范》
GB/T 10058—2009《电梯技术条件》
GB/T 10059—2009《电梯试验方法》
GB/T 10060—2011《电梯安装验收规范》
《特种设备安全监察条例》
相关记录
安全检查、整改单。
安全规程违章处罚通知单。</td></tr>
<tr><td colspan="5">安全检查、整改单</td><td colspan="3">安全规程违章处罚通知单</td></tr>
<tr><td>序号</td><td>安全检查项目</td><td>检查情况</td><td>整改情况</td><td>备注</td><td>违章者姓名</td><td></td><td rowspan="3">违章部门</td></tr>
<tr><td>1</td><td></td><td></td><td></td><td></td><td>违章时间</td><td></td></tr>
<tr><td>2</td><td></td><td></td><td></td><td></td><td>日期</td><td>年　月　日</td></tr>
<tr><td>3</td><td></td><td></td><td></td><td></td><td colspan="3" rowspan="2">违章者违反了安全规程处罚条例______条，现按规定给予处罚______元。
检查者：______　违章者签名：______</td></tr>
<tr><td>被检查部门</td><td></td><td>检查人员</td><td>日期</td><td></td></tr>
</table>

（三）电梯维修保养工作的安全防护措施

1. 基本安全措施

1）维修人员要按规定穿戴指定的工作服、安全鞋，禁止穿拖鞋或裸身工作；工作服袖口、腰带、口袋及裤脚不可翻出、卷起、松飘，避免被纠缠或钩住。

2）要按规定使用安全帽、安全网及安全带，安全带固定高度大致等于人体的肩高。垂直作业必须戴好安全帽，有安全和警告标志时，要严格执行其工作要求。

3）搬运物料或干粗活时应戴手套，但在运行机械附近作业或重物下方置放滚杆时不得戴手套。

4）在任何大于2m 高度差的危险处作业时，须系好有固定防振绳的全身式安全带，除非工地另有防坠落措施。

2. 防火

1）工作中，凡需动用明火，必须通知电梯管理责任人，重点单位应通知安全部门或消防机关。工作前做好防火措施，配备消防器材；工作后应认真检查现场，消除火灾隐患。

2）工作中，对易燃易爆场所，应挂好“严禁烟火”警示牌，并检查有无容易产生火花的地方。

3）各种易燃易爆物品（如汽油、清洗剂及油漆等）必须贯彻按需领取的原则，每天对用剩的易燃易爆物品要妥善保管在安全的地方，不要随意放置，注意分类、分库存放。

4）若遇火灾，应及时灭火，并上报消防部门抢救。

3. 安全用电

1）电梯维修人员必须严格遵守电工安全操作规程。

2）进行电气维修、检查等有关作业时，应断开动力及控制电源，取下熔丝，挂上“有人工作、禁止合闸”的标志。

3）手持电动工具、交流电焊机及电源箱等电气设备时，应符合安全要求，上述设备外壳必须接接地保护线。应使用36V以下安全电压照明，在控制电源箱内装漏电保护器（又称剩余电流断路器），并经常检查漏电保护器的灵敏度，检查连接线是否破损，接头是否接好，发现问题及时修理调换。

4）进入潮湿的工作场所（如底坑）要防止触电事故。当遇电气设备被水浸和底坑积水时，应全部断电后，方可排水检修。

5）检查电路作业前，应注意检验电容是否已放电。

6）在电路上作业时，只可使用有适当绝缘的工具，因为电路可能仍然带电。

7）切勿站在金属体、湿地或水中实施电路作业。带电作业时，必须站在干燥木板或橡胶垫上，且不能单独工作。

8）为了防止触电，应采取措施防止金属物体接触印制电路板上的任何带电元件或接点。

9）金属物件（如工具、螺栓螺母和垫圈）切勿放置于磁场内，谨防它们被吸到运行部件或电气设备上。

10）在多台并联、群控系统上作业时，应倍加小心。多台并联、群控电梯组的控制系统电路可能带电，甚至在主电源断电后仍然如此，因为电流可以通过其他电路传导。

11）临时电源线可能导致危险。设置临时电源线应避免人员从其上方越过；临时电源线不得穿越楼板或墙壁孔洞，须采取保护措施使之不被割伤或遭受机械损坏；不得使用铁钉或金属线固定临时电源线。

12）使用跨接线进行操作时，跨接线应易于拆除、颜色明显且有足够的长度。工作完成后，应在拆除所有跨接线后才重新开动有关设备。

13）遇到触电事故时，应保持冷静，首先必须尽快切断电源，不要直接触摸触电者，当电源无法切断时，要用非导电材料将伤者推开。

14）遇到电气火灾时，禁止用泡沫灭火器或水灭火。

15）各种电气设备的配电线路必须合理选择导线的种类、型号及截面积，不得使用裸导线。线路应规范敷设，不得随便绕在钢筋、脚手架及导轨等活动件及导电物体上。

4. 焊接与切割

1）电梯维修人员必须严格遵守焊工安全操作规程。

2）开始焊接前，所有地板须打扫干净，木地板须用防火物料或其他合适的物料盖好。易燃物品应远离进行焊接/切割工作的地点。

3）所有可燃性物料须移往安全的地方，或盖上防火物料。

4）应设置合适及足够的灭火筒或灭火砂桶，以备随时使用。应采取适当措施防止在焊接及切割过程中产生的火花、燃烧中或热的碎料掉在工作地点附近或下面的任何人或可燃性物料上。

5）应设置通风设施，特别是在有限的空间内，以便在焊接及切割过程中为工作人员提供足够的新鲜空气。新鲜空气必须从清洁的环境引入。在合理切实可行的范围内，应尽量在电梯槽内为焊接或切割工序设置并维持有效的局部排气系统，以便清除所产生的危险烟气。

局部排气系统必须尽量设置在焊接或切割点附近，以便有效排除烟气。

6）工作人员在进行焊接及切割工作时，切勿穿着染有油污的衣服。

7）在合理切实可行的范围内，应避免在铺满油污或棉屑设备的旧电梯槽内进行焊接或切割工作。如果必须进行焊接或切割，必须采取适当的安全措施，以防止在工作过程中意外地燃着油污或棉屑。应提供配有滤光眼镜的面罩或其他按照工厂及工业经营（保护眼睛）规定的护目镜，所有参加工作人员均须佩戴或使用。

8）应提供保护屏障，防止附近的其他雇员及人士受到电弧焊接/切割过程中发出的紫外光及其他有害辐射的伤害。

9）有关工作人员均须穿戴合适的防护手套和工作服等，以保护皮肤。

10）除掉焊接工序所产生的焊垢，必须戴上护眼用具以保护眼睛。

11）在焊接过程中，尤其是切割过程中，将会产生熔化及炽热的金属碎料。这种碎料可造成火灾危险，而且危及在焊接/切割工作地点下面的工作人员。在可行的情况下，必须采取适当措施，例如，在焊接/切割地点下方安装防火收集槽收集电焊火花、熔化物及金属碎料等。

12）刚使用过的电焊条仍然炽热，必须放在适当的容器内，以防发生火灾或溅落在工作地点下面的人身上。

13）焊接用的电源变压器和焊接工件必须可靠接地。

（四）电梯维修保养工作程序及安全要求

1）工作现场应设立有关安全标志和警告牌等防范措施，如在电梯主要出入口挂上“禁止进入”、“禁止使用”、“注意安全”、“谨防坠落”及“检修停用”等安全标记；在施工场所、层门处设置安全防护栏，未设置防护栏时，必须有专人看管，不许他人进入。

2）保证工作场所有足够的采光照明。

3）工作场所应保持清洁、畅通；材料必须堆放整齐、稳固，防止倒塌伤人或缠脚；油渍布必须存放在指定地点的容器内，并定期清除。

4）不准在工作期间喧闹、打架、恶作剧；不准在工作期间或工作前饮酒；不准违章进行垂直交叉作业。

5）工作中注意力要集中，当感到自己体力不支时，应请求协作。每次操作前应停留思考一下，判定操作无误后再操作。

6）工作中有涉及他人安全时，要有安全措施（如安全开关、蜂鸣器及对讲机等），在确认对方安全后，方可操作，并及时警告和加以监视。两人工作时要协同操作，要在双方称呼回复指示后，方可进行下一步操作等。

7）使用工具要有正确的姿势，按规定操作。传递工具、材料及零件时要小心，切勿投掷。拆卸下的零件要放好，防止伤人累己。不准把零件、工具放在路旁、支架及棚架上，更不准放在活动的部件上。

8）工作中要提防碎片、凸出钉、锋利物，避免头部或脚趾等容易疏忽的部位受伤。

9）对单独或隔音情况下工作的人员，须随时保持联系。工作中，不可随意离开岗位及进入危险的地方，有事离开或进入，应作出安排。

10）严禁站在轿门地坎与层门地坎之间，严禁站在分隔井道用的工字钢（槽钢）与轿顶之间；禁止层门探头、在井道及轿顶跨骑作业，严禁踩靠在转动、活动的部件上操作等。

11）严禁电梯层门一打开就进去，要看清轿厢位置，防止踏空下坠。轿厢不停稳不准进出。

12）严禁短接营运中电梯的内外门锁回路及安全回路。检修时若确需短接，则要保证内外门确已关好，并做好防范和监护，确保安全；完成作业后及时拆离短接。

13）电梯在维修保养、检测过程中严禁载客载货。

14）维修、清扫及加油时，电梯应停止运行。

15）要经常检查绝缘情况，谨防触电，除非必要，严禁带电操作。

16）操作印刷电路板前，操作人员要将手对地放电，防止静电损坏电子元器件。禁止带电插入和拔出电路板。

17）在轿顶检修时，预先在轿内置有司机运行方式，以防止检修完毕，外召信号引起电梯自动运行。在轿顶和底坑作业时，必须断开相应的安全开关，方可进行工作。要注意轿顶、底坑上的油渍，防止滑倒跌落。

18）完成工作后，检查有无遗留工具或零件，有无遗留火种，是否有未完成的事项。应及时清理现场，不得堆放废物，不得遗留油渍。

19）完成工作后，拆掉临时短接线、支承物及卡阻件。要确认各部件安装、调整可靠，连接正确，没有危及他人安全后，方可恢复正常运行，并撤除各种警告标牌。

20）在离开工地时，必须向电梯管理责任人或有关人员交待有关需注意的事宜。若工地存在安全隐患，必须做好防护措施确保安全。

21）每种电梯结构形式不尽相同，进行维修保养须认真阅读电梯的随机文件和资料。

三、电梯大修工作程序

（一）电梯大修施工前的检查方案

1. 机房、滑轮间的清洁

1）清洁机房、滑轮间与电梯无关的杂物，特别是易燃易爆物。

2）清扫机房、滑轮间的地面尘埃及油污。

2. 主机的清洁

1）清除电动机、曳引机座及制动器表面的尘埃、油污。

2）清除曳引轮、导向轮上的油污，必要时可用金属清洁剂清洁。

3. 曳引机防振胶、螺栓的检查

1）检查曳引机防振胶是否有龟裂、损坏等现象。

2）检查曳引机承重梁、机座和防振胶的安装螺栓、螺母是否松散。

4. 曳引钢丝绳磨损的检查

1）清除钢丝绳上粘附的泥沙及油污。

2）检查钢丝绳是否有开叉、断股等现象。

3）用游标卡尺测量钢丝绳直径，磨损应不超过公称直径的10%。

5. 曳引轮磨损的检查

停止电梯运行，断开主电源开关。检查曳引轮绳槽的磨损。出现以下情况时，需要更换曳引轮：

1）曳引轮绳槽有一条或多条已经磨损到绳槽槽底。

2）电梯曳引检查静载试验，确认是曳引轮磨损所致。

3）依据电梯使用说明书或相关资料确认曳引轮需要更换。

6. 曳引机减速箱油量的检查及润滑

1）测定油量要在电梯停止几分钟后，待搅上齿轮的油流回去后再进行。

2）用棉纱擦拭量油尺，要把尺柄完全插入后再拔出进行检测。

3）油面应在量油尺上、下刻度之间。若油量不足，则应补充使用说明中要求的机油。

7. 制动器的检查及润滑

1）制动弹簧的调整应根据使用说明书进行。

2）制动带厚度磨损超过1mm或铆钉头露出时，须更换制动带。

3）制动器动作应灵活，制动时两侧制动闸瓦应紧密、均匀地贴合在制动轮的工作面上，松闸时制动闸瓦应同步离开，其四角处间隙平均值两侧各不大于0.7mm。

8. 控制屏清洁、除尘

1）停止电梯运行，切断电梯电源。

2）清洁工作应在电梯切断电源20min后进行。

3）对控制屏清洁、除尘时，首先应用毛刷对控制屏框架、各种元器件进行清扫。

注意：清扫元器件时，不应用力较大，避免元器件接线松脱。

4）电子板表面清洁工作，应仔细、小心，尽量使用柔软的毛刷进行，且用力轻微。也可以使用电器元件吸尘器。

5）清洁控制屏的同时应检查屏内各元器件的安装紧固情况，各插接器的插接是否良好，接线端子是否牢固可靠等。

9. 接触器、继电器的检查

停止电梯运行，切断电梯主电源。

1）人为将接触器吸合，动触头应有约5mm的超行程，超行程可通过调整定触头的位置来达到。

2）检查接触器、继电器接线是否牢固、可靠。

3）检查主、辅助触头是否单边接触，触头是否有开裂、污垢及磨损。

4）检查接触器、继电器安装是否牢固。

5）完成上述工作后，接通电梯电源，正常运行电梯，观察以上元器件是否能按其功能正常吸合及释放。

10. 控制柜内接线和元器件固定螺栓的检查与紧固

停止电梯运行，切断电梯电源。

1）检查及紧固工作应在切断电梯电源20min后进行。

2）检查及重新紧固控制柜内所有元器件及端子上的接线螺栓。

3）检查及重新紧固控制柜内所有元器件的安装螺栓。

11. 熔丝、熔断器的检查及更换

停止电梯运行，切断主电源。

打开控制柜，检查各熔丝、熔断器的规格和标准值（由随机资料、图样所提供）是否符合要求，不符合要求或烧断时应立即更换，检查熔丝是否紧固，是否接触良好。

12. 限速器的清洁、检查及加油

停止电梯运行，切断主电源。

1）用干净的抹布将限速器表面的油污及尘埃擦干净。

2）将限速器钳块上的油污擦干净。

3）用无水酒精清洁限速器的电气开关触头。

4）在限速器轮轴承处加润滑油。

13. 机房急停、限速器开关的检查

1）将电梯处于检修状态下，慢车上行或下行。

2）分别动作机房急停开关、限速器开关，检查主接触器是否断开。

3）确认可靠断开后，恢复电梯正常状态。

14. 轿厢内照明的检查

首先，打开操纵箱下部的开关盒盖，按下急停开关，然后关闭照明开关，这时轿厢内的照明应该熄灭，合上照明开关，照明则恢复正常，到机房闭合220V照明开关，轿厢内应急照明灯应点亮。检查完后恢复正常。

15. 轿顶及风扇、照明的检查

按正确方法进入轿顶，按下轿顶急停按钮，闭合轿顶照明灯开关。

1）检查轿顶设备、轿顶电器箱，进行风扇、灯罩等的清洁，必要时进行扫除作业。作业完成后将各开关复位。

2）打开操纵箱开关盒盖，闭合风扇开关，风扇应正常运转、无异常声响、送风良好。

16. 轿厢内指令的检查

使电梯处于正常运行状态下，依次按下操纵箱上各层的指令按钮，观察各层按钮灯是否点亮，电梯是否按指令信号停站。观察各数字显示及方向灯是否正确显示，逐层检查后，对异常情况做好记录，并作进一步检查。

17. 检查各层的起动、制停、平层精度及舒适感

确认电梯处于正常运行状态，检查员在轿厢内按指令按钮，使电梯正常运行。分长程站和短程站检查起动、制动、平层精度及运行时舒适感。

18. 层门指层器、层门按钮及指示灯确认的检查

电梯处于正常运行状态。

1）电梯分层运行，检查层站数字显示及方向灯是否正确，显示的数字是否缺笔画。检查层外的方向灯是否与电梯的运行方向一致。

2）逐层检查外按钮及其指示灯，电梯上行时可确认下方向的外呼登记和上方向的指令清除及重开门，电梯下行时则相反。

19. 轿门系统的清洁

电梯处于检修状态。

1）电梯开至能方便维护门系统的位置。用干净的抹布清洁门电动机、轿门传动机构、轿门导轨、门挂板及门风扇等部分。

2）对门系统元件的安装螺栓逐一紧固。

20. 轿厢急停开关、轿顶急停开关、安全窗开关及安全钳开关的检查与确认

电梯处于检修状态。

1）电梯向上或向下运行，断开轿厢急停开关、轿顶急停开关、安全窗开关、安全钳开关、电梯能立即停止。

2）以上开关复位后可继续运行。

21. 导轨润滑的检查

1）检查员进入轿顶，以检修状态全程运行电梯，检查轿厢、对重导轨油盒是否被损，安装是否牢固。

2）轿厢、对重导轨面是否有锈渍，必要时应用砂纸或细纹锉进行打磨去锈。

3）检查油盒的油量是否高于油盒的2/3，若不足，则应补充导轨用油，油量为油杯的3/4，且油面不能超过导油绳夹紧装置。

22. 底坑设施及缓冲器的检查与清洁

将电梯开至顶层，停止电梯，在最底层进入底坑，并按下急停开关。

1）对底坑内包括地面、墙壁、缓冲器、防护栏及张紧轮等设施用扫把或抹布进行清洁。

2）检查缓冲器（液压缓冲器）油量是否符合标准，若油量不足，按该电梯的说明书或有关资料选择合适的机油加至规定位置。

3）检查缓冲器墩是否有破损或龟裂。

4）液压缓冲器活塞运作后是否能完成复位，完全压缩后120s，必须自动复位。

5）液压缓冲器活塞露出的部分是否涂有防锈剂，是否生锈。

6）液压缓冲器是否漏油，活塞部分的盖是否破损。

7）缓冲器的安装螺栓是否松动，液压缓冲器是否用防尘罩包扎好。

23. 轿厢框架螺栓的紧固检查

在基站设置检修防护栏及标志，按正确的方法进入轿顶及底坑检查。

1）在轿顶检查上梁、主柱、导靴、轿厢、门机及电器箱等螺栓的紧固情况。

2）在轿底检查轿底横梁与主柱、安全钳、轿底架、挂线架等螺栓的紧固情况。

在以上检查中，若发现螺栓松动，应马上拧紧。工作完成后，恢复电梯正常运行。

24. 井道机件的固定检查

按正确方法进入轿顶，从上至下检查井道轿厢、对重导轨撑架，连接板，上下限位开关，隔磁板，层门头，门锁，滑块，底坑对重防护栏，护脚板螺钉，井道照明灯及压导板等的固定螺钉、螺母是否可靠固定，弹簧垫圈、平垫圈是否齐全。

（二）电梯大修

1. 制动器的维修

将电梯停在高层，确保轿厢内无人，关闭层门、轿门。一人在轿顶、一人在底坑。底坑人员用一条2～3m的铁水管（直径60～80mm、足够厚度）垂直放置在缓冲器旁正下方，要求底面紧固，底坑人员蹲下扶稳。轿顶人员通过对讲机联络底坑人员，确保安全后，向上慢车运行至顶层。机房人员切断主电源，松开抱闸，使轿厢向上，对重向下直至对重被铁水管顶起。底坑人员出底坑。

1）用工具拆除制动弹簧，然后放下摆杆。必要时，拆检整个制动器。

2）检查制动带的安装是否牢固，制动轮、制动带是否有脏污，若是，则重新固定，清理干净。

3）检查铁心、推杆是否灵活、无积聚物，并检查其他各零部件，发现问题时，须修复。

4）安装制动器。制动器的调整必须按照该电梯的使用说明书或有关资料进行。

5）从轿顶慢车下行，检查制动器的制动情况是否正常，并及时调整。

6）确保制动器动作可靠后，到底坑取出铁水管，工作人员离开井道后，恢复电梯正常运行，检查电梯平层是否正常。

2. 曳引轮的更换

1）将轿厢吊起。

2）将钢丝绳从曳引轮上取下，并按次序编号。

3）需要时，把曳引机机油放掉，将曳引轮或其连接部件从曳引机中拆下，再把曳引轮单独拆下。

4）曳引轮经技术人员判定可以重新返厂加工的，送到电梯制造企业加工，或更换新的曳引轮。

5）安装曳引轮。

6）曳引机安装完成后，加注机油（如果已放掉）。运行正常后，将钢丝绳按编号挂回曳引轮。

7）将安全钳复位，放下轿厢拆除葫芦。

8）慢车试运行，确保安全的情况下，快车运行，并在机房确认曳引机没有异常声响。

3. 电动机冷却风机的检查

1）检查电梯运行时电动机旁边有无风吹出，有无损坏和有无碰到外罩的声音。

2）停止电梯运行，切断电梯电源，在开关手柄上挂上“有人工作”、“严禁合闸”的告牌。

3）把风机盖上的螺钉拆下后，取出后盖清扫。

4）用毛刷先把表面清扫干净，再用干抹布擦干净风机和周围粉尘污秽。

5）清洁完后把风机盖好。

6）试运行无异常后，才能投入使用。

4. 蜗杆前端盖轴承的拆卸（负载侧轴承，俗称前端盖轴承）

1）电梯停至顶层，切断电梯主电源。

2）将电梯轿厢用起吊葫芦吊起，使用撑木将对重撑起，提拉安全钳拉杆，使安全钳钳块动作，然后稍微松一下起吊葫芦，以使轿厢重力主要由安全钳承受。

3）起吊轿厢时要注意安全，必须保护好称量装置。

4）当曳引钢丝绳松掉后，将钢丝绳卸下，并做好排列顺序标记。

5）将曳引机减速箱齿轮油放入干净的桶内，拆下电动机、编码器接线及抱闸接线。

6）完全松开抱闸制动弹簧，将制动臂放下。

7）拆下制动轮与联轴器（法兰盘）的联接螺栓。

8）用手拉葫芦吊住电动机的吊环，随后拆下电动机与安装板的联接螺栓。

9）拆开曳引机减速箱端盖，松开固定制动轮的锁紧螺母，用铜棒轻轻敲击制动轮，使制动轮松动即可。

松开曳引机减速箱后端盖的4个螺栓，将蜗杆往后端盖方向缓缓移动5cm后，将制动轮拿出，拆下联接制动轮的键销，在键槽上贴上胶布（以防拆下前端盖时碰上密封圈），随后拆下前端盖（包括调整垫圈，用于防止蜗杆的窜动）。

10）继续将蜗杆往后端盖方向移出，直至整个蜗杆从减速箱内抽出。

11）将蜗杆后端盖朝上倒放置在地上，用两把锤子轻轻敲击将前端盖轴承敲下（避免蜗杆被碰伤）。

5. 蜗杆前端盖轴承的安装

1）使用轴承加热器加热轴承至80℃左右将轴承套入蜗杆，此时轴承温度较高，必须使用隔热手套。当现场无加热器时，可将轴承放入装油的金属器皿中，放在电磁炉上进行加热。

2）可用煤油或专用清洁剂清洗减速箱箱体（严禁使用汽油），并检查蜗杆啮合齿面是否光滑，同样对蜗杆进行清洁。

3）待套上的轴承冷却后，将蜗杆从减速箱后端盖处放入。

4）装上前端盖调整垫圈、密封圈及制动轮（建议在更换轴承时，同时更换蜗杆前端密封圈）

5）紧固前、后端盖的螺栓，使电动机复位，安装时要注意蜗杆键销与电动机轴键销的朝向应该成180°（使运行时达到平衡）。

6）装好制动闸瓦，盖上减速箱盖，加齿轮油。

7）将钢丝绳复位，放下轿厢。

6. 蜗杆的拆卸与安装

（1）拆卸蜗杆

1）完全松开抱闸制动弹簧，将制动臂放下。

2）拆下制动轮与联轴器（法兰盘）的联接螺栓。

3）用手拉葫芦吊住电动机的吊环，随后拆下电动机与安装板的联接螺栓。

4）拆开曳引机减速箱端盖，将固定曳引轮轴的4个螺栓拆下（两边各2个），将曳引轮吊起（**注意**：曳引轮必须是垂直向上被吊起，以保证固定曳引轮轴的定位销不被损坏）。

5）松开固定制动轮的锁紧螺母，用铜棒轻轻敲击制动轮，使制动轮松动即可。

6）松开曳引机减速箱后端盖的4个螺栓，将蜗杆往后端盖方向缓缓移动5cm后，将制动轮拿出，拆下联接制动轮的键销，在键槽上贴上胶布（以防拆下前端盖时碰上密封圈），随后拆下前端盖（包括调整垫圈，用于防止蜗杆的窜动）。

7）继续将蜗杆往后端盖方向移出，直至整个蜗杆从减速箱内抽出。

8）拆除减速箱的上盖。

9）松开蜗轮两边支承轴承座的螺母。

（2）安装新蜗杆

1）可用煤油或专用清洁剂清洗减速箱箱体（严禁使用汽油）。

2）将蜗杆从减速箱后端盖处放入。

3）装上前端盖调整垫圈、密封圈及制动轮（建议在更换蜗杆时，同时更换蜗杆前端密封圈）

4）紧固前、后端盖的螺栓，使电动机复位，安装时要注意蜗杆键销与电动机轴键销的朝向应该成180°（使运行时达到平衡）。

7. 蜗轮的拆卸与安装

（1）拆卸蜗轮

1）用起吊葫芦将曳引轮吊起，将蜗轮放在木方或三角支架上。

2）用三爪拉码拆卸蜗轮传动轴承。

3）用千斤顶把曳引轮从蜗轮轴上顶出

4）用清洁润滑剂对蜗轮轴进行清洁。用砂纸在蜗轮轴处轻微地打磨，并除去蜗轮轴上的毛刺，严禁使用锉刀或砂轮机进行修复。

（2）安装新蜗轮

1）更换新蜗轮。

2）将曳引轮复位，安装时，确认两个定位销要完全到位。

3）将蜗轮轴承复位。

4）用起吊葫芦将曳引轮吊起，将蜗轮放入曳引机箱体内，注意蜗轮与蜗杆齿面的啮合间距。

5）拧紧蜗轮两边支承轴承座的螺母。

6）用线锤测量曳引轮的垂直度。

7）将钢丝绳复位，放下轿厢。

8）将倒出的齿轮油倒回曳引机，用绵纱清除溅出的齿轮油。

9）合上电梯电源，慢车下行，检查是否异常，取出对重支撑木。

10）电梯在中间层运行，检查抱闸是否异常，根据各种调试大纲调整抱闸弹簧的力矩。

注意：电梯重新运行时，必须确认机房及井道的电气与机械方面无任何问题后，先进行检修，保证上下行正常情况下方可进行快车运行。

8. 曳引钢丝绳的更换

1）将对重顶起。

2）将轿厢吊起，使轿厢安全钳动作。

注意：要有足够的空间使安全钳复位；同时补偿绳不能张得太紧。

3）分批拆卸钢丝绳，每次必须保证仍然有两条或两条以上的钢丝绳使对重与轿厢可靠连接。

4）依据拆下的钢丝绳裁剪新钢丝绳的长度，应注意根据不同的钢丝绳预留不同的伸长量。

5）根据电梯绳头组合的种类（如自锁紧楔形绳套、巴氏合金填充的锥形套筒等）安装好绳头。

6）将钢丝绳自由垂直放在井道中，防止钢丝绳存在扭曲（有气），把钢丝绳按照正确的绕法安装好。

7）分批将钢丝绳全部更换安装完成后，复位安全钳，放下轿厢，拆除葫芦。调整好钢丝绳的张紧力。

8）慢车试运行，在确保安全的情况下，快车运行。

9）快车运行往复数次后，再调整钢丝绳的张紧力。

9. 曳引钢丝绳张力的检查及调整

1）一般将电梯开至提升高度3/4的位置。

2）将电梯置于检修状态，维修人员进入轿顶。

3）用弹簧秤测量每一条曳引钢丝绳的张力，每条钢丝绳的张力不应超过平均张力的5%。

4）需要时，调整钢丝绳绳头的调整螺栓，使钢丝绳张力一致。

5）检查绳头开口锁使用是否正确。

6）电梯往复运行多次，再重新测量钢丝绳的张力。

7）调整完毕，可恢复电梯正常运行。

10. 限速器钢丝绳

1）对于限速器钢丝绳，应检查其磨损是否在 10% 以内，有无断丝、断股等现象。

2）限速器钢丝绳到电梯导轨导向面与顶面两个方向的偏差均不得超过 10mm。

11. 门机驱动链条、传动带的调整

1）维修人员在轿顶检修点动电梯运行，层站外维修人员能方便的维修轿门。

2）切断电梯主电源

3）检查门机驱动链条、传动带的张力。以 10N 的力压在链条上时，链条的下移量约为 5mm，这可以通过调整螺栓进行调整。

4）用沾机油的抹布将机油涂抹在门机驱动链条上，涂抹时应注意不要使机油沾到踏板及门导轨上。

12. 轿门安全触板的调整

1）安全触板电缆的检查。

2）检查安全触板电缆有没有损伤。

3）检查现场电缆的固定情况，确定与线夹没有相对移位。

4）检查电缆是否有可能与其他零部件挂碰。

13. 随行电缆的检查与调整

1）维修人员进入轿顶，将电梯置于检修状态。

2）检查随行电缆的固定情况。

3）检查电缆压码的安装位置是否正确。

4）检查电缆是否有损伤。

5）轿底、井道电缆架的安装位置是否一致。

6）电缆是否与轿厢或井道内其他设备相接触或碰撞墙壁。

7）电缆与导轨是否相平行。

8）护缆铁线的安装是否良好。

9）进入底坑检查，使电梯开至最底层平层。

10）检查电缆弯曲部分的弯曲直径是否符合要求。

11）随行电缆的最低部在轿厢完全压缩缓冲器时不能与底坑地面相碰。

14. 补偿链（绳）的检查及调整

1）检查电梯高速运行中是否有异常声音。

2）检查对重与轿厢底部补偿链（绳）螺栓的紧固是否牢固。开口销的使用是否正确。

3）检查补偿链（绳）防止断裂的二次保护装置是否牢靠。

4）检查消音装置是否完好。

5）电梯运行过程中，补偿链（绳）与缓冲器、轿厢或其他设备是否有碰撞。

6）检查补偿绳张紧轮安装是否牢固。

7）调整补偿链（绳）的位置。

15. 导靴、导轨的检查及调整

1）将电梯置于检修状态，维修人员进入轿顶。

2）检查导靴、导轨的安装螺栓或紧固件是否有松动，松动时应旋紧。

3）用干净的抹布对导靴、导轨进行清洁、除油渍。

4）调整导靴、导轨的位置及尺寸。调整完毕后，应锁紧螺母。

16. 轿厢、对重导轨靴衬磨损的检查

1）将电梯置于检修状态，维修人员然后进入轿顶或底坑。

2）轿厢、对重导轨靴衬磨损的检查可用塞尺测量，若磨损量超出要求，则应更换。

17. 强迫减速、限位、极限开关的检查与调整

1）各开关、开关座及开关盖应固定牢固。

2）用手按压滚轮，滚轮应能准确复位。开关摆杆应连接牢靠。

3）检查滚轮橡胶是否有龟裂、剥离、脱落及磨损等。

4）检查触头上是否有污秽和损坏，开关各转动部位是否灵活。

5）开关内接线端子应牢固。

上行终端限位开关的动作确认：应该是在轿厢进行慢速上行时，在手可到达的开关滚轮处，用手强制按压滚轮，确认电梯应停止。另外，慢速下行时，确认电梯不会停止。下行终端限位开关类同（此方法仅适用正常的保养工作）。

上行终端极限开关的动作确认：应该是在轿厢慢速上行时，在手可到达的开关滚轮处，用手强制按压滚轮，确认电梯应停止。下行终端极限开关类同（此方法仅适用正常的保养工作）。

18. 层门主、副门锁电气触头行程的检查与调整

1）用干净的抹布清洁各层门锁及触头。

2）按照说明书及有关资料检查及调整层门主、副门锁电气触头的行程。

3）确保门锁在电气安全装置动作之前，锁紧元件的最小啮合长度为7mm。

19. 层门开、闭性能（自闭力、门滑块、钢丝绳张力及限位轮）**的确认及调整**

1）检查层门开关是否圆滑、顺畅、无杂音。

2）当层门关闭，锁钩到达门锁盒时放开手，观察层门能否自然关闭，以确认层门的自闭力。

3）清洁门轨尘埃及油污。

4）检查门滑块是否紧固，运行是否顺畅，是否有磨损。

5）检查层门联动钢丝绳的张力，并进行调整。

6）检查偏心轮和导轨间隙，应不大于0.5mm，检查偏心转动是否灵活。

7）电梯平层后，让轿门带动厅门，检查是否顺畅、无杂音等。

20. 缓冲器开关、底坑急停开关及缓冲距离的检查确认

1）把电梯开到次底层停下，置于检修状态。

2）一人在轿厢控制，另一人到底层开门进入底坑。

3）检查缓冲器及底坑急停开关动作是否可靠。

4）电梯向上及向下运行，用手把缓冲器向下压缩15mm，电梯应能立即停止；用手按下底坑急停开关，电梯应能立即停止。必须注意电梯下行时底坑人员的安全。

5）将电梯开到顶层平层位置按下急停开关，用钢卷尺测量对重与缓冲器的距离并记录。

蓄能型缓冲器（弹簧型）250～350mm。

耗能型缓冲器（液压型）200～400mm。

6）底坑检查员离开底坑，恢复电梯运行。

21. 安全钳装置的检查

1）向上提拉限速器钢丝绳时，检查提拉臂、提拉杆动作是否顺畅。

2）左右提拉杆的工作行程是否相同。

3）检查轿顶横梁提拉杆的限位螺栓是否有松动。用约 300N 的力手动拉起限速器钢丝绳时，安全钳电气开关应动作。

22. 楔块的检修

1）楔块的花纹面是否堵塞、磨损。若楔块的花纹面堵塞，要用钢丝刷清扫干净。

2）检查安装楔块和提拉杆的各螺栓是否松动。

3）检查导轨的压导板和压导板螺栓等与安全钳之间的间隙，确保不会相碰。

4）按规定对安全钳装置进行检查及调整。

23. 限速器与安全钳联动试验

1）定期检验，各种安全钳均采用空轿厢在平层或检验速度下试验。

2）短接限速器与安全钳电气开关，轿厢内无人。在机房操作以平层或检修速度下行，人为让限速器动作。轿厢应可靠制动，且试验后相对于原正常位置轿厢底倾斜度不超过 5%。

（三）电梯大修开工报告及相关记录

1. 电梯大修开工报告

电梯大修开工报告见表 A-4。

表 A-4 电梯大修开工报告

用户名称	深圳技师学院			合同号	
开工日期		电梯编号		生产工号	
计划调试日期			计划验收日期		
申报技监局	已申报/未申报		申报质监站	已申报/未申报	
开工项目的主要工程内容	1. 轿厢的起吊 2. 曳引电动机的拆卸 3. 制动器的拆卸、清洁和润滑 4. 减速箱蜗轮、蜗杆轴承的检查			5. 减速箱密封的检查 6. 蜗轮蜗杆使用情况的检查 7. 更换蜗轮蜗杆 8. 曳引机的复位、调校	
准备工作情况及存在的问题					
施工人员名单	姓名	岗位	安全操作证	电工证	焊工证
地监员签字（章）			日期： 年 月 日		
客户/监理工程师	审批意见： 签字（章） 日期： 年 月 日				

2. 电梯大修不良项目整改记录

电梯大修不良项目整改记录见表 A-5。

表 A-5　电梯大修不良项目整改记录

<table>
<tr><td>检查次序</td><td>不良项目整改记录</td></tr>
<tr><td>1</td><td>安全类项目序号：
环保、文明类项目序号：
其他项目记录：

地监员下达完成时间：　大修组长整改完成确认：　日期：</td></tr>
<tr><td>2</td><td>安全类项目序号：
环保、文明类项目序号：
其他项目记录：

地监员下达完成时间：　大修组长整改完成确认：　日期：</td></tr>
<tr><td>3</td><td>安全类项目序号：
环保、文明类项目序号：
其他项目记录：

地监员下达完成时间：　大修组长整改完成确认：　日期：</td></tr>
<tr><td>4</td><td>安全类项目序号：
环保、文明类项目序号：
其他项目记录：

地监员下达完成时间：　大修组长整改完成确认：　日期：</td></tr>
</table>

3. 现场安全、环保、文明施工评分

现场安全、环保、文明施工评分见表 A-6 和表 A-7。

表 A-6　现场安全、环保、文明施工评分表（一）

<table>
<tr><td>施工队</td><td></td><td>大修组长</td><td></td><td>现场负责人</td><td></td><td>安全类评分</td><td></td><td>环保、文明类评分</td><td></td></tr>
<tr><td colspan="2" rowspan="2">安全施工类（12 项）</td><td rowspan="2">分值</td><td colspan="4">日期</td></tr>
<tr><td></td><td></td><td></td><td></td></tr>
<tr><td rowspan="3">施工员</td><td>1. “安全交底、工作日志、施工计划、自检”正确填写</td><td>6</td><td></td><td></td><td></td><td></td></tr>
<tr><td>2. 人员符合报进场名单及人数</td><td>6</td><td></td><td></td><td></td><td></td></tr>
<tr><td>3. 各人员身体状况良好</td><td>6</td><td></td><td></td><td></td><td></td></tr>
<tr><td rowspan="4">施工工具</td><td>4. 岗位规定所用的量具齐备及按期受检有效</td><td>8</td><td></td><td></td><td></td><td></td></tr>
<tr><td>5. 所持用电工具接线良好及电缆无破损，并有漏电保护</td><td>10</td><td></td><td></td><td></td><td></td></tr>
<tr><td>6. 电焊、气割器具（气瓶、压力表、软管及喷枪）符合安全规程规定</td><td>10</td><td></td><td></td><td></td><td></td></tr>
<tr><td>7. 灭火器数量足够，属于干粉型，压力足，在有效使用期内</td><td>8</td><td></td><td></td><td></td><td></td></tr>
<tr><td rowspan="5">施工现场</td><td>8. 大修区域、厅外维修场地、吊装现场、放置设备场地必须加以防护（门洞、曳引机及吊装孔等）</td><td>10</td><td></td><td></td><td></td><td></td></tr>
<tr><td>9. 各层门口、预留孔、机房门外、井道后壁及工具房外等安全警示标语张贴齐全</td><td>10</td><td></td><td></td><td></td><td></td></tr>
<tr><td>10. 动火作业的现场配备灭火器；氧气、乙炔瓶、焊机摆放位置应合理</td><td>6</td><td></td><td></td><td></td><td></td></tr>
<tr><td>11. 移动照明使用安全电压，作业照明充足</td><td>10</td><td></td><td></td><td></td><td></td></tr>
<tr><td>12. 安装类和焊接类安全劳保用品充分且使用正确</td><td>10</td><td></td><td></td><td></td><td></td></tr>
<tr><td colspan="7">地监员：</td></tr>
</table>

表 A-7　现场安全、环保、文明施工评分表（二）

<table>
<tr><td rowspan="2">环保、文明施工类（11 项）</td><td rowspan="2">分值</td><td colspan="4">日期</td></tr>
<tr><td></td><td></td><td></td><td></td></tr>
<tr><td>1. 现场受控类（安全规程、大修工艺及新工艺标准类等）文件齐备</td><td>8</td><td></td><td></td><td></td><td></td></tr>
<tr><td>2. 现场展示板上各标语和资料（施工计划、交底等）齐全</td><td>8</td><td></td><td></td><td></td><td></td></tr>
<tr><td>3. 施工员着装整齐，规范（劳保用品穿戴正确）</td><td>8</td><td></td><td></td><td></td><td></td></tr>
<tr><td>4. 施工现场及工具房要整理、整顿、清扫和清洁</td><td>10</td><td></td><td></td><td></td><td></td></tr>
<tr><td>5. 各层、各室内外放置的未装部件有防盗、防潮及防雨措施</td><td>10</td><td></td><td></td><td></td><td></td></tr>
<tr><td>6. 各类区域标志清晰</td><td>10</td><td></td><td></td><td></td><td></td></tr>
<tr><td>7. 零部件需分类（按使用先后、轻重、质地等）摆放，异类部件不能叠放在一起</td><td>10</td><td></td><td></td><td></td><td></td></tr>
<tr><td>8. 油料区按防泄漏、隔离的原则设置</td><td>10</td><td></td><td></td><td></td><td></td></tr>
<tr><td>9. 施工组应具备的环保知识：能正确对特殊污染物和废弃物进行处理</td><td>10</td><td></td><td></td><td></td><td></td></tr>
<tr><td>10. 对于施工留下的可回收废弃物分开堆放，若回收，需事先经业主同意，并在日志中记录去向</td><td>8</td><td></td><td></td><td></td><td></td></tr>
</table>

（续）

环保、文明施工类（11 项）	分值	日期			
11. 不能在工地内肇事，不能违反客户方的现场管理	8				
地监员：					

注：1. 该表分安全和环保、文明施工两类，各 100 分（各小项后附分值）。

2. 地监员于被检项后空格处合格打“√”，不合格者打“×”，未检项打“—”，不用评分。

3. 检查者应在每次检查后签名确认。

4. 该表于完工后回收并由专责人员总评。

5. 地监员将不良项目归类记录后附到“不良项目整改记录表”中，并确认整改完成期限。

6. 班组必须按规定期限完成不良项目的整改。

4. 电梯大修工程交底记录

电梯大修工程交底记录见表 A-8。

表 A-8　电梯大修工程交底记录

安全教育及交底内容	1. 必须按照《电梯大修安全操作规程》进行施工 2. 必须熟记《电梯维修安全警示语》，并贯彻执行 3. 每天按照《电梯大修安全日志》的要求对各工作人员进行安全教育，并如实、及时填写其中的记录内容 4. 特种作业的注意事项 5. 提醒现场环境情况，指出危险区域和因素 6. 事故宣讲
质量、技术要求交底	1. 必须按照安装工艺进行施工 2. 必须遵照电梯维修质量检查表对各项目实施自检 3. 遇有非标或特殊技术问题，必须立即报告，禁止盲目施工 4. 现场图样说明 5. 隐蔽工程施工要求和注意点
工期要求交底	1. 对照施工计划讲解施工顺序和完成时间 2. 明确指出安装关键点和时间 进场时间：　　完工时间：　　验收时间：
现场、合同要求交底	1. 合同关键条款的传达和讲解 2. 必须按照 ISO9001 和 ISO14001 的规范布置和整治好安装现场 3. 特别对零部件、材料的现场保护和保管，并明确安装班组所应承担的责任 4. 提醒与现场各方的配合、协调及相处应注意的事项
其他	用户和现场各方的特殊要求
参加人员自行签名	

四、事故预防措施

电梯大修事故预防措施如图 A-1 所示。

图 A-1　电梯大修事故预防措施

一人平安，全家幸福！

为无事故而努力！

图 A-1 （续）

附录 B 电梯的应急方案

1. 发生火灾

发生火灾时，应立即中止电梯运行，并采取如下措施。

1）及时与消防部门取得联系并报告有关领导。

2）发生火灾时，对于有消防运行功能的电梯，由中控室发出消防迫降信号或立即按下“消防按钮”，使电梯进入消防运行状态，供消防人员使用；对于无此功能的电梯，应立即将电梯直驶到首层并切断电源或将电梯停于火灾尚未蔓延的楼层。

3）使乘客保持镇静，组织疏导乘客离开轿厢，从楼梯撤离；将电梯置于“停止运行”状态，用手关闭厅门并切断总电源。

4）道内或轿厢发生火灾时，应即刻停梯疏导乘客撤离，切断电源，用二氧化碳、干粉和 1211 灭火器灭火。

5）共用井道中有电梯发生火灾时，其余电梯应立即停于远离火灾蔓延的地方或交由消防人员用以灭火。

建筑物发生火灾时也应停梯，以免因火灾而停电，造成困人事故。

2. 发生地震

对于震级和烈度较大、震前又没有发出临震预报而突然发生的地震，很可能来不及采取措施。在这种情况下，一旦有震感应就近停梯，使乘客离开轿厢就近躲避；若被困在轿厢内则不要外逃，保持镇静待援。

地震过后，应对电梯进行全面检查和试运行，正常后方可恢复使用，当震级为 4 级以下，烈度为 6 度以下时，应对电梯进行如下检查。

1）检查供电系统有无异常。

2）检查电梯井道、导轨及轿厢有无异常。

3）以检修速度做上下全程运行，发现异常即刻停梯，并使电梯反向运行至最远层站停梯，通知专业维修人员检查修理；当上下全程运行无异常现象时，再多次往返运行后，方可投入运行。

当地震震级为4级（含4级）以上，烈度为6度以上时，应由专业人员对电梯进行安全检验，无异常现象或对设备进行检修后方可试运行，经多次试运行一切正常后方可投入使用。

3. 电梯湿水

1）电梯机房会因屋顶或门窗漏雨而进水，底坑除因建筑防水层处理不好而渗水，排水装置的倒灌水外，还会因上下水管道、消防栓及生活用水等的泄漏，使水从楼层经井道流入底坑。

2）当底坑井道或机房进水时，应立即停梯，断开总电源开关，防止发生短路、触电等事故。

3）对湿水电梯应进行除湿处理，如采取擦拭、热风吹干、自然通风、更换管线等方法；确认湿水消除，绝缘电阻符合要求并经试梯无异常后，方可投入运行。对微机控制电梯，更需仔细检查以免烧毁电路板。

4）电梯恢复运行后，详细填写湿水检查报告，对湿水时间、部位、原因、处理方法、处理前后情况描述、防范措施及处理人员等记录清楚并存档。

4. 电梯停电

运行中的电梯常会因供电线路故障等原因而突然停梯，将乘客困在轿厢内，此时需采用如下方法处理。

1）中控室值班人员用内线电话对乘客进行安慰，使乘客保持镇静并通知电梯值班人员进行处理。

2）电梯值班人员应与轿厢内被困人员取得联系，说明原因，使乘客保持镇静等待，有备用电源的应及时起动。

3）若恢复送电需较长时间，则应进行盘车放人操作，解救被困乘客。按《电梯困人救援规程》的方法操作。

5. 电梯困人救援程序

电梯困人救援程序如图B-1所示。

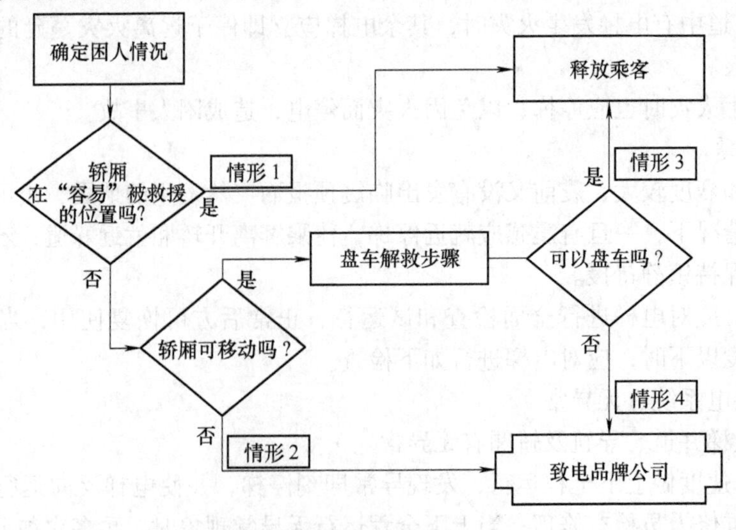

图B-1　电梯困人救援程序

6. 安全事故处理

1）电梯发生安全事故（如有人员伤亡），应立即组织人员采取紧急救援措施，防止事故扩大。

2）救援结束后，应封闭、保护事故现场，防止人员坠落井道，等候调查人员展开事故调查。

3）发生安全事故的电梯责任人应向质量技术监督行政部门、维修保养企业报告。发生重大人员伤亡事故的，管理责任人还应按国家有关规定在24小时内向市公安机关报告，属于工伤事故的还应向工伤管理部门报告。

参考文献

[1] 闫莉丽，等．高级电梯安装维修工技能实战训练［M］．北京：机械工业出版社，2010.

[2] 全国电梯标准化技术委员会．GB 7588—2003　电梯制造与安装安全规范［S］．北京：中国标准出版社，2003.

[3] 全国电梯标准化技术委员会．GB/T 10060—2011　电梯安装验收规范［S］．北京：中国标准出版社，2010.